Verallgemeinerte Netzwerke in der Mechatronik

von
Prof. Dr.-Ing. Jörg Grabow

Oldenbourg Verlag München

Prof. Dr.-Ing. Jörg Grabow lehrt Mechatronik im Fachbereich Maschinenbau an der Ernst-Abbe-Fachhochschule Jena. Er promovierte 1995 im Gebiet Systemtechnik und habilitierte sich im Bereich der Strömungsmaschinen. Er ist Autor und Koautor zahlreicher Fachpublikationen.

Bibliografische Information der Deutschen Nationalbibliothek

Die Deutsche Nationalbibliothek verzeichnet diese Publikation in der Deutschen Nationalbibliografie; detaillierte bibliografische Daten sind im Internet über http://dnb.d-nb.de abrufbar.

© 2013 Oldenbourg Wissenschaftsverlag GmbH
Rosenheimer Straße 143, D-81671 München
Telefon: (089) 45051-0
www.oldenbourg-verlag.de

Lektorat: Dr. Gerhard Pappert
Herstellung: Tina Bonertz
Titelbild: Autor; Grafik: Irina Apetrei
Einbandgestaltung: hauser lacour
Gesamtherstellung: Grafik & Druck GmbH, München

Dieses Papier ist alterungsbeständig nach DIN/ISO 9706.

ISBN   978-3-486-71261-2
eISBN   978-3-486-71982-6

Vorwort

Die Mechatronik ist im Gegensatz zur Mechanik oder Elektrotechnik ein relativ junges Wissenschaftsgebiet. So wurde dieser Begriff erstmals 1969 vom japanischen Unternehmen Yaskawa Electric Corporation geprägt. So wie sich die Elektrotechnik vor mehr als hundert Jahren erfolgreich von der Mechanik abgespalten hat, ist in der heutigen Zeit die Mechatronik auf diesem Wege. Eine erfolgreiche Trennung sowie eine tatsächliche langfristige Etablierung als ein eigenständiges Wissenschaftsgebiet kann jedoch nur dann erfolgreich vollzogen werden, wenn diesem Wissenschaftsgebiet eine eigene Theorie zugrunde liegt. Nur so lässt sich etwa der Erfolg der Regelungstechnik als ehemaliger Zweig der Elektrotechnik erklären. Unterbleibt jedoch eine fundierte Theoriebildung, so wird ein solcher Zweig über kurz oder lang von den anderen Wissenschaftsgebieten assimiliert werden.

Das vorliegende Buch widmet sich ausdrücklich nicht dem gesamten Problemfeld der Mechatronik. Dazu existiert ausreichend Literatur. Vielmehr soll hier ein Vorschlag zu einer einheitlichen Behandlung mehrerer physikalischer Teilgebiete unter der Klammer des Energieflussprinzips unterbreitet werden. Diese vergleichende Behandlung ergibt eine exzellente Möglichkeit sowohl Unterschiede als auch Gemeinsamkeiten herauszuarbeiten. Da die zugrunde liegende Theorie den netzwerktheoretischen Methoden der Elektrotechnik entlehnt ist, wollen wir im Zusammenhang mit der Mechatronik von *Verallgemeinerten Mechatronischen Netzwerken* sprechen.

Ein derzeitiger Trend in den Ingenieurwissenschaften geht zu einer immer stärkeren Spezialisierung. Aufgabe eines Hochschulstudiums ist es jedoch, Grundlagen zu schaffen, die in möglichst vielen Teildisziplinen der Ingenieurwissenschaften gleichsam angewendet werden können. Besonders in der Hochschulausbildung ist die Erfassung gemeinsamer Merkmale sehr wichtig. Nur so kann mit der rasanten technischen Entwicklung Schritt gehalten werden, ohne das Niveau zu senken oder die Studienzeit zu verlängern.

Der Aufbau dieses Buches soll diesem Grundsatz Rechnung tragen. Kapitel 1 beschäftigt sich hauptsächlich mit den energetischen Grundlagen. Hier werden die meisten der später verwendeten Grundbegriffe definiert und in ihren fundamentalen Zusammenhang gestellt. Während Kapitel 2 alle Bauelemente der mechatronischen Netzwerke formal einführt, widmet sich das Kapitel 3 einer umfassenden energetischen Beschreibung ausgewählter physikalischer Teilsysteme. Jedes Teilgebiet hat selbstverständlich seine spezifischen Besonderheiten, jedoch soll der Schwerpunkt auf den Gemeinsamkeiten liegen, ohne die Spezifika dabei aus den Augen zu verlieren. Im Kapitel 4 werden die zunächst separat behandelten Teilgebiete über geeignete Wandlermechanismen miteinander gekoppelt. Dabei geht es um prinzipielle mathematische Eigenschaften, durch die erst eine einheitliche Klassifikation der mechatronischen Wandler möglich ist. In einem abschließenden Kapitel folgen ausgewählte Beispiele für mechatronische Wandler sowie eine einheitliche zusammenfassende Betrachtung aller

Wandlerprinzipien. Schon die im Kapitel 3 aufgeführte Vielfalt macht deutlich, dass diesem Kapitel eigentlich ein eigenes Werk gebührt.

Das Buch ist sowohl für Studenten der Mechatronik, der Elektrotechnik, des Maschinenbaus sowie angrenzender Ingenieursgebiete geeignet. Es soll den Leser in die Lage versetzen, spezifische mechatronische Problemstellungen zu lösen, ohne dabei den Gesamtüberblick zu verlieren. Die Vereinheitlichung der physikalischen Teilgebiete bedingt jedoch eine Vereinheitlichung von vormals unterschiedlichen Bezeichnungen. Das führt mitunter auf Differenzen zur bisherigen Literatur. Ich hoffe, dass der Leser trotzdem bereit ist, dem von mir vorskizzierten Weg zu folgen.

Zum Schluss dieses Vorwortes möchte ich der angenehmen Pflicht nachkommen, allen Beteiligten meinen Dank auszusprechen. Ohne ihre Hilfe wäre dieses Buch nicht zustande gekommen.

In jeder Entstehungsphase dieses Buches hatten die Kollegen und Mitarbeiter des FB Maschinenbau sowie des Fachgebietes Mechatronik der EAH Jena stets ein offenes Ohr für alle meine Fragen und Problemstellungen, ohne jemals die Geduld mit mir zu verlieren. Obwohl es schwierig ist, einzelne Namen zu nennen, seien stellvertretend S. Franke, N. Kästner und M. Reuter erwähnt.

Bei der Korrektur erfuhr ich stets die sachkundige Hilfe von Frau Dr. Räker. Sie erwies sich nicht nur hier als kritische und überaus sorgfältige Helferin. Frau B. Weidt und Herrn T. Janas gilt mein besonderer Dank. Beide haben in recht unterschiedlicher Weise immer wieder dafür gesorgt, nicht den Überblick zu verlieren.

Dem Verlag sei für die stets gute Zusammenarbeit und die außerordentliche Geduld gedankt.

Königsee, Januar 2013   Jörg Grabow

Inhaltsverzeichnis

1   Einführung und Grundbegriffe

Lernziele Grundbegriffe
- Begriff des Mechatronischen Systems
- Energiefluss, Energiewandlung, Energieübersetzung, Energiespeicherung
- Fundamentalgrößen der Mechatronik
- Konstitutive Gesetze
- Energieumformungen

Die Mechatronik als ein interdisziplinäres Gebiet der Ingenieurwissenschaften baut unter anderem auf den Grundlagen der klassischen Ingenieurdisziplinen wie Mechanik, Fluiddynamik und Elektrotechnik auf. Jedes dieser Teilgebiete bedient sich, historisch bedingt, seiner eigenen physikalischen Grundlagen, um darauf ihr spezifisches mathematisches Gesamtgebäude zu errichten (Newton-Euler-Mechanik, Bernoulli-Gleichung, Maxwellsche Gleichungen). Um jedoch ein gemeinsames, verbindendes Systemdynamikkonzept für die Mechatronik zu entwickeln, sollten in allen Teilgebieten gleichartige, unabhängig wirkende, physikalische Fundamentalgrößen Verwendung finden. Daher ist es zweckmäßig, die Dynamik mechatronischer Systeme auf der Basis von unabhängig wirkenden Erhaltungsgrößen aufzubauen. Einen zentralen Zugang zu allen physikalischen Systemen bildet dabei die Erhaltungsgröße *Energie*.

Die **Energie E** ist eine mengenartige physikalische Zustandsgröße, gemessen in Joule. Sie kann fließen und ihr Fließmaß ist der Energiestrom i_E (auch Energiefluss oder Energiestromstärke). Energie fließt nie allein, sondern sie benötigt dazu immer einen Energieträger. Zu jedem Energieträger gehört ein Potential φ.

1.1   Begriff des mechatronischen Systems

Der Systembegriff ist ein sehr weit gefasster Begriff. Im Allgemeinen meint man damit ein Gebilde, dessen wesentliche Elemente als aufgabengebundene Einheiten angesehen werden können, die wiederum untereinander Wechselwirken. Die Abgrenzung eines Systems zu seiner Umwelt erfolgt durch eine Systemgrenze (Abb. 1.1).

Das mechatronische System bezeichnet ein technisches Gebilde, dessen Elemente aus verschiedenen physikalischen Teilsystemen bestehen. Die Wechselwirkungen der Teilsysteme untereinander erfolgen durch einen Stoff-, Energie- und Informationsaustausch. Durch Abgrenzungen können Ein- und Ausgangsgrößen zur Umwelt auftreten. Je nach Anzahl dieser Wechselwirkungen mit der Umwelt werden

- abgeschlossene (autonome) Systeme
- relativ isolierte Systeme
- offene Systeme

unterschieden.

Die Vorgänge des Umformens und/oder der Transport von Stoff, Energie und Information werden als *Prozess* bezeichnet.

Der **Prozess** definiert eine zeitliche Aufeinanderfolge von Zuständen innerhalb eines Systems in Abhängigkeit von Vorbedingungen und äußeren Einflüssen.

1.2   Bedeutung der Energie

Wie im Systembegriff beschrieben, besteht das mechatronische System aus einer ganz bestimmten Anzahl von physikalischen Teilsystemen deren zentraler Zugang die Erhaltungsgröße Energie ist.

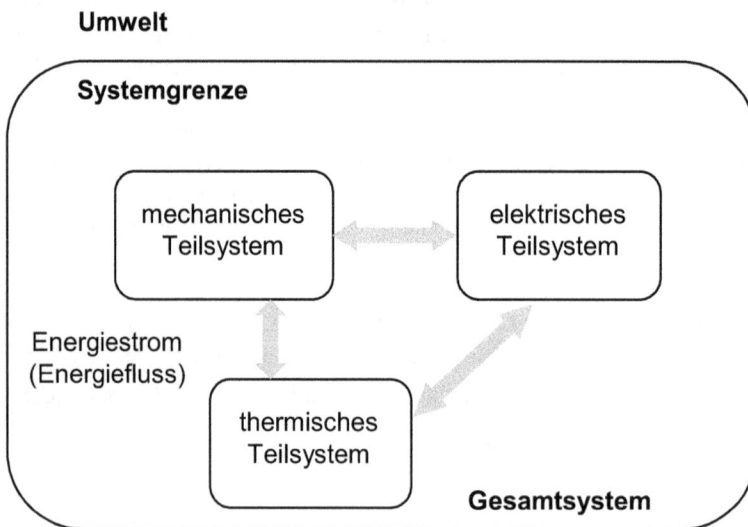

Abb. 1.1:   Mechatronisches Gesamtsystem

Schaut man von außen auf ein abgeschlossenes physikalisches System, ohne sich zunächst für die inneren Wechselwirkungen der Teilsysteme untereinander zu interessieren, so stellt man fest, dass in diesem System eine ganz bestimmte Gesamtenergiemenge gespeichert ist. Betrachtet man im Weiteren jedoch die Wechselwirkungen innerhalb der Teilsysteme sowie die Wechselwirkungen der Teilsysteme untereinander, so wird man feststellen, dass zwischen den Teilsystemen ein *Energiefluss* (Energieaustausch) und innerhalb der Teilsysteme *Energieumformungen, Energieübersetzungen* sowie *Energiespeicherungen* stattfinden. Von diesem energetischen Betrachtungsstandpunkt aus ist es sinnvoll, die zuvor im Gesamtsystem angenommene Gesamtenergie in unterschiedliche Energieformen zu unterteilen.

An den Schnittstellen der einzelnen physikalischen Teilsysteme tritt eine *Energiewandlung* (Abb. 1.2) auf. Unter der Energiewandlung ist dabei ein Vorgang zu verstehen, bei dem die Energieart des Energieflusses geändert wird. Bei einem Energiewandler wie dem „Elektromotor" wird z.B. die elektrische Energie in mechanische Energie umgewandelt. Innerhalb der einzelnen physikalischen Teilsysteme kann die Energie selber *übersetzt, transportiert* oder *gespeichert* werden.

Energiewandlung ist ein Vorgang, bei dem die Energieart des Energieflusses geändert wird. (z.B. Elektromotor elektrische Energie – mechanische Energie)

Energieübersetzung ist ein Vorgang, bei dem die Form des Energieflusses geändert wird, die Energieart aber erhalten bleibt (Getriebe, Transformator).

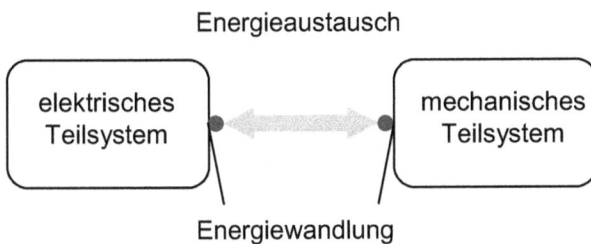

Abb. 1.2:   Prinzip der Energiewandlung

Beispiel:
Ein ideales Getriebe ändert nur die Drehzahl und das Drehmoment, jedoch nicht die Energieart (mechanische Energie).

Energietransport ist die Weiterleitung der Energie von einer Quelle zu einer Senke. Art und Form des Energieflusses ändern sich nicht.

Beispiel:
idealer elektrischer Leiter, Antriebswelle zwischen Motor und Generator

Energiespeicherung ist die Aufbewahrung der Energie für eine bestimmte Zeit. Während der Speicherung ändert sich die Energiemenge nicht.

Beispiel:

Kondensator (elektrische Energie), Wärmespeicher (thermische Energie)

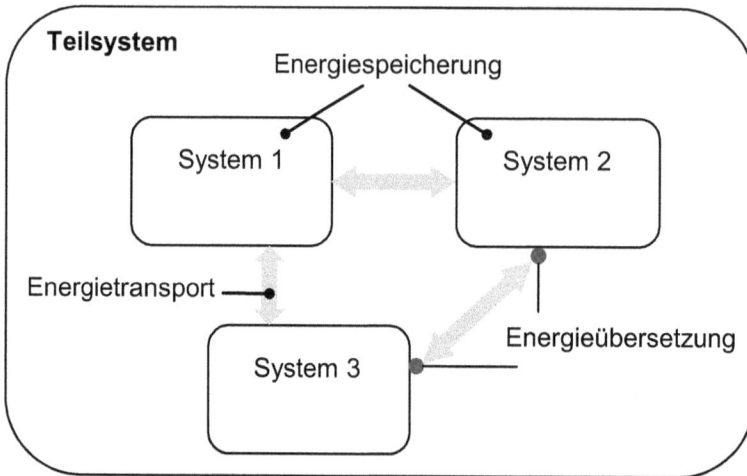

Abb. 1.3:   Prozesse innerhalb eines physikalischen Teilsystems

Ein weiterer Zusammenhang bei der Betrachtung der Wechselwirkungen der Teilsysteme wird durch die Begriffe *Exergie* und *Anergie* erfasst. Jede reale Energiewandlung oder Energieumformung erzeugt durch den Wandlungsprozess selbst eine Verlustleistung in Form von nicht mehr arbeitsfähiger Energie. Man bezeichnet diesen Anteil der Gesamtenergie die Anergie. Den noch nutzbaren Energiestrom nennt man die Exergie (Abb. 1.4).

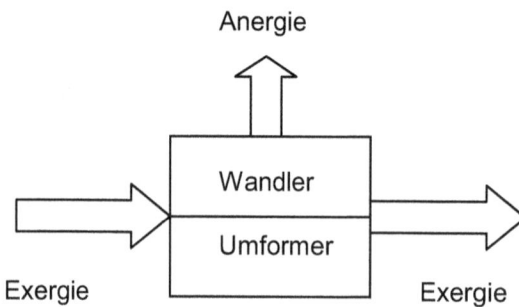

Abb. 1.4:   Zusammenhang zwischen Anergie und Exergie

Mit Einführung der Begriffe Anergie und Exergie wird deutlich, dass es in der Praxis keine idealen Energiewandler (100% Wirkungsgrad) geben kann. Jede reale Energiewandlung ist mit Verlusten behaftet.

Beispiel:

Ein reales Getriebe ändert nicht die Energieart mechanische Energie (Exergie), aber ein Teil der mechanischen Energie wird in nicht mehr nutzbare akustische Energie und Wärmeenergie (Anergie) umgewandelt.

1.3 Fundamentalgrößen

In der Einführung wurde schon kurz auf die Bedeutung von Fundamentalgrößen hingewiesen. Ziel in diesem Abschnitt soll es sein, die in einem abgeschlossenen System vorhandene Gesamtenergie durch eindeutig definierte Fundamentalgrößen darzustellen. Erste Grundlagen dazu erschienen schon 1933 von *F.A. Firestone* [1]. Er beschäftigte sich vorrangig mit Analogiebeziehungen zwischen elektrischen und mechanischen Systemen. In der Folgezeit wurden diese Analogiebeziehungen durch *K. Klotter* [2] und *L. Cremmer* [3] recht umfassend aufgearbeitet. Eine wesentliche Erweiterung der Analogiebeziehungen stellte *Henry M. Paynter* erstmals 1959 vor [4]. Seine Grundüberlegungen basieren auf der Energiedarstellung durch die beiden unabhängigen Variablen „flow" und „effort". Weiterentwickelt finden wir heute diesen Gedanken in den Simulationsmethoden mittels Bondgraphen [5-8].

Eine umfassende theoretische Grundüberlegung geht auf *G. Falk* [9] zurück. Er prägte erstmals den Begriff der „mengenartigen Größen". Diese Begriffsbildung ist heute nach wie vor noch nicht endgültig abgeschlossen, stimmt aber weitgehend mit den Begriffen *extensive Größe* oder *Quantitätsgröße q(t)* überein.

Eine **Quantitätsgröße** ist eine Zustandsgröße, die sich mit der Größe des betrachteten Systems ändert (z.B. Energie, Masse, Stoffmenge, Ladung).

Fundamentale Quantitätsgrößen sind immer bilanzierbare Größen und bilden die Basis zum Aufbau eines energetischen Beschreibungssystems. Dazu werden nach Falk zunächst zwei Hauptregeln der allgemeinen Dynamik aufgestellt:

I. Die Grundlage der dynamischen Beschreibung sind allgemein-physikalische extensive Standardgrößen. Dazu zählen die Energie, Entropie, Stoffmenge, Impuls, Drehimpuls, elektrische Ladung und Masse.

II. Ein physikalisches System, wird nicht als geometrisches Gebilde aufgefasst, sondern als System dieser Standardgrößen. Die Wertekombinationen sind genau für dieses System charakteristisch.

Die Regel (II) wollen wir nach *Falk* [18] als Gibb'sche Fundamentalform für Gleichgewichtszustände, oder kurz *Gibbs-Funktion* bezeichnen. Sie beschreibt den paarweisen Zusammenhang zwischen den mengenartigen Standardvariablen.

$$\delta E = \sum_j i_j \cdot \delta q_j \tag{1.1}$$

Der Faktor i_j gibt an, mit welcher Energieänderung eine infinitesimale Änderung δq_j der Quantitätsgröße q_j verknüpft ist. Den Faktor i_j bezeichnen wir auch als *Intensitätsgröße i(t)*.

Eine **Intensitätsgröße** ist eine Zustandsgröße, die sich bei unterschiedlicher Größe des betrachteten Systems nicht ändert (z.B. elektrische Spannung, Temperatur).

Unter Zuhilfenahme der so eingeführten Fundamentalgrößen Quantität $q(t)$ und Intensität $i(t)$ lassen sich Energiegrößen wie folgt definieren:

Def. 1.1:
Energiegrößen treten stets als Produkt der beiden paarweisen Zustandgrößen Quantitäts- und Intensitätsgröße auf.

Kommen wir zu einem weiteren Unterscheidungsmerkmal der beiden paarweisen Zustandsgrößen. Dieses ergibt sich aus der Betrachtung der Messbarkeit der beiden Zustandsgrößen. Fundamentale Quatitätsgrößen waren nach (I) die Energie, Entropie, Stoffmenge, Impuls, Drehimpuls, elektrische Ladung und Masse. Sie beinhalten alle die gemeinsame Eigenschaft, im Raum verteilt zu sein. Um sie zu messen, benötigt man genau einen Raumpunkt. Die elektrische Ladung kann z.B. durch die Kraftwirkung, einer in einem Raumpunkt positionierten Probeladung, gemessen werden. Dieses Raumpunktverhalten soll im Weiteren mit einer *P-Variable* ausgedrückt werden.

Eine **P-Variable** ist eine Zustandsgröße, zu deren Bestimmung genau ein Raumpunkt notwendig ist. (P für lat. per – durch)

Die Intensitätsgrößen, wie z.B. die elektrisch Spannung oder die Temperatur, können nicht in einem Raumpunkt gemessen werden. Zur Messung ist immer ein zweiter Punkt (Bezugspunkt) notwendig. Dieses Verhalten drücken wir durch die Formulierung einer T-Variable aus.

Eine **T-Variable** ist eine Zustandsgröße, zu deren Bestimmung zwei Raumpunkte notwendig sind. (T für lat. trans – über)

Werden die Unterscheidungsmerkmale, welche auf die P-Variable sowie T-Variable führen, auf die Gibb'sche Fundamentalform (Gl. 1.1) angewendet, kann die Energieänderung in einem mechatronischen Teilsystem wie folgt formuliert werden.

$$\delta E_P = i_T \cdot \delta q_P \qquad (1.2)$$

Der Index (P) der Quantitätsgröße bestimmt hierbei den Index (P) der Energiegröße, da wie oben schon gezeigt, die Intensitätsgröße nur den Proportionalitätsfaktor darstellt. Anschaulich könnte man es sich etwa so vorstellen, dass es im betrachteten Teilsystem einen Energiespeicher für die P-Energie geben muss. Abkürzend wollen wir zukünftig nur noch von einem P-Speicher sprechen.

Betrachten wir nochmals die Quantitätsgrößen. Hier wird dem aufmerksamen Leser nicht entgangen sein, dass in der Aufzählung u.a. das Volumen fehlt. Das Unterscheidungsmerkmal P-Variable oder T-Variable machte schon deutlich, dass die Quantitätsgröße die Eigenschaft besitzt, im Raum verteilt zu sein. Sie bezieht sich also explizit auf einen Raumbereich. Somit hat sie auch eine Dichte, exakter Stromdichte. Ändert sich nun die Quantitätsgröße, muss sie neben der Stromdichte auch einen Strom besitzen. Damit gibt es eine Energiedichte und einen Energiestrom, eine Entropiedichte und einen Entropiestrom, eine Stoffdichte und einen Stoffstrom, eine Impulsdichte und einen Impulsstrom, eine Ladungsdichte und einen Ladungsstrom sowie eine Massendichte und einen Massenstrom. Es gibt aber keine Volumendichte und somit keinen Volumenstrom. Der Volumenstrom ist vielmehr eine Vereinfachung des Stoffstroms.

Wir sprechen bei den oben aufgezählten Quantitätsgrößen auch von „echten" mengenartigen Größen.

Jede echte mengenartige Größe $q(t)$ besitzt einen zugehörigen Mengenstrom $i(t)$.

$$i := \frac{dq}{dt} \qquad (1.3)$$

Die Änderung $\frac{dq}{dt}$ stellt die zeitliche Änderung der Quantitätsgröße im Inneren des Energiespeichers dar. Der zugehörige Mengenstrom i setzt sich zunächst aus zwei unterschiedlichen Mengenstromanteilen zusammen. Ein Anteil, der Mengenstrom i^A, bezieht sich auf die Oberfläche des Energiespeichers. Er gibt an, wie viel Strom durch die Oberfläche des Speichers zu- oder abfließt. Teilt man diesen Mengenstromanteil i^A durch die durchflossene Oberfläche A_{eff} des Speichers, erhält man die Mengenstromdichte $J_q = \frac{i^A}{A_{eff}}$. Der zweite Anteil i^E bezieht sich auf die Stromerzeugung im Inneren des Speichers. Das kann sowohl durch Quellen i^+ oder Senken i^- (radiativ) als auch durch Produktionsterme i^Π erfolgen. Oft wird der Mengenstrom i^A nochmals in zwei unterschiedliche Anteile aufgespalten, den Anteil $i^{kond.}$ der konduktiv (leitungsartig) und den Anteil $i^{konv.}$ der konvektiv (über Strömungen) auftritt.

$$\frac{dq}{dt} = - \left(\underbrace{\sum i^{kond} + \sum i^{konv}}_{i^A} + \underbrace{\sum i^+ + \sum i^- + \sum i^\Pi}_{i^E} \right) \qquad (1.4)$$

Die Gl. 1.4 beschreibt also unmittelbar die Gesamtbilanz der Quantitätsgröße $q(t)$ im zugehörigen Energiespeicher. Der Energiegehalt in einem abgeschlossenen System kann sich also nur durch den Zufluss ($i < 0$) oder den Abfluss ($i > 0$) ändern. Das negative Vorzeichen vor der Klammer gestattet es, den Energiespeicher selber als Quelle oder Senke zu betrachten.

Quelle: $\frac{dq}{dt} < 0, \quad i > 0$ \qquad Senke: $\frac{dq}{dt} > 0, \quad i < 0$

Def. 1.2:
Die zeitliche Änderung der Quantitätsgröße $q(t)$ innerhalb eines abgeschlossenen Energie-
speichers (Bilanzraumes) ist gleich der Summe aller eintretenden und aller austretenden
Ströme sowie aller Stromquellen und Stromsenken.

Für einige Quantitätsgrößen existieren jedoch keine Stromquellen, Stromsenken oder Produktionsterme. Solche Größen können innerhalb eines Bilanzraumes ihren Wert nur dadurch
ändern, indem der Strom durch die Oberfläche des Bilanzraumes fließt. Solche Größen nennen wir auch *Erhaltungsgrößen*. Ein Beispiel hierfür ist z.B. die Energie oder die elektrische
Ladung.

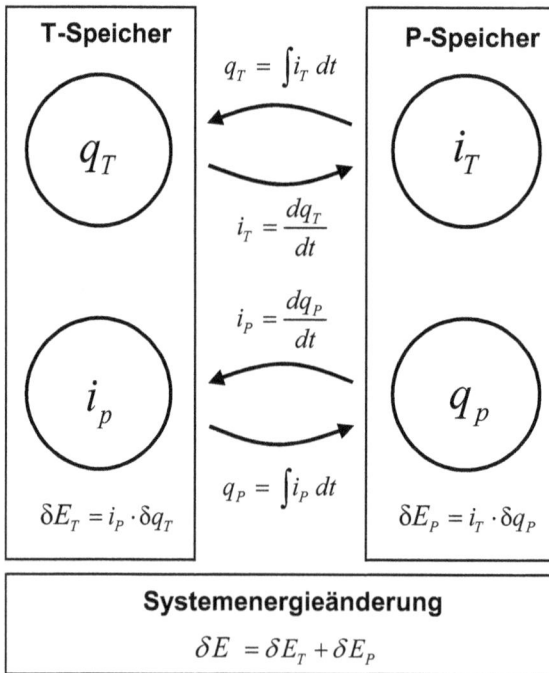

```
┌─────────────────────┐              ┌─────────────────────┐
│   T-Speicher        │              │   P-Speicher        │
│                     │   q_T = ∫i_T dt              │
│      ( q_T )         ──────────────      ( i_T )      │
│                     │                     │
│                     │   i_T = dq_T/dt     │
│                     │                     │
│                     │   i_P = dq_P/dt     │
│      ( i_P )         ──────────────      ( q_P )      │
│                     │                     │
│  δE_T = i_P · δq_T   │   q_P = ∫i_P dt     δE_P = i_T · δq_P │
└─────────────────────┘              └─────────────────────┘
┌─────────────────────────────────────────────────────────┐
│              Systemenergieänderung                        │
│                 δE = δE_T + δE_P                          │
└─────────────────────────────────────────────────────────┘
```

$$q_T = \int i_T \, dt$$

$$i_T = \frac{dq_T}{dt}$$

$$i_P = \frac{dq_P}{dt}$$

$$q_P = \int i_P \, dt$$

$$\delta E_T = i_P \cdot \delta q_T$$

$$\delta E_P = i_T \cdot \delta q_P$$

Systemenergieänderung

$$\delta E = \delta E_T + \delta E_P$$

Abb. 1.5:   Speicherformen der Gesamtenergie sowie deren mathematische Zusammenhänge

Betrachten wir noch einmal den Energiegehalt eines P-Speichers (Gl. 1.2). Darin bestimmte
die Quantitätsgröße $q_P(t)$ über den Proportionalitätsfaktor i_T den Energiegehalt des Speichers. Da nach Gl. 1.3 jede Quantitätsgröße auch einen Mengenstrom besitzt, gilt diese
Eigenschaft auch für die Variable $q_P(t)$.

$$i_P := \frac{dq_P}{dt} \tag{1.5}$$

Der zugehörige Mengenstrom ist eine Intensitätsgröße $i(t)$ mit dem Charakter einer P-
Variablen.

Nun beschrieb die Intensitätsgröße $i(t)$ in der Gibb'schen Fundamentalform (Gl. 1.1) den Proportionalitätsfaktor, der zu einer Energieänderung im System durch eine infinitesimale Änderung der Quantitätsgröße $q(t)$ führte. Da laut Def. 1.1 die Energie stets als das Produkt zweier paarweiser Zustandsgrößen auftritt, muss als zweite paarweise Variable zu i_P die Variable q_T existieren. Die Variable q_T ist allerdings keine echte mengenartige Größe im Sinne der oben beschriebenen mengenartigen Größen. Sie bestimmt aber, wie schon zuvor beim P-Speicher, die Begriffsbildung des Speichertyps.

$$\delta E_T = i_P \cdot \delta q_T \tag{1.6}$$

Die innerhalb eines physikalischen Teilsystems vorhandene Gesamtenergie kann also in einem T-Speicher und/oder einem P-Speicher aufgenommen werden. Zwischen den beiden Speichern gibt es die Möglichkeit der Energieumformung (Abb. 1.5).

1.4 Konstitutive Gesetze

Im vorherigen Abschnitt wurden vier energetische Fundamentalgrößen eingeführt. Ziel der konstitutiven Gesetze ist es, die vier Fundamentalgrößen untereinander zu verbinden. Gleichzeitig soll die Frage beantwortet werden, in welcher Form die Energie im jeweiligen Energiespeicher abgebildet werden kann.

Gibt es im betrachteten Gesamtsystem (Abb. 1.1) einen Energiefluss (Energietransport), kann die Energie der Teilsysteme in Energieformen unterteilt werden. Dabei bestimmt jeweils die Quantitätsgröße $q_P(t)$, um welche Energieform es sich handelt (mechanische Energie, elektrische Energie, chemische Energie, usw.). Ordnet man im Falle eines Energieflusses dem jeweiligen physikalischen Prozess konzentrierte Ersatzelemente (Bauelemente) zu, so kann jedem Bauelement eine Energieform zugeordnet werden. Es soll aber ausdrücklich betont werden, dass es sich hierbei um eine reine Modellvorstellung für konzentrierte Ersatzelemente handelt. Tatsächlich wird die Energie meist in feldbehafteten Größen (Gravitationsfeld, elektromagnetisches Feld, usw.) gespeichert.

P-Speicher

Für die Energiespeicherung im P-Speicher führen wir das konzentrierte Ersatzelement *Kapazität C* ein. Das zugehörige konstitutive Gesetz nennen wir das *kapazitive Gesetz* (C für lat. capacitas – Fassungsvermögen).

Das kapazitive Gesetz verknüpft die echte mengenartige Größe $q_P(t)$ mit der dazugehörigen Intensität $i_T(t)$. In der einfachsten Darstellung wächst die Intensität proportional mit der Quantität. In diesem Fall ist die zugehörige Kapazität eine Konstante.

$$C := \frac{q_P}{i_T} \tag{1.7}$$

Existiert ein nichtlinearer Zusammenhang zwischen der Intensität und der Quantität, ist die Kapazität eine Funktion der Intensität.

$$C(i_T) := \frac{dq_P(i_T)}{di_T}$$
(1.8)

T-Speicher

Ganz analog bilden wir das konzentrierte Ersatzelement für den T-Speicher mittels der *Induktivität L*. Das zugehörige konstitutive Gesetz nennen wir das *induktive Gesetz* (lat. inert – träge). Für den linearen Fall gilt analog zu Gl. 1.7

$$L := \frac{q_T}{i_P}$$
(1.9)

Existiert auch hier ein nichtlinearer Zusammenhang zwischen der Intensität und der Quantität, so ist die Induktivität eine Funktion der Intensität.

$$L(i_P) := \frac{dq_T(i_P)}{di_P}$$
(1.10)

Zwischen den beiden Energiespeichern kann die Energie beliebig oft verlustfrei umgeformt werden. Die Gesamtenergie eines Teilsystems setzt sich, wie in Abb. 1.3 dargestellt, aus der Summe beider Energiespeicher zusammen. Findet jedoch ein Energiefluss von einem Teilsystem in ein anderes Teilsystem statt (z.B. elektrisch – mechanisch), so verstehen wir darunter eine Prozesskopplung der Teilsysteme. Die von dem einen Prozess umgesetzte Energie wird von einem oder mehreren anderen Prozessen wieder aufgenommen. Kopplungsvariable ist hierbei die *Prozessleistung P[1]*.

$$P = i_P \cdot i_T$$
(1.11)

Bei irreversiblen Prozessen wird mit der freigesetzten Prozessleistung Entropie erzeugt, was letztlich nur einer Prozesskopplung zu einem thermischen System gleichkommt. Das entsprechende konzentrierte Ersatzelement, der *Widerstand R,* wird über das *resistive Gesetz* (lat. resistere – widerstehen) beschrieben.

$$R := \frac{i_T}{i_P}$$
(1.12)

Die inverse Größe zum Widerstand R ist sein *Leitwert G*. Wie schon oben erwähnt, existiert das Bauelement Widerstand auch bei nichtlinearen Zusammenhängen zwischen den beiden Intensitäten.

$$R(i_P) := \frac{di_T}{di_P}$$
(1.13)

Eine komplette Übersicht aller konstitutiven Gesetze für ein energetisches Teilsystem zeigt Abb. 1.6.

---

[1] Bei H.M. Paynter wird die T-Intensität mit „effort" e(t) und die P-Intensität mit „flow" f(t) bezeichnet. Diese Bezeichnung wird auch bei der Methode der Bondgraphen angewendet.

T-Speicher   P-Speicher

$$i_T = \frac{dq_T}{dt}$$

q_T i_T

$\delta E_T = i_P \cdot \delta q_T$ $P = i_P \cdot i_T$ $\delta E_P = i_T \cdot \delta q_P$

$$L := \frac{q_T}{i_P}$$ $$R := \frac{i_T}{i_P}$$ $$C := \frac{q_P}{i_T}$$

i_P $$i_P = \frac{dq_P}{dt}$$ q_P

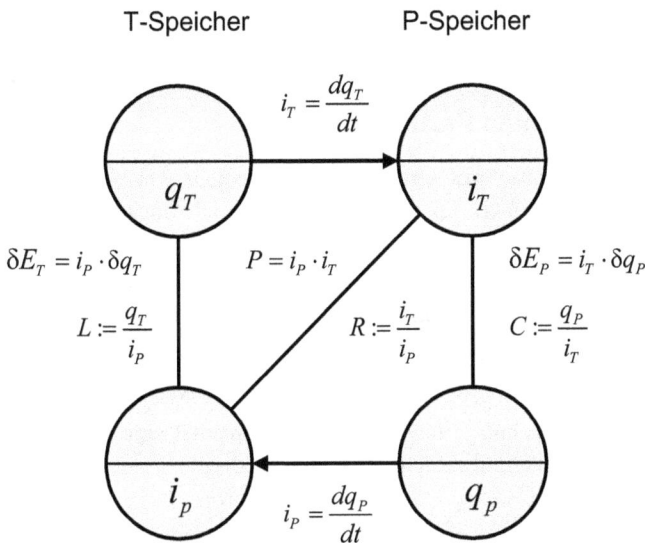

Abb. 1.6: Übersicht über alle konstitutiven Gesetze

1.5 Energieumformungen

Die Gibb'sche Fundamentalform beschreibt die reversible Änderung zwischen den energetischen Gleichgewichtszuständen der beiden Energiespeicher. Für die Änderung der Gesamtenergie eines Teilsystems ist das mit der Änderung beider Energiespeicher (P-Speicher und T-Speicher) verbunden.

$$\delta E = \delta E_P\left(i_T, q_P\right) + \delta E_T\left(i_P, q_T\right) \tag{1.14}$$

Die Energieänderung in jedem Einzelspeicher hängt also immer von *beiden* paarweisen Variablen ab. Oft ist jedoch eine Darstellungsform, in der nur eine der beiden Variablen auftritt, für weitere Untersuchungen sehr hilfreich. So könnte die Gesamtenergie eines Teilsystems z.B. nur durch eine T-Variable oder eine P-Variable dargestellt werden.

$$\delta E^T = \delta E_P^T\left(\alpha, i_T\right) + \delta E_T^T\left(\beta, q_T\right) \tag{1.15a}$$

$$\delta E^P = \delta E_P^P\left(\gamma, q_P\right) + \delta E_T^P\left(\xi, i_P\right) \tag{1.15b}$$

$E_P^T\left(\alpha, i_T\right)$	Energie im P-Speicher, beschrieben durch T-Variable
$E_P^P\left(\gamma, q_P\right)$	Energie im P-Speicher, beschrieben durch P-Variable
$E_T^T\left(\beta, q_T\right)$	Energie im T-Speicher, beschrieben durch T-Variable
$E_T^P\left(\xi, i_P\right)$	Energie im T-Speicher, beschrieben durch P-Variable

Natürlich sind weitere Kombinationen denkbar und möglich. Dazu wollen wir die folgenden Energieumformungen definieren.

1.5.1   Umformungen mit linearen Ersatzelementen

Für die Energieumformungen in diesem Abschnitt wird davon ausgegangen, dass die konzentrierten Ersatzelemente aus den Gleichungen Gl. 1.7 und Gl. 1.9 linear und konstant sind.

Energie im P-Speicher, beschrieben durch i_T (Co-Energie)

Ausgehend von der Energieänderung im P-Speicher, $\delta E_P = i_T \cdot \delta q_P$, soll die im P-Speicher abgebildete Energie nur noch durch die T-Intensität sowie die Konstante α dargestellt werden $E_P^T(\alpha, i_T)$. Dazu muss zunächst die P-Quantität eliminiert werden. Einen Ansatz dazu bietet das kapazitive Gesetz (Gl. 1.7). Ist, wie schon vorausgesetzt, die Kapazität eine Konstante, so kann die P-Quantität durch die Kapazität und die T-Intensität ausgedrückt werden.

$$q_P = C \cdot i_T \tag{1.16}$$

Damit wird $dq_P = C \cdot di_T$. Eingesetzt in Gl. 1.2 folgt

$$\delta E_P^T = i_T \cdot C \cdot \delta i_T = \delta E_P^T(\alpha, i_T) \tag{1.17}$$

Die Gesamtenergie im P-Speicher kann bei $C = const.$ durch einfache Integration gewonnen werden.

$$E_P^T = \frac{C}{2} \cdot i_T^2 \tag{1.18}$$

Ersetzen wir z.B. die T-Intensität durch die elektrische Spannung U, erhalten wir die bekannte Form der in einem elektrischen Kondensator gespeicherten Energie. Korrekterweise wollen wir zukünftig die Energieform, die durch zwei unterschiedliche Indizes charakterisiert ist, als *Co-Energie* oder *Ergänzungsenergie* bezeichnen. Spielt dieses Unterscheidungsmerkmal bei linearen Systemen noch keine Rolle, so hat es bei nichtlinearen Systemen erhebliche Auswirkungen auf den tatsächlichen Energieinhalt des Speichers.

$$E_{Co} = \frac{C}{2} \cdot U^2$$

Hierbei soll nochmals ausdrücklich auf die Modellvorstellung der konzentrierten Ersatzelemente hingewiesen werden. Ein Kondensator speichert die elektrische Energie in dem elektrischen Feld, welches sich zwischen den geladenen Platten des Kondensators aufbaut.

Energie im P-Speicher, beschrieben durch q_p (Energie)

Soll die Energie im P-Speicher ausschließlich durch die P-Quantität und die Konstante γ dargestellt werden, muss aus Gl. 1.2 die T-Intensität eliminiert werden. Dazu wird Gl. 1.2 zunächst mit $\dfrac{q_P}{q_P}$ erweitert.

$$\delta E_P = i_T \cdot \delta q_P \cdot \frac{q_P}{q_P} \tag{1.19}$$

Aus dem kapazitiven Gesetzt folgt $\dfrac{1}{C} = \dfrac{i_T}{q_P}$. Damit erhalten wir wiederum eine T-intensitätsfreie Darstellung der Energieänderung.

$$\delta E_P^P = \frac{1}{C} \cdot q_P \delta q_P = \delta E_P^P \left(\gamma, q_P \right) \tag{1.20}$$

Die im P-Speicher abgebildete Energiemenge kann wiederum durch Integration gewonnen werden.

$$E_P^P = \frac{1}{2C} \cdot q_P^2 \tag{1.21}$$

Diese Energiedarstellung wird im Allgemeinen durch die gleichartige Indizierung die *Energie* genannt. Angewendet auf den elektrischen Kondensator bedeutet das, die P-Quantität durch die elektrische Ladung Q zu ersetzen.

$$E = \frac{1}{2C} \cdot Q^2$$

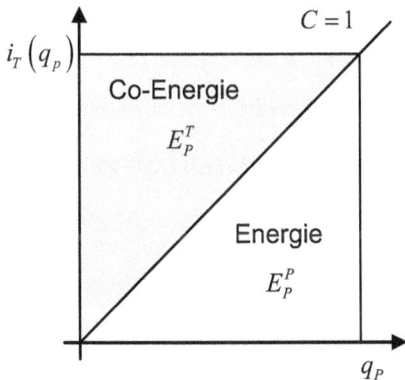

Abb. 1.7:   grafischer Zusammenhang zwischen Energie und Co-Energie

Welche der beiden Darstellungsformen benutzt wird, bleibt der jeweiligen Anwendung überlassen. Beide Darstellungen sind absolut äquivalent und können jederzeit ineinander überführt werden. In einer grafischen Darstellung wird dieser Zusammenhang recht anschaulich. Dazu wird die Kapazität C in einem Diagramm aufgetragen (Abb. 1.7).

Anmerkung

Die Energie und die Co-Energie sind reine mathematische Umformungen des gleichen Sachverhaltes. Die Gesamtenergie im P-Speicher kann bei linearen Systemen sowohl durch die Energie als auch durch die Co-Energie dargestellt werden.

Energie im T-Speicher, beschrieben durch q_T (Energie)

Ausgehend von der Energieänderung im T-Speicher, $\delta E_T = i_P \cdot \delta q_T$, soll die im T-Speicher abgebildete Energie nur noch durch die T-Quantität sowie die Konstante β dargestellt werden $E_T^T(\beta, q_T)$. Dazu muss die P-Intensität eliminiert werden. Der Ansatz dazu ist in diesem Fall das induktive Gesetzt (Gl. 1.9).

$$L = \frac{q_T}{i_P} \tag{1.22}$$

Über die Erweiterung mit q_T/q_T sowie dem induktiven Gesetz erhalten wir eine P-intensitätsfreie Beziehung.

$$\delta E_T^T = \frac{1}{L} \cdot q_T \cdot \delta q_T = \delta E_T^T(\beta, q_T) \tag{1.23}$$

Auch hier führt eine Integration bei $L = const.$ auf die Gesamtenergie im T-Speicher.

$$E_T^T = \frac{1}{2L} \cdot q_T^2 \tag{1.24}$$

Ersetzen wir die T-Quantität z.B. durch den Federweg s und die Induktivität durch die Federnachgiebigkeit n, erhalten wir die Energie, die in einer gespannten Feder gespeichert ist[2].

$$E = \frac{1}{2n} \cdot s^2$$

Energie im T-Speicher, beschrieben durch i_p (Co-Energie)

Soll die Energie im T-Speicher ausschließlich durch die P-Intensität und die Konstante ξ dargestellt werden, muss aus Gl. 1.6 die T-Quantität eliminiert werden. Analog der Vorgehensweise zur Co-Energie im P-Speicher gewinnen wir unter Anwendung des induktiven Gesetzes T-quatitätsfreie Darstellung der Energieänderung.

$$\delta E_T^P = L \cdot i_P \delta i_P = \delta E_T^P(\xi, i_P) \tag{1.25}$$

---

[2] Auch hier sollte die Modellvorstellung der konzentrierten Ersatzelemente nicht außer Acht gelassen werden.

Die im T-Speicher abgebildete Energiemenge wird wiederum durch Integration gewonnen werden.

$$E_T^P = \frac{L}{2} \cdot i_P^2 \qquad (1.26)$$

Auch diese Energiedarstellung nennen wir analog zu Gl. 1.21 die Co-Energie oder Ergänzungsenergie. Angewendet auf das Beispiel der mechanischen Feder bedeutet das, die P-Intensität durch die Kraft F zu ersetzen.

$$E_{Co} = \frac{n}{2} \cdot F^2$$

Auch im T-Speicher sind beide Energiedarstellungen äquivalent und können jederzeit ineinander überführt werden. Abb. 1.8 zeigt auch hier die entsprechende grafische Darstellung.

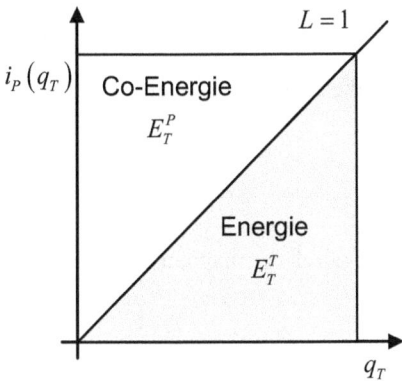

Abb. 1.8:   grafischer Zusammenhang zwischen Energie und Co-Energie

Schlussfolgerung
Die Energie und die Co-Energie sind bei linearen Systemen immer exakt gleich groß.

1.5.2   Umformungen mit nichtlinearen Ersatzelementen

Bei nichtlinearen Bauelementen ist die Frage nach der Energie und der Co-Energie nicht so einfach zu beantworten wie im linearen Fall. Dazu betrachten wir das folgende Beispiel aus Abb. 1.9. Eine Spule mit der Windungsanzahl N befindet sich auf einem Schenkel eines magnetischen Kreises. Wir wollen nun die Energie bestimmen, die bei Bestromung der Spule im magnetischen Eisenkreis gespeichert wird.

Im Vorgriff auf die magnetischen Systeme (Kapitel 3.6) bestimmen wir die T-Energie aus der Gibbsform.

$$\delta E_T = I \cdot \delta \Phi \qquad (1.27)$$

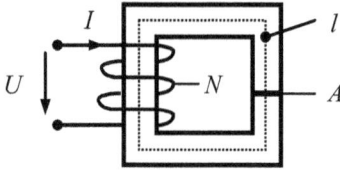

Abb. 1.9:   magnetischer Eisenkreis mit elektrischer Erregung

Da die Nichtlinearität magnetischer Werkstoffe sehr oft durch eine B(H)-Kennlinie angegeben wird, formen wir die Energiedarstellung Gl. 1.27 entsprechend um. Die Erweiterung mit dem Faktor $\frac{1}{dt}$ führt zunächst auf die beiden Intensitätsgrößen.

$$\frac{d}{dt}E_T = I\frac{d}{dt}\cdot\Phi = I\frac{d}{dt}\left(\int U\,dt\right) = I\cdot U \tag{1.28}$$

$$dE_T = I\cdot U\,dt \tag{1.29}$$

Der Strom durch die Erregerspule kann weiterhin durch die magnetische Feldstärke H und die Windungszahl N ausgedrückt werden.

$$I = \frac{H\cdot l}{N} \tag{1.30}$$

Die elektrische Spannung an der Erregerspule ersetzen wir durch die magnetische Flussdichte im Eisenkreis.

$$U = N\cdot A\frac{dB}{dt} \tag{1.31}$$

Unter der Berücksichtigung des Eisenvolumens $V = A\cdot l$ kann nun die T-Energie mittels der magnetischen Feldstärke und der magnetischen Flussdichte formuliert werden.

$$E_T = V\int H(B)\,dB \tag{1.32}$$

Der tatsächliche Zusammenhang zwischen der magnetischen Feldstärke und der magnetischen Flussdichte wird für den verwendeten Werkstoff in einer Kennlinie angegeben (Abb. 1.10).

Das Integral über der Kennlinie ist also ein Ausdruck für die im magnetischen Kreis gespeicherte T-Energie. Um eine äquivalente Darstellung zu den linearen Systemen zu erhalten, verwenden wir für die Kennlinie wieder die beiden Basisgrößen der T-Energie.

Wie Abb. 1.11 deutlich zeigt, sind im nichtlinearen Fall die Energie und die Co-Energie unterschiedlich groß.

$$E_T^T \neq E_T^P \tag{1.33}$$

Damit stellt sich jedoch die Frage, welche Energie denn tatsächlich im Eisenkreis gespeichert ist. Eine mögliche Antwort erhalten wir aus einem Experiment. Dazu erhöhen wir sehr stark

die magnetische Feldstärke im Eisenkreis. Prinzipiell erreichen wir das durch zwei Möglichkeiten. Wir erhöhen den elektrischen Strom oder erhöhen die Windungszahl der Spule. In
beiden Fällen steigt die magnetische Feldstärke proportional. Zur Berechnung der maximal
im Eisenkreis gespeicherten Energie bilden wir nun den Grenzwert des Energieintegrals.

$$\lim_{I \to \infty} V \int H(I)\, dB = E_{T\,max}^{T} \tag{1.34}$$

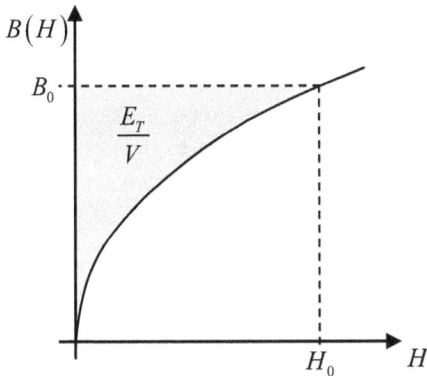

Abb. 1.10:   nichtlineare magnetische Werkstoffkennlinie

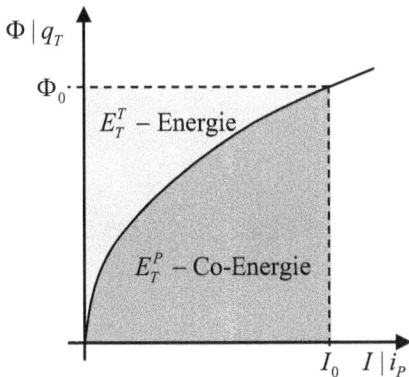

Abb. 1.11:   Darstellung der nichtlinearen Kennlinie in Basisgrößen

Wie Abb. 1.11 zeigt, bleibt die Fläche über der Kennlinie endlich, ganz im Gegenteil zu der
Fläche unter der Kennlinie.

$$\lim_{I \to \infty} V \int B\, dH = E_{T}^{P} = \infty \tag{1.35}$$

Ein unendlich großer Strom würde eine unendlich große Co-Energie zu Folge haben. Dieses
Ergebnis steht im Widerspruch zu unserer Erfahrung. Ein gesättigter Eisenkreis kann nur
eine begrenzte Energiemenge speichern.

Die physikalisch korrekte Antwort nach der Energieform gibt uns die Gibbsform.

$$\delta E = i \cdot \delta q \tag{1.36}$$

Die Intensitätsgröße ist nur der Proportionalitätsfaktor für die sich ändernde Quantität. Somit ist auch das Energieintegral eindeutig bestimmt.

$$E_T = \int I \, d\Phi \quad \rightarrow \quad E_T^T = V \int H(B) \, dB \tag{1.37}$$

Def. 1.3:
Die tatsächlich in einem beliebigen physikalischen System gespeicherte Energiemenge entspricht immer der Energie. Bei linearen Systemen sind Energie und Co-Energie immer exakt gleich, bei nicht linearen Systemen ist die Energie ungleich der Co-Energie.

Umrechnung bei der Energieformen

Oft ist es ganz praktisch, beide Energieformen ineinander umrechnen zu können. Historisch bedingt wurden z. B. die Sätze von Castigliano und Menabrea zur Berechnung von Verformungen und Lagerreaktionen in der Technischen Mechanik für die Co-Energie aufgestellt. Benötigen wir bei einem nichtlinearen System und gegebener Co-Energie nur die Energie, so wäre direkte Umrechnung aus der Co-Energie vorteilhaft. Eine einfache grafische Umrechnungsmöglichkeit zeigt Abb. 1.12.

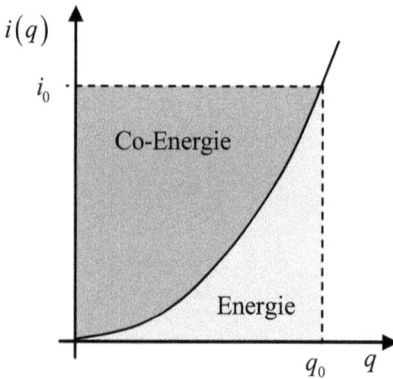

Abb. 1.12:   Energie und Co-Energie in einem nichtlinearen System

Die Rechteckfläche, gebildet aus dem Produkt beider Energievariablen, enthält die Summe aus Energie und Co-Energie.

$$E_{Co} + E = i(q) \cdot q \tag{1.38}$$

Gl. 1.38 kann nun nach einer der gesuchten Energiegrößen aufgelöst werden.

$$E = i(q) \cdot q - E_{Co}$$
$$E_{Co} = i(q) \cdot q - E$$

(1.39)

Betrachten wir dazu ein einfaches Beispiel mit quadratischer Kennlinie.

Bsp. 1.1

geg.:   Bauelement mit quadratischer Kennlinie $i(q) = q^2$

ges.:   a.)   Energie

          b.)   Co-Energie

Lsg.:   a.) $E = \int i\, dq = \int q^2\, dq = \dfrac{1}{3} q^3$

          b.) $E_{Co} = i(q) \cdot q - E = q^2 q - \dfrac{1}{3} q^3 = \dfrac{2}{3} q^3$

Nun wurde die Co-Energie jedoch nicht durch die Quantitäts- sondern durch die Intensitäts-variable dargestellt. Es muss also noch eine Variablentransformation von q nach i durchgeführt werden.

Lsg.:   b.) $E_{Co} = \dfrac{2}{3} i^{\frac{3}{2}}$ $i = q^2; \quad q^3 = i^{\frac{3}{2}}; \quad q > 0$

Wie die Teillösungen von Energie und Co-Energie zeigen, sind die Einzelenergien nicht mehr gleich.

$$\frac{1}{3} q^3 \neq \frac{2}{3} q^3 = \frac{2}{3} i^{\frac{3}{2}}$$

In einem weiteren Schritt wollen wir uns der Frage zuwenden, ob es nicht möglich ist die Energie direkt in die Co-Energie umzurechnen. Betrachten wir die beiden Flächeninhalte unter und über der Kurve der Energievariablen, so stellen wir fest, dass im Integral der Gleichgewichtsform nur die beiden unabhängigen Variablen getauscht sind.

$$E = \int i(q)\,dq\,; \quad E_{Co} = \int q(i)\,di$$

(1.40)

Gesucht ist also ein mathematischer Formalismus, der einer Funktion $y = f(x)$ eindeutig die Funktion $z = g(u)$ zuordnet. Diese Variablentransformation kann über die Legende Transformation (Anhang A1) realisiert werden.

$$L\{f(x)\} = g(u)$$

(1.41)

Bsp. 1.2

geg.:   Bauelement mit quadratischer Kennlinie $i(q) = q^2$

ges.:   a.)   Co-Energie über Legendre-Transformation

Lsg.:   a.) $E = \dfrac{1}{3}q^3; \quad E' = q^2; \quad E'' = 2q$

$2q \neq 0 \rightarrow$ bijektiv

$2q \neq 0 \rightarrow$ *konvex*

$$E_{Co}(q) = +\left\{ q^2 q - \frac{1}{3}q^3 \right\} = \frac{2}{3}q^3 \qquad i = q^2; \quad q = \sqrt{i}; \quad q > 0$$

$$E_{Co}(i) = \frac{2}{3}i^{\frac{3}{2}}$$

Auch bei nichtlinearen Bauelementen gestattet es die Gibbsform für Gleichgewichtszustände, die jeweilige Energie im P-und im T-Speicher in die bei den Formen Energie und Co-Energie aufzuteilen. Eine elegante Möglichkeit, beide Energieformen direkt ineinander zu überführen, bietet die Legende-Transformation. Prinzipiell sollte bei nichtlinearen Bauelementen jedoch immer beachtet werden, dass Energie und Co-Energie ungleich sind. Die tatsächlich in einem physikalischen System gespeicherte Gesamtenergie entspricht immer der Energie. Die Co-Energie kann als ein mathematisches Hilfsmittel aufgefasst werden.

Zusammenfassung

Ein mechatronisches Gesamtsystem besteht aus unterschiedlichen physikalischen Teilsystemen. Die in einem Gesamtsystem enthaltene Gesamtenergie kann im Falle der Energiewandlung (Teilsystem zu Teilsystem), Energieübersetzung (innerhalb eines Teilsystems), Energietransport und Energiespeicherung über die P-Quantität klassifiziert werden. Jeder unabhängigen P-Quantität wird ein physikalisches Teilsystem mit allen seinen konstituierenden Gesetzen, sowie einem Satz konzentrierter Ersatzelemente, zugeordnet. Der Energieaustausch der Teilsysteme untereinander erfolgt durch einen Energieflusskreis von Teilsystem zu Teilsystem. Dabei durchtritt der Energiefluss die Oberfläche des Teilsystems (Energiestrom). Diesen Prozess nennen wir Energiewandlung. Innerhalb eines Teilsystems wird die Energie in zwei Speicherformen, dem P-Speicher und dem T-Speicher, aufbewahrt. Die Umformung zwischen den beiden Speichern erfolgt immer verlustfrei. Mathematisch kann die Energie in jedem der beiden Speicher als Energie oder als Co-Energie (Ergänzungsenergie) abgebildet werden. Der Energieinhalt des jeweiligen Speichers, bleibt unabhängig von seiner mathematischen Darstellungsweise, immer gleich groß.

2 Mechatronische Bauelemente

2.1 Mechatronische Grundelemente

Lernziele Grundbauelemente
- Leiter und Knoten
- 2n-Pole
- Vierpole und Zweitore
- Quellen
- Speicher

Die Beschäftigung mit der Mechatronik setzt das Verständnis vieler unterschiedlicher physikalischer Phänomene voraus. Gleichzeitig ergibt die Vielfalt dieser Phänomene einen fast unüberschaubaren Betätigungsspielraum. Eine physikalisch präzise Beschreibung aller in der Mechatronik auftretenden Phänomene ist sehr aufwendig und erfordert jeweils profunde Fachkenntnisse der entsprechenden Teilgebiete. Um dennoch effizient mit dem Entwurf der Analyse und der Beschreibung von komplexen mechatronischen Systemen umgehen zu können, werden verschiedene, oft stark vereinfachende Herangehensweisen und Methoden eingeführt. Besonders wichtig erscheint dabei die makroskopische Betrachtungsweise der unterschiedlichen physikalischen Teilgebiete.

Wie schon im Kapitel 1 dargestellt, findet in einem mechatronischen Gesamtsystem ein Energiefluss innerhalb der Teilsysteme statt. Dieser Energiefluss kann durch eine freie räumliche Ausbreitung der beteiligten Feldgrößen (Systeme mit verteilten Parametern) erfolgen oder durch eine Zusammenschaltung von aktiven und passiven Bauelementen (Systeme mit konzentrierten Parametern) mittels Verbindungsleitungen. Die Zusammenschaltung von Systemen mit konzentrierten Ersatzelementen ist die Aufgabe der Netzwerktheorie.

Die Netzwerktheorie wird in der Elektrotechnik mit großem Erfolg eingesetzt. Dort erweist sie sich sehr praxisbezogen und effizient. Analog zu den elektrischen Netzwerken lassen sich über den Energiefluss nunmehr auch mechatronische Strukturen durch Systeme linearer Differentialgleichungen mit konstanten Koeffizienten beschreiben. Es bietet sich daher an, die netzwerktheoretischen Betrachtungsmethoden der elektrischen Netzwerke direkt auf mechatronische Systeme zu übertragen. Eine solche einheitliche netzwerktheoretische Beschreibung ist besonders im Falle der Kopplung unterschiedlicher physikalischer Teilgebiete in einem einzigen mechatronischen System sehr vorteilhaft.

In der Netzwerktheorie wird die Methode der größtmöglichen Vereinfachung angewendet. Darüber hinaus werden einfache graphische Symbole für die Darstellung mechatronischer Bauelemente sowie Methoden zur Berechnung der Quantitäts- und Intensitätsgrößen in den mechatronischen Schaltungen eingeführt. Zum Zwecke einer besseren Übersichtlichkeit verwenden wir zukünftig für die beiden Intensitätsgrößen die von *Paynter* [4] vorgeschlagenen Begriffe „flow / Fluss" und „effort / Potentialdifferenz". Dazu soll die folgende Zuordnung gelten:

P-Intensität oder flow: $\qquad f(t) := i_p$

T-Intensität oder effort: $\qquad e(t) := i_T$

Das nachfolgende Kapitel gibt einen Überblick über die in der Mechatronik verwendeten Grundbauelemente. Dabei handelt es sich zunächst um fiktive Bauelemente mit idealisierten Eigenschaften, welche die Realität nur mehr oder weniger genau widerspiegeln. Inwieweit ein reales Bauteil mit einem idealisierten Bauelement übereinstimmt muss für den konkreten Anwendungsfall jeweils separat überprüft werden.

2.1.1 Flussleiter und Knoten

Flussleiter sind passive Netzwerkelemente. Das graphische Symbol für die Weiterleitung einer P-Intensität $f(t)$ soll eine einfache Linie sein (Abb. 2.1), die im Allgemeinen nicht der tatsächlichen Form und Lage des verwendeten Flussleiters (Leiter) entspricht. Sie gibt nur an, welche weiteren Bauelemente der Leiter miteinander verbindet (z.B. elektrische Leiter, Rohrleitungen, kraftschlüssige Verbindungen). Für die Netzwerksanalyse wird dann angenommen, dass das Verhalten dieses Leiters ideal ist. Der Flussstrom am Eingang des Leiters sei identisch mit dem Flussstrom am Ausgang des Leiters.

Es reicht daher aus, jeden Leiter mit einer einzigen Flussgröße $f(t)$ zu charakterisieren. Da die Flussgröße eine gerichtete Größe ist, wird die Flussgröße mit einem Pfeil auf dem Leiter markiert, welcher die positive Flussrichtung angibt. Ist die Flussrichtung unbekannt, so wird eine willkürliche Richtung eingesetzt. Ergibt die Berechnung der Netzwerkgrößen einen negativen Flusswert, so bedeutet das, dass der positive Fluss in die umgekehrte Richtung fließt.

Mehrere Leiter können miteinander durch einen Knoten (Abb. 2.2) verbunden werden. Knoten werden graphisch durch Punkte markiert. Praktisch haben Flussverbindungen jedoch eine gewisse räumliche Ausdehnung. Damit können sie in der Realität unterschiedliche physikalische mengenartige Größen speichern (z.B. Massen oder Ladungen). Idealisierte Leiter, im Sinne der Netzwerktheorie, sollen jedoch *keine* mengenartigen Größen speichern können.

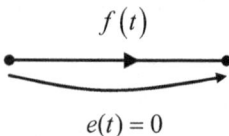

Abb. 2.1:   Symbol eines Flussleiters mit positiver Flussrichtung

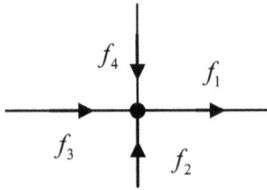

Abb. 2.2:   Flussleiter mit Knotenpunkt und Pfeilen für die Flussrichtung

2.1.2   2n-Pole

Mechatronische Schaltungen, welche nur aus idealisierten Leitern und Knoten bestehen, sind jedoch praktisch ohne Interesse. Um reale Schaltungen abzubilden, müssen zusätzliche Bauelemente eingeführt werden. Die einfachsten derartigen Bauelemente haben genau zwei Anschlussklemmen (Pole) und werden deshalb Zweipole genannt. Die innere Funktion der Zweipole wird durch die jeweiligen physikalischen Effekte im Inneren der realen Bauelemente charakterisiert. Tatsächlich muss es sich bei einem Zweipol nicht einmal um reale Klemmen handeln. Auch Teile eines Netzwerkes können für analytische Zwecke aus dem Netzwerk herausgetrennt und paarweise zu einem Zweipol zusammengefasst werden.

Im Allgemeinen gibt es natürlich auch Bauteile mit mehr als zwei Klemmen (2n-Pole). Erfahrungsgemäß ist die Charakterisierung und Berechnung von derartigen 2n-Polen schwieriger als die Behandlung von Zweipolen. Oft gelingt es aber, 2n-Pol Ersatzschaltungen aus mehreren Zweipolen zu bilden, welche die 2n-Pole in guter Näherung beschreiben. Der Behandlung von Zweipolen kommt deshalb eine zentrale Bedeutung zu.

Def. 2.1:
Ein „mechatronischer 2n-Pol" sei ein Gebilde mit n Klemmen zu seiner Umgebung (Abb. 2.3). Der Zustand eines derartigen 2n-Poles kann durch Fluss- und Potentialgrößen an den Klemmen (z.B. Kraft und Geschwindigkeit oder Strom und Spannung) und durch physikalische Größen, die dem gesamten 2n-Pol zugeordnet sind (z.B. Volumen, Fläche, Masse), charakterisiert werden. Die Eigenschaften eines solchen 2n-Poles können durch eine Funktionsmenge beschrieben werden, welche die physikalischen Größen miteinander verknüpft.

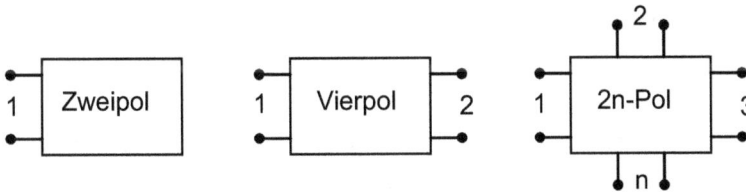

Abb. 2.3:   Darstellung von allgemeinen 2n-Polen

2.1.3   Lineare Zweipole

Bei der idealisierten Betrachtungsweise der Netzwerktheorie interessiert nicht das Innenle-
ben der Bauelemente bzw. deren innere physikalischen Effekte, sondern nur die Größen, die
von außen messbar sind. Wir konzentrieren uns deshalb zunächst auf die Fluss- und Potentialgrößen und charakterisieren einen Zweipol durch eine Potentialgröße zwischen den beiden
Klemmen A und B und die Flüsse, welche an der Klemme A in den Zweipol hinein und an
der Klemme B aus dem Zweipol heraus fließen (Abb. 2.4).

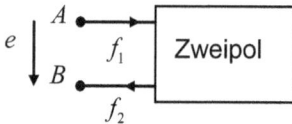

Abb. 2.4:   Darstellung eines passiven Zweipols (Verbraucherpfeilsystem)

Setzen wir wie beim idealen Leiter voraus, dass der Zweipol zunächst keine Energie speichern kann und somit die Flüsse f_1 und f_2 an den Klemmen A und B identisch sind sprechen
wir von einem *Eintor.*

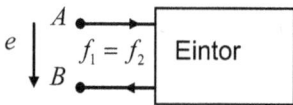

Abb. 2.5:   Darstellung eines passiven Eintors (Verbraucherpfeilsystem)

Als Richtung für die Pfeile der Fluss- bzw. Potentialgröße wird entweder das *Verbraucherpfeilsystem* oder das *Erzeugerpfeilsystem* verwendet. Das Verbraucherpfeilsystem ist für
Energie aufnehmende Systeme (passive Zweipole) anschaulich, da sich die Bezugsrichtung
des Energieflusses mit seiner tatsächlichen Richtung deckt. Der Sinn dieser Konvention
erschließt sich mit der Betrachtung der im Zweipol umgesetzten Leistung $P = e(t) \cdot f(t)$.

Haben die Fluss- und Potentialgrößen das gleiche Vorzeichen, so wird die im Zweipol umgesetzte Leistung positiv, d.h. der Zweipol verbraucht Leistung bzw. entzieht dem restlichen
Netzwerk Energie. Haben die Fluss- und Potentialgrößen ein unterschiedliches Vorzeichen,
wird die umgesetzte Leistung negativ, d.h. der Zweipol stellt eine Leistung bereit.

Damit lassen sich Zweipole in die drei folgenden Kategorien einteilen:

passiv: Der Zweipol gibt in keinem Betriebszustand eine Leistung über die Klemmen ab.

aktiv: Der Zweipol gibt eine Leistung über die Klemmen ab.

linear: Der Flussgröße ist proportional zur Potentialgröße.

2.1.4   Fluss- und Potentialquellen

Fluss- und Potentialquellen gehören zur Klasse der *aktiven* Netzwerkelemente. Sie rufen in einem Netzwerk Flüsse und Potentialdifferenzen hervor. Ein sinnvolles Pfeilsystem ist hier das *Erzeugerpfeilsystem*. Das bedeutet, dass bei einem positiven Vorzeichen des Energiestroms, die Energie aus dem Zweipol heraus fließt. Zusätzlich unterscheidet man zunächst zwischen unabhängigen Quellen und gesteuerten Quellen.

Unabhängige Quellen sind Quellen, welche einem Netzwerk Potentialdifferenzen bzw. Flüsse liefern, die unabhängig von den resultierenden Potentialdifferenzen und Flüssen dieses Netzwerkes sind.

Gesteuerte Quellen sind dadurch gekennzeichnet, dass die Polausgangsgrößen der unabhängigen Quellen durch veränderbare Poleingangsgrößen beeinflusst werden können.

Weiterhin unterscheidet man *ideale* und *reale* oder *technische* Quellen.

Ideale Potentialquellen

Als ideale Potentialquelle wird eine Quelle bezeichnet, die unabhängig von einer nachgeschalteten Last R_L im Netzwerk, stets eine konstante Potentialdifferenz e_0 liefert (Abb. 2.6). Dabei wird der gespeicherte Energievorrat der Quelle als unendlich angenommen. Die dazu zugehörige Kennlinie zeigt ebenfalls Abb. 2.6.

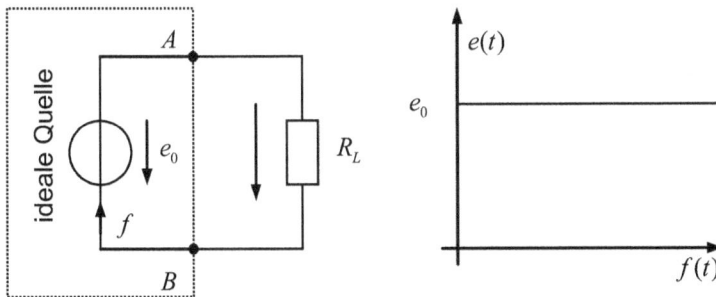

Abb. 2.6:   Schaltbild und Kennlinie einer idealen Potentialquelle

Reale Potentialquellen

Eine reale Potentialquelle besteht aus der Reihenschaltung einer idealen Potentialquelle und einem Widerstand, dem Innenwiderstand R_i der realen Quelle (Abb. 2.7). Somit kann bei nachgeschalteten Lasten der Lasteinfluss auf die tatsächlich an der Quelle liegende Potentialdifferenz $e(t)$ bestimmt werden. Weiterhin begrenzt der Innenwiderstand bei äußerem Kurzschluss $(R_L = 0)$ den maximalen Fluss f durch die Quelle. Bei realen technischen Quellen sollte der Innenwiderstand möglichst klein sein, der Idealfall wäre $R_i = 0$. Damit würde die reale Quelle in eine ideale Quelle übergehen.

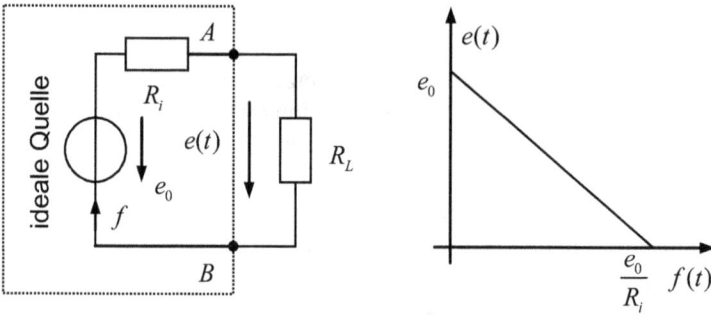

Abb. 2.7:   Schaltbild und Kennlinie einer realen Potentialquelle

Gesteuerte Potentialquellen

Bei einer gesteuerten Potentialquelle wird die Potentialdifferenz an den Torklemmen der idealen oder realen Quelle durch ein unabhängiges Fremdpotential $e_s(t)$ oder einen unabhängigen Fremdfluss $f_s(t)$ gesteuert (Abb. 2.8). Streng genommen ist die gesteuerte Potentialquelle kein Zweipol im Sinne der Netzwerktheorie.

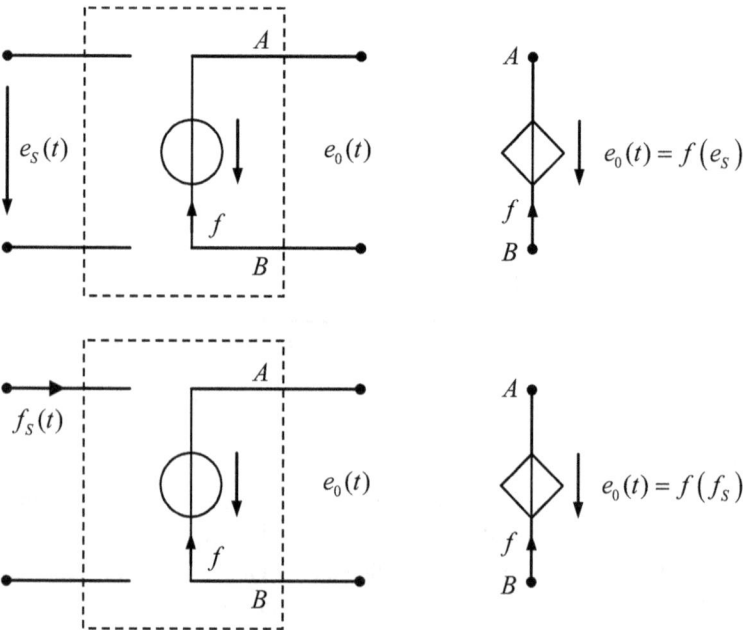

Abb. 2.8:   Schaltbild und Ersatzschaltbild gesteuerter Potentialquellen

Ideale Flussquellen

Eine ideale Flussquelle ist eine Quelle, die keinen Innenwiderstand aufweist. Damit es zu einem Fluss in einem Netzwerk kommt, baut die ideale Quelle am externen Lastwiderstand eine Potentialdifferenz auf. Ein Ersatzschaltbild und die Kennlinie zeigen Abb. 2.9. Ohne

Lastwiderstand hat die ideale Flussquelle an den Torklemmen A und B eine unendlich hohe Potentialdifferenz.

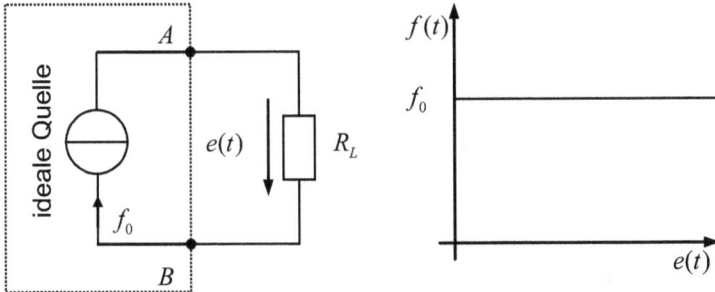

Abb. 2.9:   Schaltbild und Kennlinie einer idealen Flussquelle

Reale Flussquellen

Bei einer realen Flussquelle liegt der Innenwiderstand R_i parallel zur idealen Quelle. Ist der Lastwiderstand R_L gleich Null, fließt der maximale Fluss über die beiden Polklemmen A und B. Somit wird $e(t)$ gleich Null (Kurzschluss). Im Leerlauf $R_L = \infty$ fließt der gesamte Quellfluss f_0 durch den Innenwiderstand (Abb. 2.10).

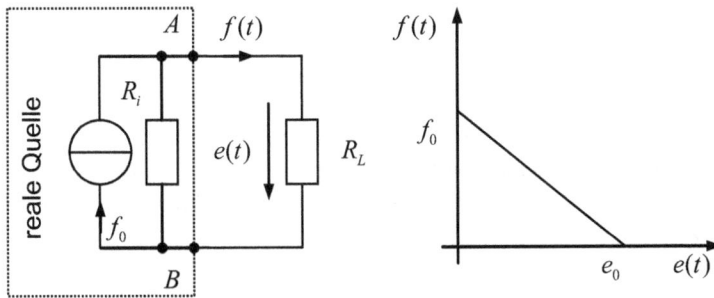

Abb. 2.10:   Schaltbild und Kennlinie einer realen Flussquelle

Gesteuerte Flussquellen

Bei einer gesteuerten Flussquelle wird der Quellfluss an den Polklemmen durch einen unabhängigen Fremdfluss bzw. durch ein unabhängiges Fremdpotential gesteuert (Abb. 2.11).

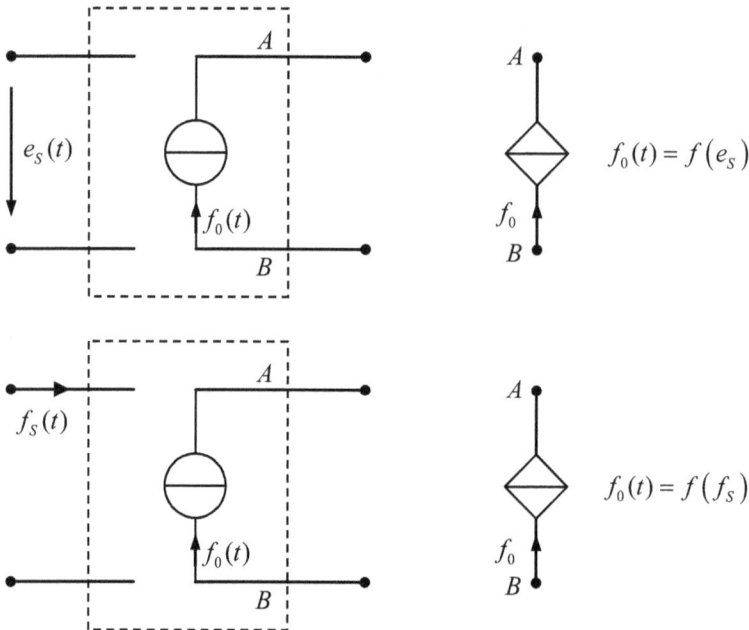

Abb. 2.11:   Schaltbild und Ersatzschaltbild gesteuerter Flussquellen

1.6   Speicherelemente

Wie im Kapitel 1 dargelegt, kann die in einem mechatronischen System vorhandene Gesamt-energie im T-Speicher bzw. im P-Speicher aufbewahrt werden. Im Falle eines Energieflusses gilt die Modellvorstellung der konzentrierten Ersatzelemente, d.h. einem Bauelement kann die jeweilige Energieform zugeordnet werden. Die entsprechende Zuordnung erfolgt durch das konstituierende Gesetzte.

1.6.1   Ideale Kapazitäten (P-Speicher)

Kapazitäten gehören zunächst zur Klasse der passiven Zweipole. Sinnvoll ist hier das Ver-braucherpfeilsystem. Sie besitzen zwei Anschlussklemmen A und B und sind in der Lage, die in einem System vorhandene P-Energie zu speichern (Abb. 2.12). Gibt es im Zweipol keine dissipativen Verluste (ideale Kapazität), so sind die Polgrößen $f_1 = f_2 = f(t)$ und wir spre-chen wieder von einem Eintor.

Das zugehörige konstitutive Gesetz nach Gl. 1.7 lautet: $C := \dfrac{q_P}{i_T}$

Wie in Abb. 2.12 dargestellt, wird die Fundamentalgröße q_P selbst aber nicht zur Bauelemen-tedarstellung genutzt. Stattdessen bildet man q_P durch die entsprechende Integration (Abb. 1.4).

$$q_P = \int i_P dt \tag{2.1}$$

Damit kann das ideale Speicherbauelement Kapazität C durch die folgende Gleichung nur mittels der Fluss- und Potentialgrößen dargestellt werden.

$$C := \frac{1}{i_T} \int i_P dt \quad \text{oder} \quad C := \frac{1}{e(t)} \int f(t) dt \tag{2.2}$$

Die in der Kapazität gespeicherte Energie kann entweder durch die Energie oder durch die Co-Energie ausgedrückt werden.

Energiedarstellung: $\qquad\qquad\qquad E = \frac{C}{2} \cdot i_T^2 = \frac{C}{2} \cdot e^2$

Co-Energiedarstellung: $\qquad\qquad E_{Co} = \frac{1}{2C} \cdot q_P^2 = \frac{1}{2C} \cdot \left[\int f(t) dt \right]^2$

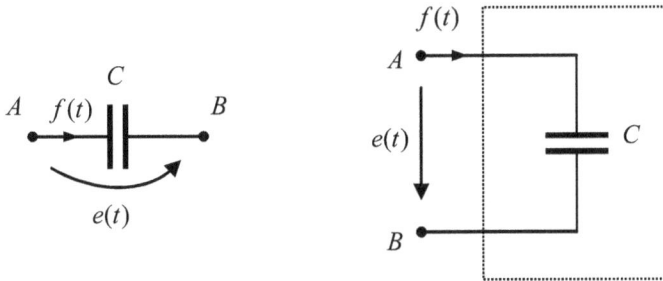

Abb. 2.12: Darstellung der Kapazität als Bauelement und als passives Eintor

1.6.2   Reale Kapazitäten (P-Speicher mit Verlusten)

Reale Energiespeicher werden neben ihrem eigentlichen Speichervermögen auch durch ihre Verluste charakterisiert. Ein Akkumulator verliert z.B. über sein Selbstentladungsverhalten permanent elektrische Energie, obwohl sie nicht einem Verbraucher in einem elektrischen Stromkreis zugeführt wird. Solche Energieverluste treten prinzipiell bei allen realen Speicherbauelementen auf. Wird die im Bauelement gespeicherte Energie später für andere Prozesse gewandelt, übersetzt oder nur transportiert, fehlt dieser durch die Verluste charakterisierte Energieanteil. Da jedoch in einem abgeschlossenen System keine Energie verloren gehen kann, steht diese Verlustenergie nur nicht mehr dem betrachteten Prozess zur Verfügung. Sie kann daher z.B. in Form von Wärme oder Schallenergie auftreten.

Somit ist das Modell einer realen Kapazität kein Zweipol mehr. Die Verlustenergie müsste je nach Energieform über weitere Polklemmen abgeführt werden (Abb. 2.13).

Oft ist jedoch die Verfolgung des Verlustenergiestroms zu aufwendig oder für die Beschreibung des aktuellen Prozess von untergeordneter Bedeutung. In diesem Fall empfiehlt sich eine zweistufige Modellreduktion durchzuführen.

Erste Stufe:

Die auftretenden Verluste sind für den betrachteten Prozess relevant jedoch nicht die Verfolgung des Verlustenergiestroms. Das n-Tor wird auf das Modell eines Eintors (Abb. 2.5) reduziert. Im Inneren des Eintors befinden sich jedoch neben dem eigentlichen Speicherelement Kapazität noch weitere, verlustbeschreibende Bauelemente.

Zweite Stufe:

Alle im betrachteten Prozess auftretenden Verluste werden vernachlässigt. Das n-Tor wird auf eine ideale Kapazität (Abb. 2.12) reduziert.

Der Reduktionsfall (zweite Stufe) wurde im vorangegangenen Abschnitt schon behandelt.

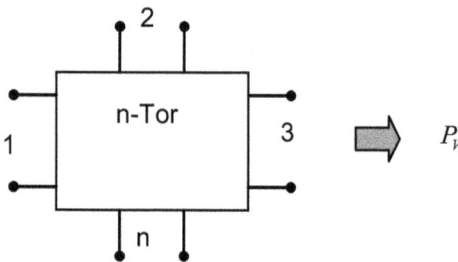

Abb. 2.13:   reales Speicherbauelement als n-Tor

Unser Augenmerk soll nachfolgend auf der ersten Modellreduktionsstufe liegen. Ein vollständiges Eintor Ersatzschaltbild einer verlustbehafteten Kapazität zeigt Abb. 2.14.

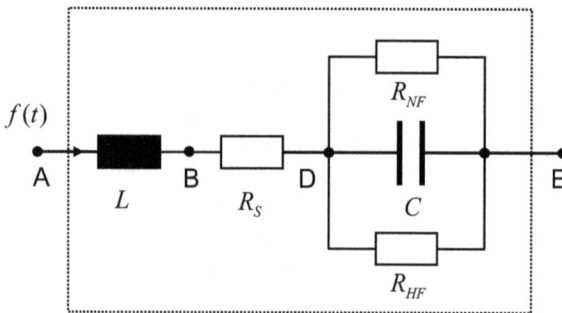

Abb. 2.14:   Ersatzschaltbild einer verlustbehafteten (realen) Kapazität

L	ideale Induktivität (Eigeninduktivität des kapazitiven Speichers)
R_S	Verluste in Anschlussleitungen oder Kontaktflächen
R_{NF}	Verluste durch niederfrequente Anteile
R_{HF}	Verluste durch hochfrequente Wechselanteile

Konstruktionsbedingt beinhalten kapazitive Speicher oft auch Anteile induktiver Speicher. Hydraulische Speicher beinhalten z.B. auch Rohrleitungssysteme (Induktivitäten) oder elektrische Kapazitäten werden aus gewickelten Belägen (Induktivitäten) hergestellt. Dieser Speicheranteil wird in einer idealen Induktivität L zusammengefasst. Für alle Verluste in den Anschlussleitungen, aber auch an Kontaktflächen sowie Leitungsübergängen oder Querschnittsänderungen, führt man einen Verlustwiderstand R_S in Serie mit der eigentlichen Kapazität ein. Hat der Speicher keine ideale Isolation zu seiner Umgebung, geht über die Speicherberandung Energie verloren. Dieser Vorgang vollzieht sich jedoch je nach Güte der Isolation sehr langsam. Die dabei auftretenden Isolationsverluste werden in einem niederfrequenten Verlustwiderstand R_{NF} parallel zur Kapazität nachgebildet. Oft treten in kapazitiven Speichern Energieverluste durch dynamische Speicherumladungen auf. Im elektrischen Wechselfeld sind das z.B. Polarisationsverluste im Dielektrikum. Diese hochfrequenten Verluste werden durch den Widerstand R_{HF} parallel zu R_{NF} und C dargestellt.

Bestimmung der Verluste in der realen Kapazität

Wie im Kapitel 1.4 beschrieben, findet eine Prozesskopplung von Teilsystemen (Energiefluss) über die Kopplungsvariable Prozessleistung P statt. Existieren die bei realen Speichern immer vorhandenen Verluste, so können diese Verluste auch als Leistungsverluste, die der eigentlichen Prozessleistung entzogen werden, aufgefasst werden. Es ist also sinnvoll die durch die an den einzelnen Ersatzbauelementen (Abb. 2.14) entstehende Verlustleistung zunächst einzeln zu betrachten.

Verluste durch hochfrequente Wechselanteile

Die umgesetzte Prozessleistung ist durch die Gleichung

$$P = i_P \cdot i_T = f(t) \cdot e(t) \tag{2.3}$$

definiert. Setzt man für die Potentialdifferenz $e(t)$ eine harmonische Funktion der Form $e(t) = \hat{e} \cdot \cos(\omega t + \varphi_e)$ an, so folgt unter der Annahme einer idealen Kapazität aus

$$f(t) = C \cdot \frac{d\,e(t)}{dt}$$

$f(t) = -C\omega\hat{e} \cdot \sin(\omega t + \varphi_e)$ und damit

$$P_C(t) = -C\omega\hat{e}^2 \cdot \sin(\omega t + \varphi_e) \cdot \cos(\omega t + \varphi_e) \tag{2.4}$$

Betrachten wir nun die umgesetzte Prozessleistung über eine volle Periode der harmonischen Funktion. Dazu wird Gl. 2.4 über eine Periode integriert.

$$\overline{P}_C = \frac{1}{T} \int_0^T P_C(t)dt = -\frac{1}{T}C\omega\hat{e}^2 \cdot \int_0^T \sin(\omega t + \varphi_e) \cdot \cos(\omega t + \varphi_e)dt = 0$$

Zur Ermittlung der Leistungsverluste einer realen Kapazität soll zunächst nur eine Teilkomponente der Ersatzschaltung aus Abb. 2.14 betrachtet werden. Die beiden Teilwiderstände R_{HF} und R_{NF} können zu einem einizigen Parallelwiderstand R_p zusammengefasst werden.

Dazu setzt man die momentanen Teilverluste beider Einzelbauelemente ins Verhältnis. Dieses Verhältnis wird auch als der Gütefaktor (kurz Güte) der Kapazität bezeichnet.

$$Q_C := \frac{P_C}{P_R} \tag{2.5}$$

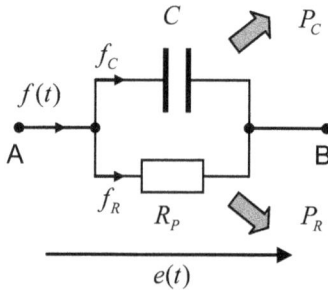

Abb. 2.15:   Teilersatzschaltbild einer verlustbehafteten (realen) Kapazität

Je geringer die Verluste in R_p durch den Wechselanteil sind, um so höher ist die Güte der Kapazität. Da die Potentialdifferenz $e(t)$ (Abb. 2.15) an beiden Bauelementen gleich groß ist, kann die Güte auch wie folgt dargestellt werden.

$$Q_C = \frac{e(t) \cdot f_C(t)}{e(t) \cdot f_{Rp}(t)} = \frac{\hat{f}_C}{\hat{f}_{Rp}} = \frac{1}{d} \tag{2.6}$$

Mit der Variablen d kennzeichnet man auch den Verlustfaktor der Kapazität C (engl. DF Dissipationfactor).

Abb. 2.16 zeigt dazu den grafischen Zusammenhang zwischen den einzelnen Fluss- und Potentialgrößen als komplexer Zeiger.

Der Phasenwinkel φ der Gesamtflussgröße $f(t)$ durch die verlustbehaftete Kapazität beschreibt die Phasenverschiebung zwischen der Fluss- und Potentialgröße. Sie ist durch den Verlustwiderstand R_p nicht genau 90°, sondern um den Verlustwinkel δ_p der Parallelschaltung reduziert. Das Verhältnis der Flüsse aus Gl. 2.6 kann geometrisch (Abb. 2.16) durch den Verlustwinkel ausgedrückt werden.

$$\frac{\hat{f}_{Rp}}{\hat{f}_C} = \tan \delta_p = d = \frac{1}{Q_C} \tag{2.7}$$

Da die Potentialdifferenz an beiden Bauelementen der Ersatzschaltung identisch ist, können statt der Teilflüsse $f_C(t)$ und $f_{Rp}(t)$ auch die entsprechenden komplexen Widerstände in Gl. 2.7 eingesetzt werden.

Mit $f_R(t) = \dfrac{e(t)}{\underline{Z}_R}$; $\quad f_C(t) = \dfrac{e(t)}{\underline{Z}_C}$ folgt:

$$\tan \delta_P = \frac{\hat{f}_R}{\hat{f}_C} = \frac{\underline{Z}_C}{R_P} \tag{2.8}$$

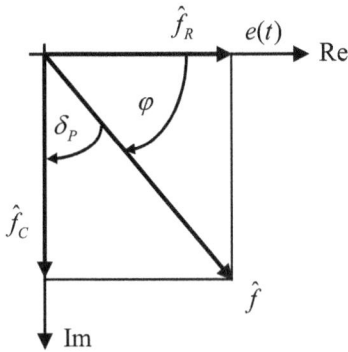

Abb. 2.16:   vektorieller Zusammenhang der Fluss- und Potentialgrößen

Für den komplexen Widerstand $\underline{Z}_C = \dfrac{e(t)}{f_C(t)}$ der idealen Kapazität ergibt sich in komplexer Schreibweise für die Fluss- und Potentialgrößen

$$e(t) = \hat{e} \cdot e^{j\omega t}; \quad f_C(t) = C \cdot \frac{de(t)}{dt} = C \cdot j\omega \cdot \hat{e} \cdot e^{j\omega t}$$

$$\underline{Z}_C = \frac{e(t)}{f_C(t)} = \frac{1}{j\omega \cdot C} = 0 + j\left(-\frac{1}{\omega C}\right) = \operatorname{Re}\{\underline{Z}_C\} + \operatorname{Im}\{\underline{Z}_C\}.$$

Der komplexe Widerstand der idealen Kapazität besteht also nur aus einem reinen imaginären Widerstand, dem Blindwiderstand $\operatorname{Im}\{\underline{Z}_C\} = X_C$. Eingesetzt in Gl. 2.8 wird der Verlustwinkel nur durch reine Widerstandsgrößen bestimmt.

$$\tan \delta_P = \frac{X_C}{R_P} = -\frac{1}{\omega C \cdot R_P} \tag{2.9}$$

Wie bereits ermittelt, bewirkte die ideale Kapazität keine Prozessverluste. Das Verhältnis der Teilverluste (Gl. 2.5) wird nach den tatsächlich im realen Bauelement auftretenden Verlusten umgestellt.

$$P_R = P_C \cdot \tan \delta_P = \frac{e^2(t)}{X_C} \cdot \tan \delta_P = e^2(t) \cdot \omega C \cdot \tan \delta_P$$

Die Verlustleistung der realen Kapazität, verursacht durch die hochfrequenten Wechselanteile und die niederfrequenten Anteile, ist also proportional zum Verlustfaktor.

$$P = e^2(t) \cdot \omega C \cdot \tan \delta_P \tag{2.10}$$

Oft ist statt der Potentialdifferenz über der Kapazität der Fluss durch die Kapazität gegeben. Dann kann $e(t)$ durch $f_C(t)$ ersetzt werden.

$$P = \frac{f_C^2(t)}{\omega C} \cdot \tan \delta_P = f_C^2(t) \cdot X_C \cdot \tan \delta_P \tag{2.11}$$

Ist der Verlustwinkel der realen Kapazität, bezogen auf die Teilersatzschaltung mit einem parallel geschaltetem hochfrequenten Verlustwiderstand (Abb. 2.15) bekannt, kann diese Parallelersatzschaltung bezüglich der Verlustleistung in eine reine Serienersatzschaltung umgewandelt werden.

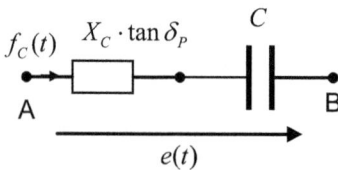

Abb. 2.17:   Ersatzschaltung als Serienschaltung der Ersatzelemente

In dieser Darstellung lässt sich sehr einfach der Leitungswiderstand R_S mit dem Ersatzwiderstand zu einem einzigen Verlustwiderstand R_{ESR} zusammenfassen (engl. ESR: Equivalent Series Resistance).

$$R_{ESR} = \sqrt{R_S^2 + \left(X_C \cdot \tan \delta_P\right)^2} \tag{2.12}$$

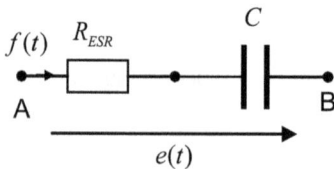

Abb. 2.18:   Ersatzschaltung der verlustbehafteten Kapazität

Die Verlustleistung der realen verlustbehafteten Kapazität in Reihenschaltung beträgt damit:

$$P = f^2(t) \cdot R_{ESR} \tag{2.13}$$

Beide Darstellungen, die Serienschaltung und die Parallelschaltung, lassen sich über entsprechende Ersatzwiderstände eindeutig ineinander Umrechnen. Voraussetzung dazu ist die gleiche Gesamtimpedanz Z beider Ersatzschaltungen zwischen den Klemmpunkten A und B.

Mit der gleichen Gesamtimpedanz haben beide Schaltungen das gleiche Wechselstromverhalten. Die Umrechnung gilt daher immer nur für die identische Frequenz beider Schaltungen.

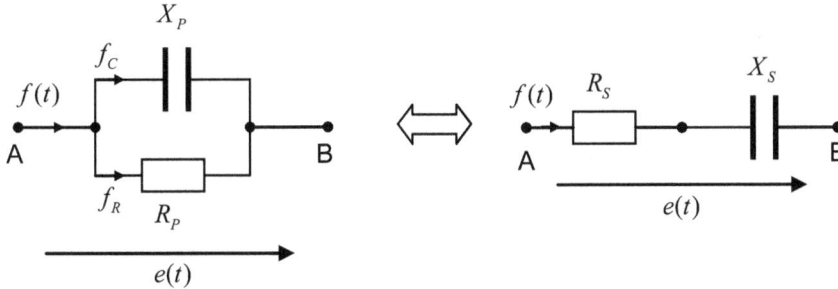

Abb. 2.19:   äquivalente Umformung der Ersatzschaltungen

$$R_S + jX_S = R_P \| jX_P = \frac{R_P \cdot jX_P}{R_P + jX_P} \tag{2.14}$$

$$R_S R_P - X_S X_P + j\left(X_S R_P + R_S X_P\right) = R_P \cdot jX_P \tag{2.15}$$

Ein Koeffizientenvergleich für Re und Im ergibt zwei zu erfüllende Gleichungen:

$$\begin{aligned} \text{Re}: & \quad R_S R_P - X_S X_P = 0 \\ \text{Im}: & \quad X_S R_P + X_P R_S = R_P X_P \end{aligned} \tag{2.16}$$

Durch das jeweilige Umstellen beider Gleichungen nach den unbekannten Größen der gesuchten Ersatzschaltung lassen sich die gewünschten Umrechnungen ermitteln. Löst man z.B. die Gleichung des Realteils nach R_S auf und setzt sie in die Gleichung des Imaginärteils ein, erhält man die Umrechnung für X_S.

$$X_S = \frac{X_P}{1+\left(\dfrac{X_P}{R_P}\right)^2} \quad ; \quad R_S = \frac{R_P}{1+\left(\dfrac{R_P}{X_P}\right)^2} \tag{2.17}$$

Tab. 2.1:   Umrechnungsbeziehungen zwischen Parallel- und Serienschaltung

	Parallelschaltung	Serienschaltung
Schaltung		
Impedanz	$$\lvert Z \rvert = \sqrt{\dfrac{R_P^2 \cdot X_P^2}{R_P^2 + X_P^2}}$$	$$\lvert Z \rvert = \sqrt{R_S^2 + X_S^2}$$
	$$\varphi = \arctan\left(\dfrac{R_P}{X_P}\right)$$	$$\varphi = \arctan\left(\dfrac{X_S}{R_S}\right)$$
Verlustwinkel	$$\delta_P = \arctan\left(\dfrac{X_P}{R_P}\right)$$	$$\delta_S = \arctan\left(\dfrac{R_S}{X_S}\right)$$
Güte	$$Q_P = \dfrac{1}{\tan\delta_P} = \dfrac{R_P}{X_P}$$	$$Q_S = \dfrac{1}{\tan\delta_S} = \dfrac{X_S}{R_S}$$
Umrechnung	$$R_S = \dfrac{R_P}{1 + \left(\dfrac{R_P}{X_P}\right)^2}$$	$$R_P = \dfrac{R_S^2 + X_S^2}{R_S}$$
	$$X_S = \dfrac{X_P}{1 + \left(\dfrac{X_P}{R_P}\right)^2}$$	$$X_P = \dfrac{R_S^2 + X_S^2}{X_S}$$
Energie	$$E = \dfrac{C_P}{2} \cdot e^2$$	$$E = \dfrac{C_S}{2} \cdot \dfrac{X_S^2}{X_S^2 + R_S^2} \cdot e^2$$
Verlustleistung	$$P = \dfrac{e^2}{X_P} \cdot \tan\delta_P = \dfrac{e^2}{R_P}$$	$$P = e^2 \cdot \dfrac{R_S}{X_S^2 + R_S^2}$$
	$$P = f_C^2 \cdot X_P \cdot \tan\delta_P$$	$$P = f^2 \cdot R_S^2$$

3 Physikalische Teilsysteme

Das folgende Kapitel beschäftigt sich mit den unterschiedlichen physikalischen Teilsystemen Mechanik, Fluidmechanik, Pneumatik, Elektrotechnik und Thermodynamik. Natürlich kann ein einzelnes Kapitel nicht den kompletten Stoffumfang der genannten Teilgebiete abdecken. Dazu sei auf die einschlägige Fachliteratur verwiesen. Vielmehr soll auch in diesem Kapitel der Grundgedanke der mechatronischen Netzwerke vermittelt werden. So finden wir in jedem der dargestellten Teilsysteme die schon eingeführten Grundbauelemente Kapazität, Induktivität und Widerstand sowie entsprechende mechatronische Wandler zur Kopplung der Teilsysteme.

In vielen Lehrbüchern wird der Bauelementebeschreibung nur ein ungenügender Platz eingeräumt. Meist beschränkt sich die Darstellung auf eine Tabelle mit Analogiebeziehungen. Doch gerade diese Analogiebeziehungen tragen oft mehr zur Verwirrung als zum Verständnis bei. Wird die FU- oder die FI-Analogie gewählt? Soll lieber *impedanztreu* oder *schaltungstreu* entworfen werden? Warum werden magnetische Systeme oder Teile der Mechanik ausgeklammert? Alle diese Fragen lassen sich nur durch die konsequente Umsetzung des Energieflussprinzips bei Bilanzgrößen beantworten. Das folgende Kapitel soll dazu einige Lösungsvorschläge aufzeigen.

3.1 Mechanische Systeme

Lernziele Mechanik

- Einführung des Impulsflusskreises für die träge Masse
- Einführung des Massenflusskreises für die schwere Masse
- Einführung des Momentenflusskreises für die Drehbewegung
- Ableitung der drei Grundbauelemente Kapazität, Induktivität, Widerstand
- Energie- und Leistungsbeschreibung der Grundbauelemente
- Mechatronische Wandler in der Mechanik

Die Mechanik ist im Gegensatz zu anderen Teildisziplinen der Physik eine sehr alte Wissenschaft. Viele der eingeführten Termini haben sich über mehrere Jahrhunderte entwickelt und verändert. Sie bestimmen damit weitgehend unser physikalisches Verständnis der Mechanik. Begriffskategorien wie *Statik* und *Dynamik* bilden die Grundlage ganzer Lehrgebäude. In diesem Kontext wird ihnen die mechatronische Betrachtungsweise der Mechanik bisweilen ungewohnt, ja teilweise sogar fremdartig vorkommen. Sie ist jedoch notwendig, um die Brücke zwischen den unterschiedlichen Teilgebieten der Physik zu schlagen. Um es gleich zu Beginn vorweg zu nehmen; alle physikalischen Gesetze der klassischen Mechanik behalten in der mechatronischen Betrachtungsweise selbstverständlich ihre volle Gültigkeit. Allein die Begriffsbildung oder Deutung einiger etablierter Sachverhalte erfolgt in einer zunächst noch ungewohnten Darstellung. Die Grundlage der Beschreibungsformen der Mechanik bilden weiterhin die im Kapitel 1.3 eingeführten extensiven Primärgrößen. Im Kapitel Mechanik werden jedoch nur die Primärgrößen Impuls, Masse und Drehimpuls benötigt. Selbstverständlich bleiben die meisten der hier betrachteten physikalischen Größen hauptsächlich vektorielle Größen. Eine korrekte Darstellung der klassischen Mechanik ist ohne Berücksichtigung der vektorielle Eigenschaften von Größen wie Kraft oder Impuls gar nicht möglich. Dennoch wird nachfolgend meist auf die vektorielle Darstellung verzichtet. Diese Reduktion hängt unmittelbar mit den Bauelementeeigenschaften zusammen. Massen werden für die Translationsbewegung ausschließlich als Punktmassen betrachtet. Die Flussgröße fließt immer in Richtung der positiven Potentialdifferenz und die Richtung des Energiestroms wird durch die Richtung der Flussgröße bestimmt. Überall dort, wo aus Verständnisgründen die Vektordarstellung hilfreich oder notwendig ist (z.B. Darstellung von Feldgrößen), werden auch die entsprechenden Vektoren benutzt.

3.1.1   Der Impuls als Primärgröße

Die Grundzüge der klassischen Mechanik gehen unter anderem auf die drei Newtonschen Grundgesetze (1687) zurück. Sie haben axiomatischen Charakter, d.h. sie geben alle experimentellen Erfahrungen und deren Schlussfolgerungen wieder. Dabei stimmen die Schlussfolgerungen mit den Erfahrungen überein, ohne dass dazu ein Beweis erbracht worden ist.

Schon in seinem Trägheitsgesetz formulierte Galilei (1638) den folgenden Sachverhalt: Ein Massepunkt führt solange eine geradlinige, gleichförmige Bewegung aus, solange keine äußere Kraft auf diesen Massepunkt einwirkt.

$$\bar{p} = m \cdot \bar{v} = const. \tag{3.1}$$

Der Impuls wird also aus dem Produkt der trägen Masse und ihrer Geschwindigkeit eingeführt. Die Erweiterung dieses Zusammenhanges findet seinen Ausdruck im zweiten Newtonschen Gesetz, dem Impulssatz.

Genau diese Interpretationsstruktur soll im Folgenden durchbrochen werden. Wie im Kapitel 1.3 schon eingeführt, definieren wir den Impuls als eine unabhängige Basisgröße mit eigenem Messverfahren. Die Masse dient lediglich als *Proportionalitätsfaktor* zwischen dem Impuls und der Geschwindigkeit, ohne dass der Impulserhaltungsatz damit seine Gültigkeit verliert.

$$\bar{p} = \sum_i m_i \cdot \bar{v}_i \tag{3.2}$$

Der Erhaltungssatz war sogar zwingend notwendig, denn eine der Eigenschaften von Primärgrößen war gerade ihre Bilanzierbarkeit.

Zur messtechnischen Bestimmung des Impulses ist genau ein Raumpunkt notwendig. Somit kommt dem Impuls die Bedeutung einer P-Quantität zu.

$$q_p := p \tag{3.3}$$

Da in der mechatronischen Betrachtungsweise das mechanische System nicht als geometrisches Gebilde, bestehend aus Massen und ihren Kopplungen, betrachtet wird, sondern als ein System aus paarweise energiekonjugierter Größen, erfolgt die Energiedarstellung der Mechatronik auch in der Gibb'schen Fundamentalform für Gleichgewichtszustände.

$$\delta E = \sum_j i_j \cdot \delta q_j \tag{3.4}$$

Dabei wird die Gesamtenergie prinzipiell in zwei Energieformen unterteilt. Eine Energieform, zu deren Speicherung keine Flussvariable notwendig ist – die P-Energie, sowie eine Energieform, an deren Speicherung die Flussvariable beteiligt ist – die T-Energie. Laut Begriffsbildung haben wir dem Energiespeicher, an dem die Flussvariable beteiligt ist, die Eigenschaften der Dynamik zugeordnet. Der T-Speicher ist also ein dynamischer Energiespeicher und der P-Speicher ein statischer Energiespeicher.

Spätestens hier kollidieren diese Begrifflichkeiten mit den etablierten Begriffen der klassischen Mechanik. Sprechen wir in der Mechanik der bewegten Massen von dynamischen Vorgängen und bezeichnen diese Energie als kinetische Energie, so sprechen wir nun in der Mechatronik von einem statischen Energiespeicher. Genau umgekehrt verhält es sich mit der potentiellen Energie in der Mechanik. Diese Energieform wird dem dynamischen Energiespeicher einer Feder in der Mechatronik zugeordnet, weil an deren Speicherung die Flussvariable Kraft beteiligt ist.

Die Energie im P-Speicher

Um nun die gespeicherte mechanische Energie im P-Speicher zu bestimmen, nutzen wir wiederum die Gibb'sche Form aus Gl. 3.4. Dabei beschränken wir uns bei der Herleitung auf eine Punktmasse. Als Primärgröße hatten wir den Impuls p mit seiner Eigenschaft als P-Variable definiert. Nun muss nur noch die dazugehörige Potentialdifferenz i_T bestimmt werden. Die klassische Herleitung eines Potentialfeldes, wie sie z. B. in der Elektrodynamik erfolgt, kann hier nicht angewendet werden, da es sich beim Impuls um keine klassische Feldgröße handelt. Umfassende mathematische Herleitungen, wie das Noether-Theorem [14], würden jedoch an dieser Stelle zu weit führen. Aus Analogiegründen zur Elektrotechnik (s. Kap. 3.2) wird als Potentialdifferenz die Geschwindigkeitsdifferenz Δv festgelegt.

$$i_T := e(t) = \Delta v \tag{3.5}$$

Die Geschwindigkeitsdifferenz Δv beschreibt die Bewegung einer Punktmasse in einem Inertialsystem (Abb. 3.1), wobei die Geschwindigkeit v_0 die Geschwindigkeit des Inertialsystems selbst ist.

In vielen praktischen Aufgabenstellungen wird ein ruhendes Inertialsystem $v_0 = 0$ angenommen. In diesen Fällen ist $\Delta v = v_1$.

Wie der Name Geschwindigkeitsdifferenz schon ausdrückt, ist Δv eine physikalische Größe, zu deren Bestimmung zwei Raumpunkte notwendig sind (T-Variable). Somit kann die Energiespeicherung im P-Speicher durch

$$\delta E_P = \Delta v(p) \cdot \delta p \tag{3.6}$$

ausgedrückt werden. Anschaulich nennen wir den Energiespeicher der P-Energie einen kapazitiven Speicher.

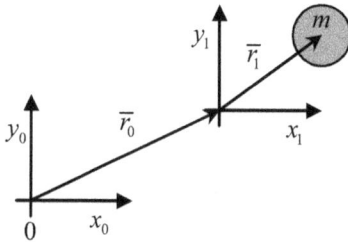

Abb. 3.1: bewegte Masse in Bezug zu einem Inertialsystem

Die Energie im T-Speicher

Die Herleitung der mechanischen Energie im T-Speicher kann pragmatisch aus den im Kapitel 1 formulierten Definitionen und Ableitungen erfolgen. Die Fundamentalform für Gleichgewichtszustände bestimmt auch hier den Energieinhalt im T-Speicher.

$$\delta E_T = i_P \cdot \delta q_T \tag{3.7}$$

Die Intensitätsvariable i_P kann aus Gl. 1.5 bestimmt werden, d.h. aus der Ableitung der Quantitätsgröße nach der Zeit.

$$i_P = \frac{d}{dt}q_P = \frac{dp}{dt} = F \tag{3.8}$$

Damit ist die Kraft F der zugehörige Mengenstrom zum Energieträger Impuls. Wir haben in diesem Zusammenhang auch von einer Flussgröße f(t) gesprochen. Die Silbe *fluss,* im Begriff Kraftfluss, beschreibt somit das dynamische Verhalten des Energiespeichers.

$$i_P := f(t) = F \tag{3.9}$$

Die Quantitätsgröße q_T wird durch eine Integration aus der Intensitätsgröße i_T gewonnen.

$$q_T := \int i_T dt = \int \Delta v dt = \Delta s \tag{3.10}$$

Damit ist auch die Energiebeschreibung der dynamischen Energie im T-Speicher vollständig.

$$\delta E_T = F(\Delta s) \cdot \delta \Delta s \tag{3.11}$$

Den Energiespeicher der T-Energie bezeichneten wir auch als einen induktiven Speicher.

Die Masse als kapazitiver Speicher (träge Masse)

Eine Teilaufgabe der mechatronischen Netze war die Bauelementedarstellung der beteiligten Energiespeicher sowie deren Energieaustauschprozesse. Der kapazitive Energiespeicher ist dabei für das statische Verhalten des mechanischen Systems (P-Speicher) zuständig. Unter Zuhilfenahme der Definitionsgleichung für Kapazitäten Gl. 1.7 sowie der gerade eingeführten T-Intensität und P-Quantität kann die mechanische Kapazität C_m bestimmt werden.

$$C_m := \frac{q_P}{i_T} = \frac{p}{\Delta v} = m \qquad (3.12)$$

Die bewegte Masse mit der Geschwindigkeit Δv kann man sich also als einen geladenen Kondensator vorstellen, wobei die Ladungsmenge des Kondensators dem Impuls entspricht. Da die Masse selbst eine Primärgröße ist (s. Kap. 1.3), kommt ihr eine Doppelfunktion zu. Dieser Sachverhalt ist vor allem dann zu beachten, wenn sich die träge Masse im Gravitationsfeld bewegt (s. Kap. 3.1.2). In diesem Fall ist an der mechanischen Gesamtenergie ein zusätzlicher Energiespeicher beteiligt.

Betrachten wir zunächst jedoch nur den reinen kapazitiven Anteil der bewegten Masse. Interessant für weitere Untersuchungen des mechanischen Systems ist immer der gespeicherte Energieanteil im entsprechenden Bauelement. Dazu gab es prinzipiell drei Möglichkeiten: die Darstellung ohne das Bauelement selbst zu verwenden und die jeweilige Energie und Co-Energie; Beschreibungsformen die eine Energievariable durch die Bauelementedefinition ersetzt hatten. Ausgangspunkt sind die Gleichungen Gl. 3.6 und Gl. 3.12. Dazu wird die Definitionsgleichung der mechanischen Kapazität in die Gleichung des P-Speichers eingesetzt.

$$\delta E_P = \frac{1}{C_m} p \cdot \delta p \qquad (3.13)$$

$$E_P^P = \frac{1}{C_m} \int_0^p p \, \delta p = \frac{1}{2 C_m} p^2 = \frac{p^2}{2m} \qquad (3.14)$$

Wie aus der Integration ersichtlich, entspricht diese Form genau der Energie. Die Co-Energie gewinnen wir aus der Legendre-Transformation der Energie oder aus ihrer Definitionsgleichung Gl. 1.18.

$$E_P^T = \frac{C_m}{2} \Delta v^2 = \frac{m}{2} \Delta v^2 \qquad (3.15)$$

Für den Mechaniker ist das eine gewohnte Darstellung, steht dort doch nichts anderes als die kinetische Energie der bewegten Masse.

Der Energieinhalt im P-Speicher, ohne auf das Bauelement selbst zurück zugreifen, kann aus der Energie und der Bauelementegleichung gewonnen werden.

$$E_P = \frac{p}{2} \Delta v \qquad (3.16)$$

Bsp. 3.1

Berechnung der Energie, der Co-Energie und der bauelementefreien Energieform einer bewegten Masse in einem ruhenden Inertialsystem.

geg.:   bewegte Masse $m = 2\ \text{kg}$

                 Geschwindigkeit der Masse $v = 4\ \dfrac{\text{m}}{\text{s}}$

ges.:   a.)   bauelementefreie Form

          b.)   Energie

          c.)   Co-Energie

Lsg.:   a.) $E_P = \dfrac{p}{2} \cdot v = 16\,\text{J}$ $p = m \cdot v = 8\,\dfrac{\text{kg} \cdot \text{m}}{\text{s}}$

          b.) $E_P^P = \dfrac{p^2}{2 \cdot m} = 16\,\text{J}$

          c.) $E_P^T = \dfrac{m}{2} v^2 = 16\,\text{J}$

Die mechanische Kapazität als Eintor-Bauelement

Sollen die Eigenschaften der mechanischen Kapazität auf seine Bauelementeeigenschaften reduziert werden, so müssen wir uns auf die beiden Intensitätsvariablen $e(t)$ und $f(t)$ beschränken (Abb. 3.2).

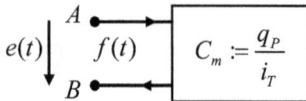

Abb. 3.2:   mechanische Kapazität als verallgemeinertes Eintor

Da die Quatitätsgröße Impuls selbst nicht in der Bauelementeform auftritt, wird sie aus der Intensitätsgröße bestimmt.

$$i_P = \frac{d}{dt} q_P = F_C \tag{3.17}$$

$$q_P = \int i_P \, dt = \int F_C \, dt \tag{3.18}$$

$$C_m = m = \frac{1}{\Delta v} \int F_C \, dt \tag{3.19}$$

Potentialdifferenz $e(t)$ über Eintor: $e(t) = \Delta v = \dfrac{1}{m} \displaystyle\int F_C \, dt$

Fluss $f(t)$ durch Eintor: $f(t) = F_C = m \dfrac{d}{dt} \Delta v$

Für die Abbildung in mechatronischen Netzwerken können zwei Formen benutzt werden. Mechanische Symbole werden häufig dann angewendet, wenn nur reine mechanische Gebilde betrachtet werden. Die Verwendung mechatronischer Symbole bietet sich immer dann an, wenn es eine Kombination aus unterschiedlichen physikalischen Systemen gibt.

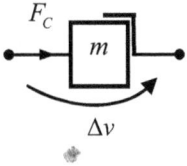

Abb. 3.3:   mechanisches Symbol   Abb. 3.4:   mechatronisches Symbol

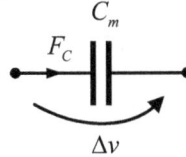

Besonderheiten der Masse

Wie eingangs erwähnt, kommt der Masse eine Doppelfunktion zu. Zum einen ist sie das energiespeichernde Bauelement zum anderen ist sie selbst eine Primärgröße. Diese Doppelfunktion bedingt nicht nur zwei unterschiedliche Energiespeicherformen, sondern wirkt sich auch unmittelbar auf die Bauelementebeschreibung aus.

Die Masse ist in der Mechanik immer an ein Inertialsystem (unbeschleunigtes Bezugssystem) gebunden. Da die Newtonschen Grundgesetze weiterhin uneingeschränkt ihre Gültigkeit besitzen, muss die Beschleunigung der Masse gegen dieses Inertialsystem gemessen werden. Betrachten wir die Bauelemente Induktivität oder Widerstand, so besitzen diese immer *zwei* Anschlussklemmen, zwischen denen die Geschwindigkeitsdifferenz gemessen wird. Das Bauelement Masse besitzt jedoch nur *einen* Punkt, den Schwerpunkt der Masse. Der zweite Anschlusspunkt ist immer der Nullpunkt des Inertialsystems (Abb. 3.1). Grafisch wird das bei der Darstellung als mechanisches Symbol (Abb. 3.3) durch die unterbrochene Anschlusslinie des zweiten Pols realisiert. Damit unterliegt die Masse als Kapazität gewissen Beschränkungen bezüglich ihrer Beschaltung in mechatronischen Netzwerken. Alle Massen eines mechanischen Gebildes liegen mit einem Punkt an einem gemeinsamen Potential – dem Erdpotential.

Um diese Beschränkungen für die Masse aufzuheben, existieren in der Literatur einige Vorschläge für „erdfreie Massen" [1-3, 15]. Da sich diese Varianten alle einer Hebelkonstruktion bedienen und der Hebel selbst zu den Wandlern gehört, stellt die Kombination Masse/Hebel kein Grundbauelement in Eintorform da. Die zugehörige Beschreibung erfolgt später bei den mechanischen Wandlern (s. Kap. 3.1.4).

Die Elastizität als induktiver Speicher

Energieaustauschprozesse sind immer mit einem Energiefluss verbunden. Ist die Flussgröße $f(t)$ selbst an der Speicherbeschreibung beteiligt, sprechen wir von einem T-Speicher. Im folgenden Abschnitt untersuchen wir, welchem mechatronischen Bauelement der Mechanik diese induktiven Eigenschaften zugewiesen werden können.

Wie schon beim kapazitiven Speicher soll die Definitionsgleichung Gl. 1.9 Ausgangspunkt der Überlegungen sein.

$$L_m := \frac{q_T}{i_p} = \frac{\Delta s}{F} = n \tag{3.19}$$

Die Flussvariable i_p wurde dabei aus der Ableitung der Primärgröße Impuls gewonnen und die T-Quantität aus der Integration der Potentialdifferenz.

Der Quotient aus einer Belastungsgröße und deren Wirkung wird in der Mechanik aus Steifigkeit bezeichnet. Bei der inversen Größe sprechen wir auch von der Nachgiebigkeit n oder der inversen Steifigkeit $1/c$. Somit besitzt ein elastischer Körper energiespeichernde Eigenschaften. Auch hier müssen wir uns mit den unterschiedlichen Begrifflichkeiten der Mechanik und Mechatronik auseinandersetzen. In der klassischen Mechanik gehört die Feder zu den statischen Bauelementen. Die Federenergie wird auch als potentielle Energie bezeichnet. Der T-Speicher in der Mechatronik gehört jedoch zu den dynamischen Speichern, aufgrund der an ihm beteiligten Flussvariablen Kraft. Hier wird der eigentliche Denkunterschied deutlich. In der Mechatronik ist die Kraft eine dynamische Größe, die einen Fließprozess beschreibt.

Der Weg vom abstrakten T-Speicher zum eigentlichen mechatronischen Bauelement führte uns über die drei Energiebeschreibungsformen Energie, Co-Energie und Energiedarstellung ohne Bauelementebezug. Wie schon bei der mechanischen Kapazität setzen wir dazu die Bauelementegleichung Gl. 3.19 in die Gleichgewichtsform Gl. 3.7 ein.

$$\delta E_T = \frac{1}{L_m} \Delta s \cdot \delta \Delta s \tag{3.20}$$

$$E_T^T = \frac{1}{L_m} \int_0^{\Delta s} \Delta s \, \delta \Delta s = \frac{1}{2L_m} \Delta s^2 = \frac{\Delta s^2}{2n} = \frac{c}{2} \Delta s^2 \tag{3.21}$$

Die integrale Form entspricht genau der Energieform einer Induktivität. Über die Legendre-Transformation oder die Definition der Co-Energie kann die in der Mechanik weniger gebräuchliche Form bestimmt werden.

$$E_T^P = \frac{L_m}{2} F_L^2 = \frac{n}{2} F^2 = \frac{1}{2c} F_L^2 \tag{3.22}$$

Für die bauelementefreie Form wird die mechanische Induktivität mittels Bauelementedefinitionsgleichung aus der Energie eliminiert.

$$E_T = \frac{F}{2} \Delta s \tag{3.23}$$

Genau wie beim P-Speicher sind auch hier, bei linear elastischem Materialverhalten, alle drei Energiebeschreibungsformen vollständig äquivalent.

Bsp. 3.2

Berechnung der Energie, der Co-Energie und der bauelementefreien Energieform einer linearelastischen Feder unter äußerer Krafteinwirkung.

geg.:   äußere Krafteinwirkung auf die Feder $F = 100$ N

Wegänderung der Feder unter Belastung $\Delta s = 5$ mm

ges.:   a.)   bauelementefreie Form

b.)   Energie

c.)   Co-Energie

Lsg.:   a.) $E_T = \dfrac{F}{2}\Delta s = 0,25\,\text{J}$

b.) $E_T^T = \dfrac{1}{2L_m}\Delta s^2 = 0,25\,\text{J}$ $L_m = \dfrac{\Delta s}{F} = 50 \cdot 10^{-6}\,\dfrac{\text{m}}{\text{N}}$

c.) $E_T^P = \dfrac{L_m}{2}F^2 = 0,25\,\text{J}$

Die mechanische Induktivität als Eintor-Bauelement

Wie schon bei der mechanischen Kapazität durften in der eigentlichen Bauelementebeschreibung nur noch die Fluss- und Potentialvariable verwendet werden (Abb. 3.5). Da die Flussgröße F schon direkt verwendet werden kann, muss nur noch die T-Quantität durch das Bauelement selbst und die T-Intensität ersetzt werden.

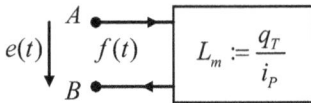

Abb. 3.5:   mechanische Induktivität als verallgemeinertes Eintor

$$q_T = \int i_T\, dt \qquad\qquad (3.24)$$

$$L_m = n = \dfrac{1}{F_L}\int \Delta v\, dt \qquad\qquad (3.25)$$

Potentialdifferenz *e(t)* über Eintor: $e(t) = \Delta v = n\dfrac{dF_L}{dt}$

Fluss *f(t)* durch Eintor: $f(t) = F_L = \dfrac{1}{n}\int \Delta v\, dt$

Auch für die mechanische Induktivität werden in der Netzwerkabbildung zwei Formen genutzt. Bei rein mechanischen Aufgabenstellungen dominiert das mechanische Symbol einer Feder, bei gemischt physikalischen Systemen das mechatronische Symbol der Induktivität.

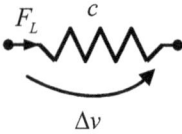

Abb. 3.6:   mechanisches Symbol

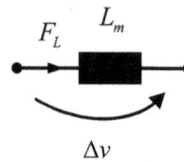

Abb. 3.7:   mechatronisches Symbol

Energiewandlungsprozesse

Zwischen den beiden mechanischen Energiespeichern Kapazität und Induktivität kann die Energie beliebig oft umgeformt werden. Wir können uns die beiden Speicher auch als zwei Tanks vorstellen, welche mit Energie gefüllt und über ein Rohr gekoppelt sind (Abb. 3.8).

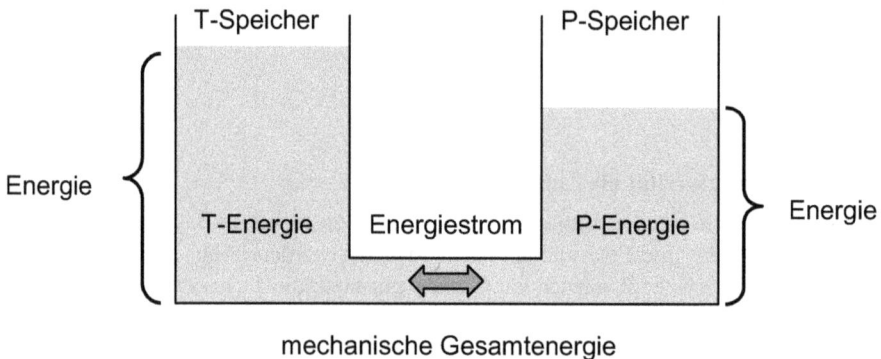

Abb. 3.8:   Energieaustausch im Energietankmodell

Der Energieaustausch zwischen diesen beiden Tanks erfolgt über den Energiestrom im Koppelrohr. Ist der Energiestrom verlustfrei, so stellt das Koppelrohr im Sinne der Mechatronik ein *Energieübersetzer* dar (s. Kap. 1.2). Die Form des Energieflusses wird zwar geändert, P-Energie in T-Energie bzw. umgekehrt, aber die Energieart, die Impulsenergie, bleibt dabei erhalten.

Ist jedoch der Energiestrom verlustbehaftet, erfolgt die Kopplung über einen *Energiewandler*. Dabei wird ein Teil der Energieart des Energieflusses geändert. Impulsenergie geht z.B. durch Reibprozesse in Wärmeenergie über. Streng genommen ist dieses Bauelement kein Eintor mehr, verlässt doch die umgewandelte Energie das Bauelement über das zweite Tor.

Wie bei der Modellbildung der Speicherbauelemente (s. Kap. 2.1.6) kann im Zuge der Modellreduktion das n-Tor dann auf das Eintor reduziert werden, wenn der Verlustenergiestrom nicht weiter verfolgt werden soll. Das Koppelrohr unseres Energietankmodells wird also zu einem Eintor der Impulsenergie.

Der Widerstand als Eintor-Bauelement

Ein Teil der Impulsenergie wird im Koppelrohr des Energietankmodells in andere Energie-formen umgewandelt. Sie geht also dem Gesamtsystem auf Dauer verloren, d.h., auch ein Teil des Energiestroms geht dabei verloren. Der Energiestrom ist als zeitliche Ableitung der Energie definiert, $\frac{dE}{dt} = I_E$, wobei $P_m = \Delta I_E$ die in diesen Wandlungsvorgang umgesetzte Prozessleistung darstellt. Für die beiden Intensitätsgrößen werden nun die zuvor eingeführten mechanischen Grundgrößen eingesetzt.

$$P_m = i_P \cdot i_T = F \cdot \Delta v \tag{3.25}$$

Das mechatronische Bauelement Widerstand ist als Quotient der Intensitätsgrößen definiert.

$$R_m = \frac{i_T}{i_P} = \frac{\Delta v}{F_R} = \frac{1}{k} \tag{3.26}$$

Der mechatronische Leitwert entspricht also dem stokesschen Reibfaktor in der Mechanik.

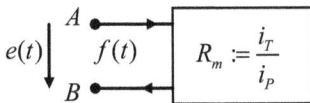

Abb. 3.9:   mechanischer Widerstand als verallgemeinertes Eintor

Die in der Bauelementebeschreibung notwendigen Fluss- und Potentialgrößen stehen ohne weitere Ableitungen schon direkt zur Verfügung. Die umgesetzte Prozessleistung über den Widerstand kann dabei in zwei Varianten formuliert werden.

$$P_m = k \cdot \Delta v^2$$
$$P_m = \frac{1}{k} \cdot F_R^2 \tag{3.27}$$

Wie zuvor bei der Kapazität und der Induktivität haben sich in der Bauelementesymbolik der Netzwerkdarstellung zwei Schaltbilder bewährt. Das reine mechanische Symbol und das allgemeine mechatronische Symbol.

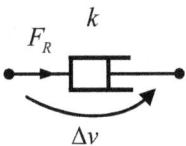

Abb. 3.10:   mechanisches Symbol

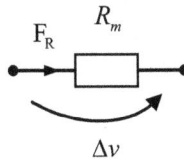

Abb. 3.11:   mechatronisches Symbol

Der Widerstand als mechatronisches Bauelement wurde als Quotient aus T-Intensität und P-Intensität eingeführt. Handelt es sich bei den Intensitätsgrößen um Wechselgrößen, so sprechen wir meist nicht vom Widerstand, sondern von der Impedanz. Leider ist – historisch bedingt – die Verwendung des Begriffes Impedanz bis heute nicht einheitlich geregelt. Verantwortlich sind dafür die unterschiedlichen Analogiebeziehungen. Legt man die erste in der Literatur erwähnte FU-Analogie zugrunde [16], wäre die mechanische Impedanz als

$Z(j\omega) = \dfrac{F(j\omega)}{\Delta v(j\omega)}$ definiert. Tatsächlich findet man diese Definition in großen Teilen der

Akustik bis heute [12,13], aber auch in einigen Teilgebieten der Mechanik [17]. Verwendet

man jedoch die FI-Analogie [1], so müsste die Impedanz als $Z(j\omega) = \dfrac{\Delta v(j\omega)}{F(j\omega)}$ dargestellt

werden. Wir wollen uns an dieser Stelle nicht an der Diskussion über die Zweckmäßigkeit oder Unzweckmäßigkeit der jeweiligen Analogiebeziehung beteiligen. Soll ein mechatronisches Netzwerk über alle hier schon eingeführten Energieflussprinzipien beschrieben werden, so lässt diese Beschreibungsform nur eine Widerstandsdefinition zu (s. Gl. 1.13).

Bsp. 3.3

Ein Schwingsieb wird auf seiner Resonanzfrequenz betrieben. Aufgrund der Dämpfungseigenschaften des Gesamtsystems schwingt das Sieb mit einer bestimmten Maximalgeschwindigkeit.

geg.:   Maximalgeschwindigkeit des Siebes $v_{max} = 0.6366\ \dfrac{m}{s}$

             stokesscher Reibfaktor $k = 6283\ \dfrac{N \cdot s}{m}$

ges.:   a.)   maximale mechanische Verlustleistung der Siebanlage

          b.)   Dämpferkraft

Lsg.:   a.) $P_m = k \cdot v_{max}^2 = 2546.2\ W$

          b.) $F_R = k \cdot v = 4000\ N$

Aktive mechanische Bauelemente des Impuls

Zur Klasse der aktiven Netzwerkelemente gehören die Fluss- und Potentialquellen. Aktive Netzwerkbauelemente zeichnen sich dadurch aus, dass über ihren Anschlussklemmen eine Leistung abgenommen werden kann. Für die Mechanik bedeutet das, dass eine Flussquelle eine Kraft- und eine Potentialquelle eine Geschwindigkeitsdifferenz bereitstellen muss. Die Generierung dieser physikalischen Grundgrößen ist jedoch nicht auf direktem Wege möglich. Eine Kraft- oder Geschwindigkeitsquelle bedingt immer ein entsprechendes Wandlerprinzip. So wie in der Elektrotechnik eine Spannungsquelle z.B. über chemische Energie bereitgestellt werden kann, sind in der Mechanik äquivalente Konstruktionen notwendig. Tab. 3.1 zeigt einige mögliche Ausführungsformen sowie die zugehörigen mechatronischen Schaltzeichen.

Tab. 3.1:   Realisierungsvarianten aktiver mechanischer Bauelemente

Variante	Symbol
m_U m_U Ω F_U	$F_U(t)$
Unwuchterreger	
$\overline{F}_{21}$ $\overline{F}_{12}$ m_1 m_2	$F_G(t)$
Gravitationskraft	
Ω	Δv
Schubkurbelgetriebe	

Das Energiestromprinzip der Impulsenergie

Innerhalb des mechanischen Teilsystems kann die Energie zwischen beiden Energiespeichern hin und her fließen (Energietankmodell). Sind nur reine Speicherbauelemente im Flusskreis vorhanden, wird immer die jeweilige Energiestromdifferenz im Speicherbauelement gespeichert. Befindet sich im Flusskreis ein mechatronischer Wandler, so wird die Energiestromdifferenz als Prozessleistung durch diesen Wandler übertragen. Abb. 3.12 zeigt schematisch dieses Energiestromprinzip.

Wie aus Abb. 3.12 deutlich wird, fließt der Mengenstrom (Kraft) des Energieträgers (Impuls) immer in einem geschlossenen Kreislauf. Der Konstrukteur spricht auch von einem geschlossenen Kraftfluss. Die Potentialdifferenz Δv ist der Antrieb für den jeweiligen Kraftfluss, wobei die Kraftflussrichtung die Richtung des entsprechenden Energiestroms bestimmt.

Obwohl der Energiestrom, genau wie die Prozessleistung, in Watt gemessen wird, muss deutlich zwischen diesen beiden Größen unterschieden werden. Während der Energiestrom ein Maß für die transportierte Energie im Flusskreis ist, steht die Prozessleistung für die den

Flusskreis verlassende Energiestromdifferenz. Diese Energie geht dem Flusskreis dauerhaft verloren.

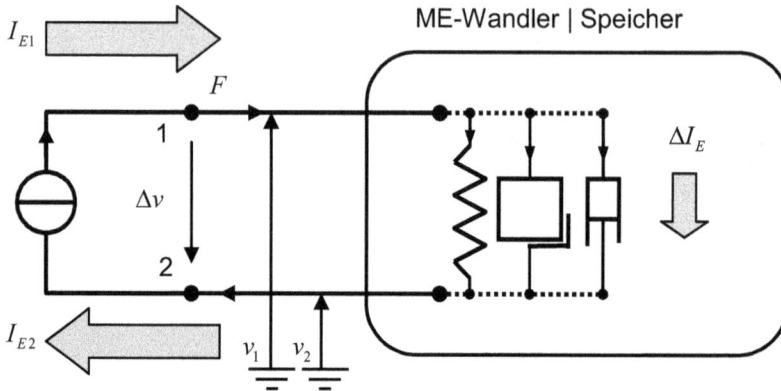

Abb. 3.12:   Darstellung des Energiestromprinzips

Der Energiestrom einer mechanischen Feder

Eine Schraubenfeder soll wie in Abb. 3.13 skizziert auf Druck belastet werden. Dazu ist die Feder einseitig eingespannt. Das freie Federende wird mit einer Druckkraft F beaufschlagt.

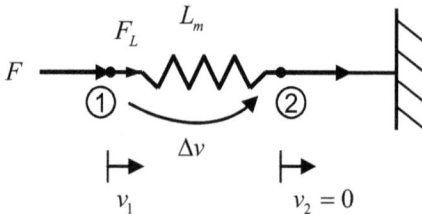

Abb. 3.13:   druckbelastete Schraubenfeder

Um das Speicherverhalten der Feder zu untersuchen, bestimmen wir nun den Energiestrom an den Anschlußpunkten 1 und 2.

Punkt 1: $I_{E1} = F_L \cdot v_1 > 0$

Punkt 2: $I_{E2} = F_L \cdot v_2 = 0$

In die Feder fließt ein Energiestrom I_{E1}. Da I_{E2} gleich Null ist, verlässt die Feder kein Energiestrom. Der Energiestrom I_{E1} muss also in der Feder gespeichert werden (Abb. 3.14).

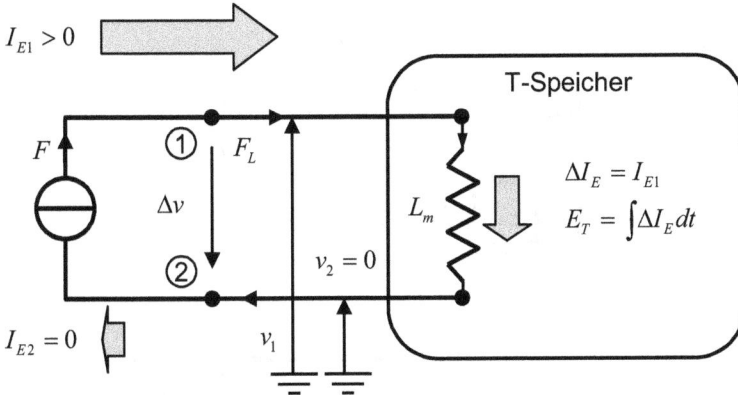

Abb. 3.14:   Energiestrom und Speicherverhalten einer Feder

Der Energiestrom einer bewegten Masse

Eine Masse m soll reibungsfrei in einer Koordinatenrichtung auf eine konstanten Geschwindigkeit gebracht werden (Abb. 3.15). Auch hier soll die gespeicherte Energie über das Energiestromprinzip verdeutlicht werden.

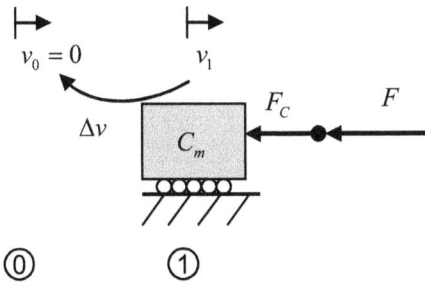

Abb. 3.15:   Masse mit konstanter Geschwindigkeit

Punkt 0: $I_{E0} = F_C \cdot v_0 = 0$ Bezugspunkt des Inertialsystems

Punkt 1: $I_{E1} = F_C \cdot v_1 > 0$

Es fließt ein Energiestrom I_{E1} in die zu bewegende Masse. Da die Masse jedoch kein Energiestrom $I_{E0} = 0$ verlässt, muss dieser Energiestrom in der Masse in Form von P-Energie gespeichert werden (Abb. 3.16).

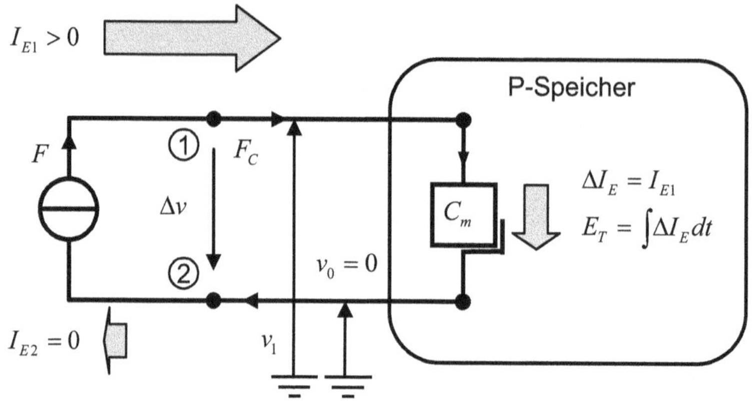

Abb. 3.16:   Energiestrom und Speicherverhalten einer bewegten Masse

Der Energiestrom eines stokesschen Dämpferelementes

Ein Stoßdämpfer mit der Eigenschaft der stokesschen Reibung soll so in einem mechanischen System integriert sein, dass an den beiden Befestigungspunkten unterschiedliche Geschwindigkeiten auftreten (Abb. 3.17).

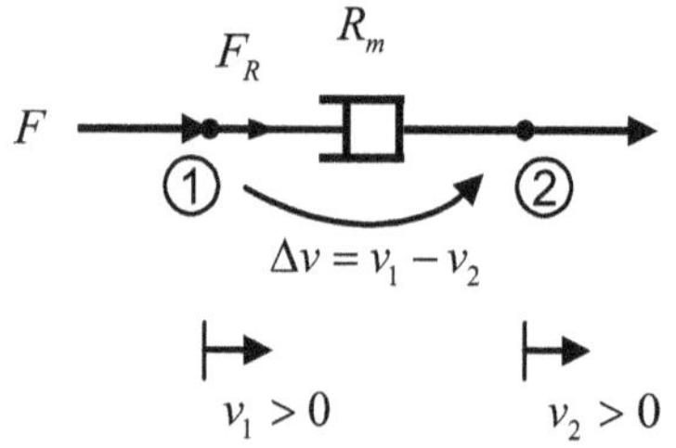

Abb. 3.17:   stokessches Dämpferelement mit Geschwindigkeitsdifferenz

Betrachten wir wieder die Energieströme an den Bauelementeanschlüssen 1 und 2.

Punkt 1: $I_{E1} = F_R \cdot v_1 > 0$ $\Delta I_E = I_{E1} - I_{E2}$; $v_1 > v_2$

Punkt 2: $I_{E2} = F_R \cdot v_2 > 0$

Die Energiestromdifferenz ΔI_E geht also dem Flusskreislauf verloren. Sie wird als Prozessleistung im mechatronischen Wandler in eine andere Energieform, in diesem Fall in Wärme, umgewandelt (Abb. 3.18).

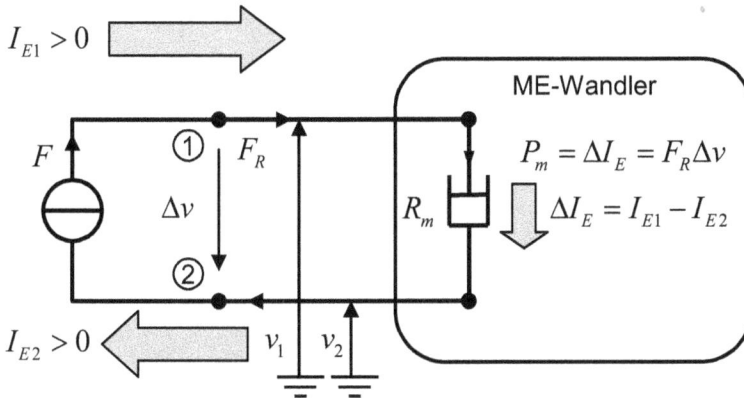

Abb. 3.18:   Energiestrom eines Dämpferbauelementes

Bsp. 3.4

Das Schwingsieb aus Bsp. 3.3 wird mechanisch so befestigt, dass an den Enden des Dämpferelementes unterschiedliche Geschwindigkeiten anliegen.

geg.:   Dämpfergeschwindigkeit am Punkt 1 $v_1 = 1\dfrac{\text{m}}{\text{s}}$

Dämpfergeschwindigkeit am Punkt 2 $v_2 = 0.2\dfrac{\text{m}}{\text{s}}$

Reibkraft $F_R = 4000\ \text{N}$

ges.:   a.)   Energiestrom in das Dämpferelement

b.)   Energiestrom aus dem Dämpferelement

c.)   Verlustleistung über dem Dämpferelement

Lsg.:   a.) $I_{E1} = F_R \cdot v_1 = 4000\ \text{W}$

b.) $I_{E2} = F_R \cdot v_2 = 800\ \text{W}$

c.) $P_m = \Delta I_E = I_{E1} - I_{E2} = 3200\ \text{W}$

Abschließend in soll im nächsten Beispiel ein mechanisches System, bestehend aus Feder, Masse und Dämpfer untersucht werden.

Bsp. 3.5

Eine Masse m sei an einer idealen Feder befestigt. Die Masse selbst unterliegt bei ihrer Bewegung dem Einfluss der stokesschen Reibung.

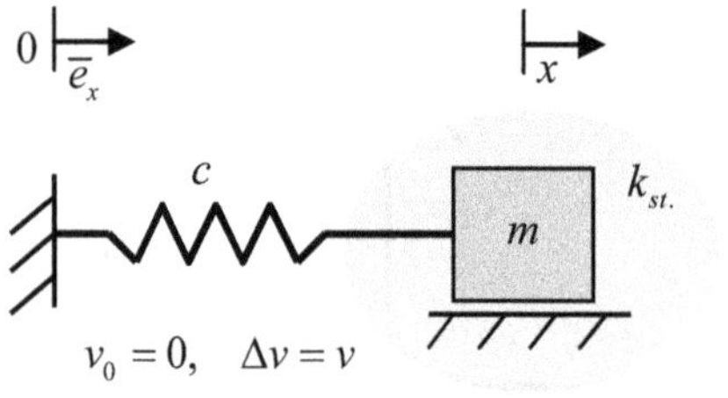

$v_0 = 0, \quad \Delta v = v$

geg.:	Masse	m
	Federkonstante	c
	stokesscher Reibfaktor	$k_{st.}$

ges.:	a.)	mechanisches Schaltbild
	b.)	mechatronisches Schaltbild
	c.)	Differentialgleichung für die Bewegungskoordinate x

Lsg.:

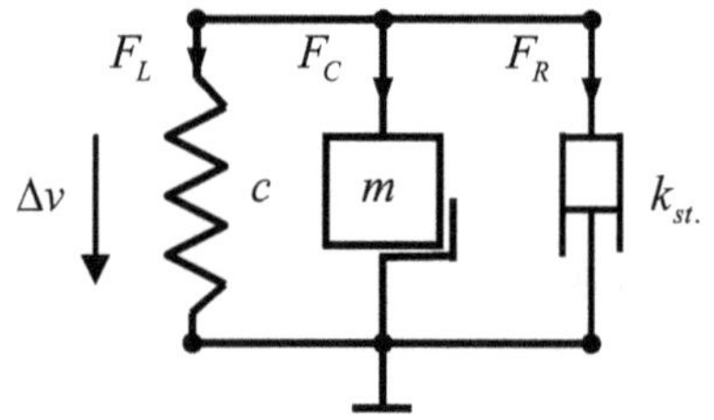

a.) 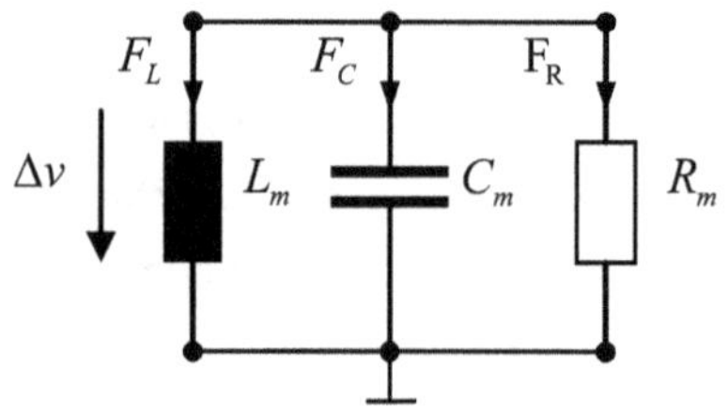   b.)

c.)   Knontenpunktsatz: $\sum F = 0$ $F_L + F_C + F_R = 0$

$$F_L = \frac{1}{L_m} \int \Delta v\, dt = c \cdot x \qquad\qquad L_m = \frac{1}{c}$$

$$F_C = C_m \frac{d}{dt} \Delta v = m \cdot \ddot{x} \qquad\qquad C_m = m$$

$$F_R = \frac{1}{R_m} \Delta v = k_{st.} \cdot \dot{x} \qquad\qquad R_m = \frac{1}{k_{st.}}$$

$$m \cdot \ddot{x} + k_{st.} \cdot \dot{x} + c \cdot x = 0 \qquad\qquad \text{Dgl. 2. Ordnung}$$

Die Differentialgleichung aus Bsp. 3.5 ist eine lineare, homogene Dgl. zweiter Ordnung, deren Lösung auf eine gedämpfte harmonische Schwingung hinausläuft.

$$x(t) = e^{-D\omega_0 t} \left[C_1 \cdot \cos(\omega t) + C_2 \cdot \sin(\omega t) \right]$$

Mathematisch werden die beiden Konstanten C_1 und C_2 über die Anfangsbedingungen des mechanischen Systems bestimmt. Für die nachfolgenden Überlegungen setzten wir den stokesschen Reibfaktor auf Null, d.h. das Lehrsche Dämpfungsmaß D wird auch zu Null. Damit besteht die Lösung nur noch aus einer ungedämpften, harmonischen Schwingung. Die Konstante C_1 entspricht dem Anfangsweg x_0 der Masse m und die Konstante C_2 dem Quotienten $\frac{v_0}{\omega_0}$. Somit bestimmt C_1 die Anfangsenergie im T-Speicher und C_2 die Anfangsenergie im P-Speicher.

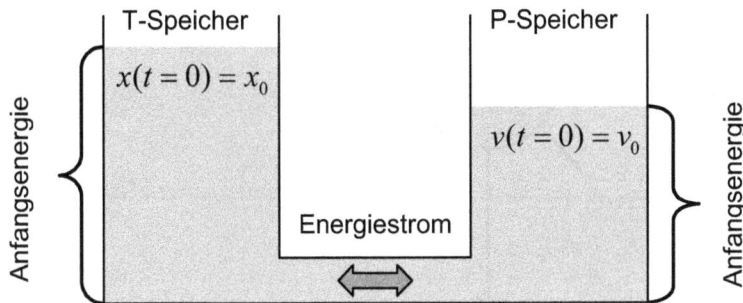

Abb. 3.19:   Anfangsbedingungen in der Energiedarstellung

Sind beide Energien Null (Triviallösung), findet keine Schwingbewegung statt. Ist jedoch der Energieanteil eines Energiespeichers größer Null, so setzt eine Schwingbewegung ein. Daraus kann eine allgemeine Schwingbedingung für Energiespeicher in einem Flusskreislauf abgeleitet werden.

Schwingbedingungen für mechatronische Systeme mit einem Flusskreislauf
Befinden sich mindestens ein P-Speicher und ein T-Speicher in einem Flusskreis, so ist dieses System prinzipiell schwingungsfähig.

Zusammenfassung

Unter Zuhilfenahme des Impulses als Primärgröße lassen sich über die Gibb'schen Gleich-
gewichtsbeziehungen alle benötigten Fundamentalgrößen ableiten, die zur Beschreibung der
Gesamtenergie im mechanischen System notwendig sind. Die Gesamtenergie kann in zwei
Anteile, den statischen Anteil – die P-Energie – und den dynamischen Anteil – die T-Energie
– unterteilt werden. Jedem der beiden Energiespeicher wird ein energiespeicherndes Bau-
element zugewiesen. Die Speicherung der P-Energie erfolgt in der bewegten Masse und die
Speicherung der T-Energie in einer gespannten Feder. Energieverluste bei Speicher- oder
Umladeprozessen werden durch das stokessche Dämpferelement erfasst. Alle verwendeten
Grundgrößen lassen sich in einem gemeinsamen Schema abbilden (Abb. 3.20).

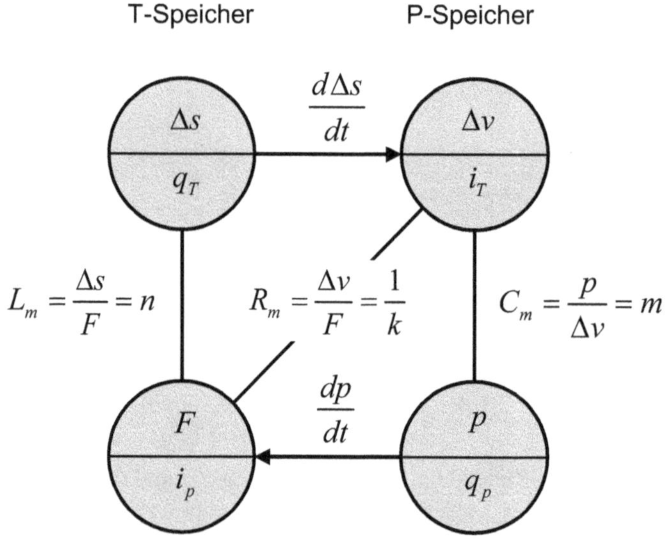

Abb. 3.20:   Energieschema für den Impuls als Primärgröße

Tab. 3.1:   Übersicht über die beschreibenden Gleichungen

Begriff	P-Speicher	T-Speicher	Energiewandler
mechatronisches Bauelement	Kapazität C_m $[C_m] = \mathrm{kg}$	Induktivität L_m $[L_m] = \dfrac{\mathrm{m}}{\mathrm{N}}$	Widerstand R_m $[R_m] = \dfrac{\mathrm{m}}{\mathrm{N} \cdot \mathrm{s}}$
physikalisches Bauelement	Masse m $C_m = m$	Federsteifigkeit c $L_m = \dfrac{1}{c} = n$	Dämpferkonstante k $R_m = \dfrac{1}{k}$
beschreibende Gleichung	$C_m = \dfrac{1}{\Delta v} \int F_c\, dt$	$L_m = \dfrac{1}{F_L} \int \Delta v\, dt$	$R_m = \dfrac{\Delta v}{F_R}$
Energie (allgemein)	$E = \Delta v \cdot \dfrac{p}{2}$	$E = F_L \cdot \dfrac{\Delta s}{2}$	
Energie im Bauelement	$E = \dfrac{1}{2 \cdot C_m} p^2$	$E = \dfrac{1}{2 \cdot L_m} \Delta s^2$	
Co-Energie im Bauelement	$E_{Co} = \dfrac{C_m}{2} \Delta v^2$	$E_{Co} = \dfrac{L_m}{2} F_L^{\,2}$	
Leistung (allgemein)			$P = F_R \cdot \Delta v$
Bauelementeleistung			$P = \dfrac{1}{R_m} \cdot \Delta v^2$
Bauelementeleistung			$P = R_m \cdot F_R^{\,2}$
mechanisches Symbol			
mechatronisches Symbol			

3.1.2   Die Masse als Primärgröße (schwere Masse)

Neben dem Impuls existiert in der Mechanik eine weitere Primärgröße – die Masse. Über die Äquivalenzbeziehung zwischen Masse und Energie ist die Masse sogar unmittelbar mit dem Energieerhaltungssatz verknüpft. Weiterhin bildet die Masse die Basis für die Gesetze der Fluidmechanik und Akustik. Ihr kommt also in der Mechanik eine zentrale Bedeutung zu. Wie schon im Abschnitt Impuls beschrieben, wird der Primärgröße Masse ein Energiefluss-modell sowie die entsprechenden Speicherbauelemente und ihre mechatronische Darstel-lungsweise zugeordnet. Auf den Doppelcharakter der Masse wurde schon hingewiesen. For-mal handelt es sich jedoch um zwei unterschiedliche Begriffe. Während die träge Masse das Speicherbauelement der Impulsenergie verkörpert, ist die schwere Masse die Primärgröße des nun folgenden Energieflussschemas. Die Ableitungen zur Energiespeicherung erfolgen jedoch anders als beim Impuls über die Feldvorstellungen der Gravitation. Das ist insbeson-dere deshalb vorteilhaft, weil damit viele Ähnlichkeiten zu den elektromagnetischen Feldern deutlich gemacht werden können.

Genauso wie bei der elektrischen Ladung ist jede schwere Masse von einem Feld umgeben – dem Gravitationsfeld. Die Kraftwirkungen in diesem Feld hat *Newton* in seinem Gravita-tionsgesetz (Gl. 3.28) formuliert.

$$F \sim \frac{m_1 \, m_2}{r^2} \tag{3.28}$$

Der Proportionalitätsfaktor zwischen der Kraft und dem Massenprodukt sowie dem Ab-standsquadrat ist die Gravitationskonstante Γ (Gl. 3.29).

$$\overline{F}_{12} = -\Gamma \cdot \frac{m_1 \, m_2}{r^2} \cdot \overline{e}_r \tag{3.29}$$

Das negative Vorzeichen kennzeichnet die entgegengesetzte Richtung des Einheitsvektors $\overline{e}_r$ zur einwirkenden Kraft $\overline{F}_{12}$ (Abb. 3.21).

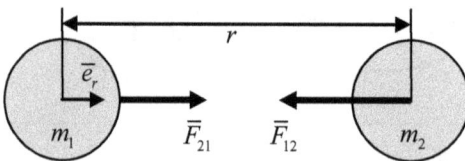

Abb. 3.21:   Gravitationskraft zweier Massen

Im Unterschied zu elektrischen Ladungen besitzen schwere Massen ausschließlich ein posi-tives Vorzeichen. Negative Massen existieren praktisch nicht, d.h. im Gravitationsfeld ziehen sich im Gegensatz zum elektrischen Feld zwei positive Massen gegenseitig an. Um dennoch ein vergleichbares Feldlinienbild einführen zu können, muss im Gravitationsfeld eine Rich-tungsdefinition erfolgen. Der Feldlinienverlauf soll immer in $\overline{e}_r$-Richtung erfolgen, d.h. die Feldlinien beginnen bei m_1 und enden bei m_2.

Um die Analogie zur Elektrotechnik noch deutlicher zu machen, schreiben wir das Gravitationsgesetz in einer zunächst ungewohnten Form auf.

$$\overline{F}_{12} = -\frac{1}{4\pi\gamma_0} \cdot \frac{m_1 m_2}{r^2} \cdot \overline{e}_r \; ; \qquad \gamma_0 = \frac{1}{4\pi \cdot \Gamma} \tag{3.30}$$

Damit erhalten wir eine vollständig äquivalente Form zum Coulomb'schen Kraftgesetz. Genau wie bei der elektrischen Feldstärke kann nun durch Quotientenbildung aus der Kraft einer schweren Masse im Gravitationsfeld und der schweren Masse selbst eine äquivalente Feldstärke definiert werden.

$$\overline{F}_{12} = \frac{m_2}{4\pi\gamma_0 r^2} \cdot \left(-\overline{e}_r\right) \cdot m_1 = \overline{E}_G \cdot m_1 \tag{3.31}$$

Ist m_2 gleich die Erdmasse M, so sprechen wir von der Gravitationsfeldstärke (Gl. 3.32).

$$\overline{g}(r) = \overline{E}_G(M) = -\frac{M}{4\pi\gamma_0 r^2} \cdot \overline{e}_r \;\; = \;\; -\frac{\Gamma \cdot M}{r^2} \cdot \overline{e}_r \tag{3.32}$$

Die schwere Masse der Erde ist von einem Gravitationsfeld umgeben, deren Feldlinien senkrecht auf der Erdoberfläche stehen und in Richtung des Erdmittelpunktes zeigen. (Abb. 3.22). Die Stärke des Gravitationsfeldes ist durch die Gravitationsfeldstärke $\overline{g}(r)$ bestimmt.

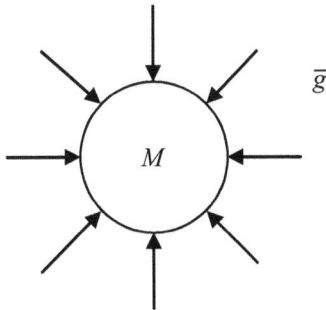

Abb. 3.22:   Gravitationsfeld der Erde

Wir wollen uns in einem nächsten Schritt fragen, welche Arbeit notwendig ist, um eine Masse m im Gravitationsfeld der Erde zu verschieben. Die Arbeit, die durch eine Kraft verrichtet wird, ist durch das Integral (Gl. 3.33) definiert.

$$W = \int_a^b \overline{F} \cdot d\overline{s} \tag{3.33}$$

Ersetzen wir die Kraft durch die Gravitationskraft Gl. 3.31 und drücken sie weiterhin durch den eingeführten Begriff der Gravitationsfeldstärke aus, so erhalten wir für die Arbeit:

$$W = m \int_a^b \overline{g} \cdot d\overline{s}$$ (3.34)

Der Quotient aus der notwendigen Verschiebearbeit im Gravitationsfeld und der Masse selbst entspricht der Gravitationspotentialdifferenz oder der Gravitationsspannung in Analogie zur Elektrotechnik.

$$U_G := \frac{W}{m} = \int_a^b \overline{g} \cdot d\overline{s} = \varphi_{Gb} - \varphi_{Ga} = \Delta\varphi_G$$ (3.35)

In der klassischen Mechanik wird der Potentialbegriff meist etwas anders verwendet. Hier entspricht dem Potential die potentielle Energie. Kräfte, die ein Potential, also potentielle Energie besitzen, werden als konservative Kräfte bezeichnet.

In der Mechatronik wollen wir die Begriffe deutlicher unterscheiden. Hier entspricht das Potential – in diesem Fall das Gravitationspotential – genau dem elektrischen Potential.

Bsp. 3.5

Eine Masse m befindet sich bei einer konstanten Gravitationsfeldstärke $\overline{g}$ auf der Höhe h über der Erdoberfläche.

geg.:   Masse $m = 2\ \text{kg}$

                Höhe der Masse über der Erdoberfläche $h = 10\ \text{m}$

                mittlerer Erdradius $R_0 = 6371\ \text{km}$

ges.:   a.)   Gravitationsspannung

        b.)   Gravitationspotential im Punkt $h_0 = 0\ \text{m}$

        c.)   Gravitationspotential im Punkt $h = 10\ \text{m}$

Lsg.:   a.) $U_G = \overline{g} \int_0^1 d\overline{r} = g(R_0 + h - R_0)$ $U_G = gh = 98{,}1\ \dfrac{\text{m}^2}{\text{s}^2}$

        b.) $\varphi_{G0} = g \cdot R_0 = 62{,}49951 \cdot 10^6\ \dfrac{\text{m}^2}{\text{s}^2}$

        c.) $\varphi_{G1} = g \cdot (R_0 + h) = 62{,}4996 \cdot 10^6\ \dfrac{\text{m}^2}{\text{s}^2}$ $\Delta\varphi_G = \varphi_{G1} - \varphi_{G0} = U_G = 98{,}1\ \dfrac{\text{m}^2}{\text{s}^2}$

Die Energie im P-Speicher

Mit der Primärgröße Masse und dem dazugehörigen Gravitationspotential stehen die beiden Variablen zur Bestimmung der P-Energie zur Verfügung. Auch hier bestimmt die Fundamentalform für Gleichgewichtszustände den Energiegehalt des kapazitiven Speichers. Vergleichen wir jedoch die Form der P-Energie im Gravitationsspeicher mit der Form der P-Energie im Impulsspeicher, werden wir einen Unterschied feststellen. Im Impulsspeicher ist die Intensitätsvariable $\Delta v(p)$ selbst vom Impuls abhängig, während im Gravitationsspeicher die Gravitationsspannung nicht von der betrachteten Masse m im Gravitationsfeld abhängt. Dieses Verhalten hat eine unmittelbare Auswirkung auf die Integration. Beim Impulsspeicher ist die T-Intensität als Variable zu behandeln, beim Gravitationsspeicher als Konstante.

$$q_P := m$$
$$i_T := U_G \tag{3.36}$$
$$\delta E_P = U_G \cdot \delta m$$

Die Abhängigkeit der Geschwindigkeit vom Impuls ist durch die Definition des Impulses selbst schon gegeben.

$$p := m \cdot v \tag{3.37}$$

Zur Untersuchung der Probemassenunabhängigkeit der Gravitationsspannung schauen wir uns nochmals die Spannungsgleichung (Gl. 3.25) an. Die Gravitationsspannung ergibt sich aus der Integration der Gravitationsfeldstärke über den Weg. Die Gravitationsfeldstärke ist jedoch unabhängig von der Probemasse (s. Gl. 3.38) bzw. die Erdmasse M und die Probemasse m bilden keinen Dipol.

$$U_G := \int_a^b \overline{g} \cdot d\overline{r} = -\int_a^b \frac{\Gamma \cdot M}{r^2} \cdot \overline{e}_r \, d\overline{r} \tag{3.38}$$

Für die weitere Untersuchung der P-Energie im Gravitationsspeicher nehmen wir eine konstante Gravitationsfeldstärke an ($g = const.$). Diese Annahme wird immer dann zu geringen Fehlern führen, wenn die Höhendifferenz h zwischen der Probemasse m und der Erdmasse M klein gegenüber dem Erdradius ist. In diesem Fall beträgt die Gravitationsspannung $U_G = g\,h$ (s. Bsp. 3.5). Die Integration der Gleichgewichtsform (Gl. 3.36) ergibt nun die Energie im P-Speicher bei konstantem g, auch bekannt als potentielle Energie.

$$E_P := g\,h \cdot m \tag{3.39}$$

Wir erinnern uns. Die P-Energie repräsentiert in der Mechatronik den statischen Energieanteil eines Energiestromsystems. Somit ist die potentielle Energie einer Masse m der Statik des Energiestromsystems *schwere Masse* zuzuordnen. Im Energiestromsystem *Impuls* entsprach die kinetische Energie einer Masse m dem statischen Energieanteil dieses Energiestromsystems. Beide Energiestromsysteme wirken zunächst formal völlig unabhängig voneinander.

Der Energieaustausch zwischen zwei unabhängigen Systemen kann nur durch einen Energieübersetzer oder Energiewandler erfolgen. Dennoch gilt der in der Mechanik zweifelsohne korrekte Energieerhaltungssatz zwischen den zwei völlig unabhängigen Flusskreisen.

$$W_{pot} + W_{kin} = const. \tag{3.40}$$

Aus mechatronischer Sicht wird also die Summe der P-Energien beider Energiestromsysteme als konstant betrachtet bzw. die Änderung beider P-Energien als gleich. Das jedoch ist nur dann der Fall, wenn die *träge Masse* und die *schwere Masse* äquivalent sind.

In der Mechanik wird der Energieerhaltungssatz noch mit dem Zusatz der konservativen Kräfte versehen. Die Summe aus potentieller und kinetischer Energie eines Körpers bleibt dann konstant, wenn an ihm nur konservative Kräfte angreifen. Dieser Zusatz ist in der Mechatronik bei reiner Betrachtung der P-Energien nicht notwendig. Nichtkonservative Kräfte würden einen Energieverlust im P-Speicher über ein dissipatives Bauelement (Widerstand) bewirken. Damit wäre schon formal die Gleichheit der Energieinhalte im Gravitationsspeicher und Impulsspeicher verletzt.

Die Energie im T-Speicher

Ist die Flussgröße der Primärgröße Masse direkt am Energiespeicher beteiligt, so wird diese Form der Gravitationsenergie im T-Speicher gespeichert. Die Flussgröße, also der Massenstrom, wird direkt aus der Ableitung der Primärgröße bestimmt.

$$i_P := f(t) = \dot{m} \tag{3.41}$$

Wie schon bei der Impulsenergie kann die Qualitätsgröße q_T aus der Integration der Intensitätsgröße i_T gewonnen werden.

$$q_T := \int i_T \, dt = \int U_G \, dt = \psi_G \tag{3.42}$$

Die T-Quantität entspricht also dem Integral der Gravitationsspannung. Auch hier ist eine Reduktion der Gravitationsspannung auf $U_G = g \cdot h$ nur bei kleinen Höhendifferenzen sinnvoll. Ansonsten muss, wie schon bei der P-Energie, die Wegabhängigkeit der Gravitationsfeldstärke beachtet werden.

Außerhalb der Mechatronik hat die Variable q_T im Massenflusskreis keinen feststehenden Namen. Hier nutzen wir einfach die Begriffsbildung aus Kapitel 1. Das Integral der Gravitationsspann ist das Produkt aus Gravitationsspannung und Zeit. Beide Größen stehen durch ihre mathematische Verknüpfung senkrecht aufeinander. Die so gebildete neue Größe haben wir als Moment bezeichnet, q_T nennen wir also das Spannungsmoment oder exakter Gravitationsspannungsmoment.

Die Gesamtenergie im T-Speicher kann nun wiederum über die Fundamentalform für Gleichgewichtszustände ermittelt werden.

$$\delta E_T = \dot{m}(\psi_G)\,\delta\psi_G \tag{3.43}$$

Die Gravitationskapazität

Im Allgemeinen wird in der Mechanik einer Masse auf einer bestimmten Höhe über dem Nullniveau eine ganz bestimmte potentielle Energie zugeordnet. Wir tun also stets so, als ob die Masse selbst der Energieträger der potentiellen Energie ist. Dass dem jedoch nicht so ist, zeigte schon die Festlegung der Masse als Primärgröße.

Um das Speicherelement Gravitationskapazität zu bestimmen, müssen wir vielmehr die Definitionsgleichung der Kapazität bemühen.

$$C_m := \frac{q_P}{i_T} = \frac{m}{U_G} \tag{3.44}$$

Mehr noch als im Impulsflusskreis wird bei der Gravitationskapazität die Begrenztheit unseres Vorstellungsvermögens deutlich. Konnten wir uns bei der bewegten Masse noch vorstellen, dass die Masse Träger der kinetischen Energie ist, so fällt uns das jetzt bei der Gravitationskapazität schwer. Aber auch in der Elektrotechnik können wir den Quotienten aus Ladung und Spannung nicht „sehen", sehr wohl aber das technische Bauelement Kapazität. Genauso verhält es sich mit der Gravitationskapazität. Wir „sehen" nur die Masse und nicht die Gravitationsspannung. Tatsächlich ist jedoch auch die Kapazität nur eine Modellvorstellung. Die Gravitationsenergie wird natürlich weder in Modell Kapazität noch in der Masse gespeichert, sondern im Gravitationsfeld.

Zur Ermittlung der Energie im P-Speicher wollen wir wieder alle drei Darstellungsformen (Energie ohne Bauelementeform, Energie und Co-Energie) ermitteln. Ausgangspunkt ist erneut die Energiebeziehung Gl. 3.36.

$$E_P = U_G \int \delta m = U_G \cdot m \tag{3.45}$$

Anders als bei den bisherigen Speichern ist die Gravitationsspannung nicht von der Masse selbst abhängig (s. Gl. 3.38). Die Ursache war darin zu sehen, dass die Masse m und die Erdmasse M keinen Dipol bilden. Für die Integration wird die Gravitationsspannung also als Konstante gehandhabt. Gehen wir wieder von einer geringen Höhendifferenz aus, können wir $U_G = g \cdot h$ setzen.

$$E_P = gh \cdot m \tag{3.46}$$

Das entspricht genau der in der Mechanik gebräuchlichen Form der potentiellen Energie. Für die beiden Darstellungsformen Energie und Co-Energie kann die Bauelementegleichung Gl. 3.44 in die P-Energieform Gl. 3.45 eingesetzt werden.

$$E_P^P := \frac{1}{C_m} m^2 \tag{3.47}$$

$$E_P^T := C_m \cdot U_G^2 \tag{3.48}$$

Beide Formen sind in der Mechanik eher ungebräuchlich, was auch schon an der zuvor beschriebenen Kapazitätsvorstellung liegt. Aus Systematisierungsbestrebungen der Mechatronik sind sie der Vollständigkeit halber dennoch aufgeführt.

Bsp. 3.6

Eine Masse m befindet sich bei konstantem $\bar{g}$ auf der Höhe h über der Erdoberfläche.

geg.:	Masse	$m = 2\,\text{kg}$
	Höhe der Masse über der Erdoberfläche	$h = 10\,\text{m}$
	Gravitationsfeldstärke	$g \approx 10\,\dfrac{\text{m}}{\text{s}^2}$

ges.:	a.)	Energie in bauelementefreier Form
	b.)	Energie in der Kapazität
	c.)	Co-Energie in der Kapazität

Lsg.:   a.) $E_P = m \cdot gh = 200\,\text{J}$ $U_G = gh = 100\,\dfrac{\text{m}^2}{\text{s}^2}$

b.) $E_P^P = \dfrac{1}{C_m} \cdot m^2 = 200\,\text{J}$ $C_m = \dfrac{m}{U_G} = \dfrac{1}{50}\,\dfrac{\text{kg}\,\text{s}^2}{\text{m}^2}$

c.) $E_P^T = C_m \cdot U_G^2 = 200\,\text{J}$

Die Gravitationskapazität als Eintor-Bauelement

Für die Bauelementedarstellung in der Netzwerkform werden wieder nur noch die Fluss- und Potentialgröße verwendet.

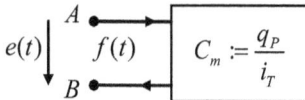

Abb. 3.23:   Gravitationskapazität als verallgemeinertes Eintor

Die Quantitätsgröße Masse wird über die Integration der Flussgröße bestimmt.

$$q_P := \int i_p\, dt = \int \dot{m}_C\, dt \tag{3.49}$$

Die Potentialdifferenz ist durch die Gravitationsspannung schon gegeben.

$$C_m := \frac{1}{U_G} \int \dot{m}_C\, dt \tag{3.50}$$

Potentialdifferenz $e(t)$ über Eintor: $e(t) = U_G = \dfrac{1}{C_m} \int \dot{m}_C\, dt$

Fluss *f(t)* durch Eintor:

$$f(t) = \dot{m}_C = C_m \frac{d}{dt} U_G$$

Für die mechatronische Netzwerkdarstellung wählen wir wieder zwei unterschiedliche graphische Symbolvarianten. Eine für rein mechanische Aufgabenstellungen und eine weitere für gemischte mechatronische Netzwerke.

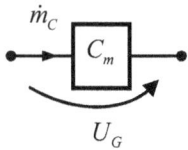

Abb. 3.24: mechanisches Symbol   Abb. 3.25: mechatronisches Symbol

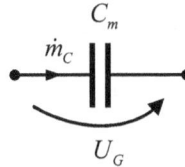

Im Gegensatz zur mechanischen Kapazität des Impulsflusskreises fällt hier der durchgehende Bauelementeanschluss an der Gravitationskapazität (Abb. 3.24) auf. Da die Gravitationspotentialdifferenz unabhängig vom Bezugspunkt ist, gelten die Einschränkungen der „erdfreien" Masse nicht. Praktisch legt man den Bezugspunkt in der Mechanik oft in den Start- oder Endpunkt einer Bewegung (Nullniveau).

Die Gravitationsinduktivität

Hatten wir schon Schwierigkeiten bei der Vorstellung einer Gravitationskapazität, so müssen wir bei der Gravitationsinduktivität unser Vorstellungsvermögen noch mehr strapazieren. Formal fällt jedoch die Definition leicht.

$$L_m := \frac{q_T}{i_P} = \frac{\psi_G}{\dot{m}} \tag{3.51}$$

Die gedankliche Bauelementezuordnung scheitert an der Begrifflichkeit des Gravitationsspannungsmomentes. Während wir uns einen Massenstrom gut vorstellen können, bleibt das Spannungsmoment sehr abstrakt. Tatsächlich ergibt sich jedoch unter bestimmten Randbedingungen ein durchaus realer Bezug zu vielen technischen Bauelementen. Da diese Randbedingungen jedoch mehr dem Kapitel der Fluidmechanik zuzuordnen sind, sei an dieser Stelle ein Verweis auf die folgenden Kapitel Hydraulik/Pneumatik gestattet.

Zur Energiebestimmung im T-Speicher belassen wir es vorerst beim Begriff des Spannungsmomentes. Um die Gesamtenergie des T-Speichers zu erhalten, muss Gl. 3.43 integriert werden. Auch hier stellt sich die Frage nach der Abhängigkeit des Massenstromes vom Spannungsmoment. Im Gegensatz zum P-Speicher des Massenflusskreises ist der Massenstrom vom Spannungsmoment abhängig. Eine Herleitung dazu erfolgt im Abschnitt Hydraulik.

Setzt man die Bauelementedefinition (Gl. 3.51) in die Energiegleichung des T-Speichers ein (Gl. 3.43) erhält man die Bauelementeform der Energie (Gl. 3.52) sowie über die Legendre-Transformation die Co-Energie (Gl. 3.53).

$$E_T^T = \frac{1}{2 L_m} \psi_G^2 \tag{3.52}$$

$$E_T^P = \frac{L_m}{2}\dot{m}^2 \tag{3.53}$$

$$E_T = \frac{\dot{m}}{2}\psi_G \tag{3.54}$$

Für die bauelementefreie Form wird noch L_m über die Definitionsgleichung eliminiert.

Die Gravitationsinduktivität als Eintor-Bauelement

Die Bauelementeform als Eintor erfolgt wie in gewohnter Weise durch die Fluss- und Potentialgröße. Im Gegensatz zur Bauelementedefinitionsgleichung haben wir hier weniger Schwierigkeiten, uns ein massenstromdurchflosses Bauelement vorzustellen. Dieser Modellvorstellung genügt bereits jede Rohrleitung. Weiterhin benötigen wir nur die Potentialdifferenz als Spannungsabfall über dem Bauelement statt dem abstrakten Spannungsmoment (Abb. 3.26).

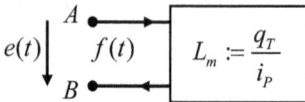

Abb. 3.26:   Gravitationsinduktivität als verallgemeinertes Eintor

$$L_m := \frac{1}{\dot{m}_L}\int U_G\, dt \tag{3.55}$$

Potentialdifferenz $e(t)$ über Eintor: $e(t) = U_G = \frac{d}{dt}\dot{m}_L\, L_m$

Fluss $f(t)$ durch Eintor: $f(t) = \dot{m}_L = \frac{1}{L_m}\int U_G\, dt$

Anders als bei der Feder als T-Speicher bleibt die Gravitationsinduktivität in dieser Formulierung scheinbar unvollständig. Hier sollten wir jedoch beachten, dass auch die Feder mit ihrem Parameter Steifigkeit bzw. Nachgiebigkeit eine einfache Modellvorstellung ist. Hätten wir die Steifigkeit als Variable der Geometrie (Federlänge, Drahtdurchmesser, Federdurchmesser) und der Materialeigenschaften (Dichte und Gleitmodul) eingeführt, wäre auch diese Darstellung nicht so kompakt wie der eine Parameter Federsteifigkeit. Allerdings lässt sich für gebräuchliche Standardbauelemente (Rohre, Bögen, Verzweigungen usw.) die Induktivität relativ einfach über die Geometrie ausdrücken (s. Kap. 3.2).

Zur grafischen Darstellung in mechatronischen Netzen benutzen wir wieder zwei Formen. Eine Abbildung in Anlehnung an die Hydraulik sowie die rein mechatronische Form.

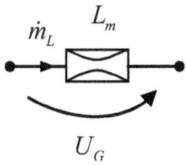

Abb. 3.27:   mechanisches Symbol

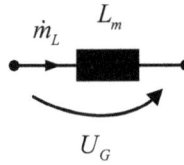

Abb. 3.28:   mechatronisches Symbol

Der Widerstand als Eintor-Bauelement

Geht im Massenflusskreis beim Umspeichern von P-Energie in T-Energie Energie verloren, so wird dieser Anteil der Prozessleistung durch ein dissipatives Bauelement in Wärme umgewandelt. Die Prozessleistung (Differenz beider Energieströme) berechnet sich aus dem Produkt der Intensitätsgrößen.

$$P_m := i_P \cdot i_T = \dot{m} U_G \tag{3.56}$$

Das mechatronische Bauelement *Widerstand* ist durch den Quotienten aus der Potentialgröße und der Flussgröße definiert.

$$R_m := \frac{i_T}{i_P} = \frac{U_G}{\dot{m}} \tag{3.57}$$

Auch hier kann im Gegensatz zum stokesschen Reibfaktor keine einfache Konstante für den Widerstand angegeben werden. Dazu ist der Widerstand zu sehr vom konkreten mechatronischen System abhängig.

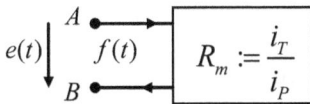

Abb. 3.29:   Gravitationswiderstand als verallgemeinertes Eintor

Die über den Widerstand umgesetzte Prozessleistung drücken wir üblicherweise durch die zwei folgenden Varianten aus.

$$P_m = \frac{1}{R_m} \cdot U_G^2$$
$$P_m = R_m \cdot \dot{m}^2 \tag{3.58}$$

Wie schon bei der Induktivität lehnt sich die grafische Bauelementedarstellung stark an die Hydraulik an. Das mechatronische Symbol entspricht dem Symbol des elektrischen Widerstandes.

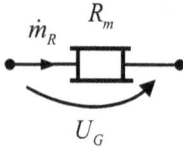

Abb. 3.30:   mechanisches Symbol

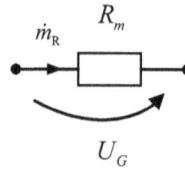

Abb. 3.31:   mechatronisches Symbol

Bsp. 3.7

Eine Stahlkugel fällt durch die Schwerkraft in einem mit Glycerin gefülltem Rohr senkrecht nach unten. Wie groß ist der Gravitationswiderstand, nachdem sich eine stationäre Endgeschwindigkeit der Kugel eingestellt hat. Wie groß ist die Verlustleistung über diesem Widerstand?

geg.:   Kugeldurchmesser $d = 5\,cm$ Dichte der Kugel $\rho_K = 7.8\,\dfrac{g}{cm^2}$

Fallhöhe der Kugel $h = 2\,m$ Dichte Glycerin $\rho_G = 1.26\,\dfrac{g}{cm^2}$

Gravitationsfeldstärke $g = 9.807\,\dfrac{m}{s^2}$ dyn. Viskosität $\eta = 1.48\,Pa\cdot s$

ges.:   a.)   Gravitationswiderstand
        b.)   Verlustleistung

Lsg: a.) $v_{max} = \dfrac{g\cdot d^2}{18\eta}\left(\rho_K - \rho_G\right) = 6.019\,\dfrac{m}{s}$ $U_G = gh = 19.613\,\dfrac{m^2}{s^2}$

$R_m = \dfrac{U_G}{\dot{m}} = 12.767\,\dfrac{m^2}{kg\cdot s}$ $\dot{m} = \dfrac{m_K \cdot v_{max}}{h} = 1.536\,\dfrac{kg}{s}$

b.) $P_m = U_G \cdot \dot{m} = 30.13\,W$

Aktive Bauelemente der schweren Masse

Genau wie im Impulsstromkreis können neben den drei passiven Bauelementen aktive Bauelemente (Quellen) im Massenflusskreis integriert sein. Für die Mechanik bedeutet das, dass eine Flussquelle einen konstanten Massenstrom und eine Potentialquelle eine konstante Gravitationsspannung bereitstellen muss. Eine technische Realisierungsvariante für Massestromquellen sind Pumpen oder Ventilatoren. Eine zweite Variante ergibt sich wieder aus der engen Kopplung beider mechanischer P-Speicher durch den Energieerhaltungssatz. Hier wirkte die P-Energie des Impulsstromkreises als Flussquelle im Massenflusskreis. Eine konstante Gravitationspotentialdifferenz kann technisch einfach über eine Höhendifferenz realisiert werden.

Tab. 3.2:   Realisierungsvarianten aktiver mechanischer Bauelemente

Energiewandlungsprozesse zwischen beiden mechanischen Flusskreisen

Wie der Energieerhaltungssatz schon zeigte, sind beide mechanischen Flusskreise (Impulskreis/Gravitationskreis) miteinander verbunden. Bei der Bewegung einer Masse m im Schwerefeld der Erde erfolgt offensichtlich ein Energieaustausch beider P-Speicher. Dazu sagt uns weiterhin unsere Erfahrung, dass ein solches mechanisches System oft Schwingbewegungen ausführt. Das steht jedoch scheinbar im Widerspruch zu der schon formulierten Schwingbedingung im Impulsflusskreis. Dabei ist es notwendig, dass sich mindestens ein P-Speicher und ein T-Speicher in einem *gemeinsamen* Flusskreis befinden. Bei der Kopplung von kinetischer und potentieller Energie hingegen handelt es sich um zwei P-Speicher in unterschiedlichen Flusskreisen. Somit stellt sich die Frage, warum gerade diese Kopplung schwingungsfähig ist.

Die Kopplung zweier Energiestromkreise kann prinzipiell nur über einen mechatronischen Wandler erfolgen. Hier gibt es genau zwei Möglichkeiten für Elementarwandler – die tranformatorische Kopplung und die gyratorische Kopplung. Eine Eigenschaft der gyratorischen Kopplung ist die inverse Impedanztransformation. Aus einer Impedanz wurde eine Admittanz. Dieses Verhalten spielt bei der Schwingbedingung eine entscheidende Rolle. Transformieren wir die mechanische Kapazität des Impulsstromkreises über einen Gyrator in den

Massenflusskreis, so erscheint sie dort als Induktivität. Somit existieren durch die Transformation nun ein P-Speicher und ein T-Speicher im gemeinsamen Flusskreis und die Schwingbedingung ist erfüllt (Abb. 3.32).

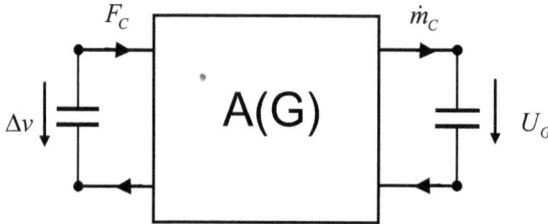

Abb. 3.32:   gyratorische Kopplung beider Energieflusskreise

Für den Fall einer konstanten Erdbeschleunigung $U_G = g \cdot h$ kann die Wandlermatrix in Kettenform einfach abgeleitet werden.

$$\begin{pmatrix} \Delta v \\ F_C \end{pmatrix} = \begin{pmatrix} 0 & -\dfrac{h}{m} \\ \dfrac{m}{h} & 0 \end{pmatrix} \cdot \begin{pmatrix} gh \\ -\dot{m}_C \end{pmatrix} \tag{3.59}$$

Im Energietankmodell wird das Koppelrohr zwischen den beiden Energietanks durch die gyratorische Kopplung ersetzt (Abb. 3.33).

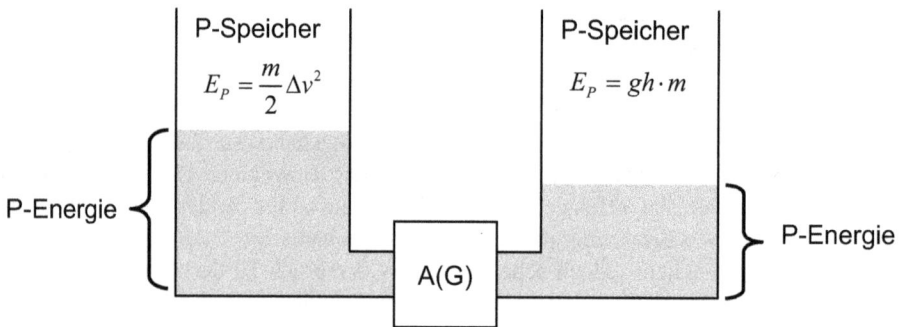

Abb. 3.33:   Energietankmodell des Energieerhaltungssatzes für eine Masse

Durch Umrechnungsbeziehungen kann die A-Matrix in andere Belevitchformen überführt werden. Die gyratorische Kopplung macht z. B. eine Umformung in die Leitwertsform möglich (Abb. 3.34).

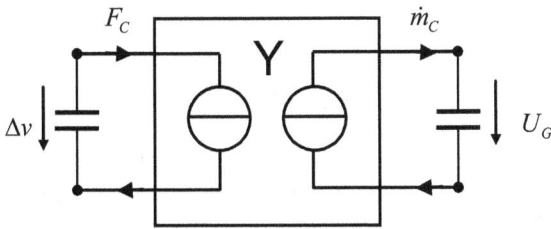

Abb. 3.34:   Leitwertsform zur Kopplung beider Energieflusssysteme

Die Leitwertsform macht nun anschaulich deutlich, warum die Gravitationskraft als Flussquelle im Impulskreis bzw. die Impulskraft als Flussquelle im Gravitationskreis aufgefasst
werden können. Auch hier ist die gyroskopische Kopplung dafür verantwortlich.

Unter Zuhilfenahme dieser Zusammenhänge kann eine nachfolgend allgemeine Schwingbedingung für mechatronische Systeme formuliert werden.

Allgemeine Schwingbedingung für mechatronische Systeme

1. Befinden sich mindestens ein P-Speicher und ein T-Speicher in einem *gemeinsamen*
    Flusskreis, so ist dieses System prinzipiell schwingungsfähig.

2. Netzwerke aus *unterschiedlichen* Flusskreisen mit *unterschiedlichen* Energiespei-
    chern sind bei einer transformatorischen Kopplung prinzipiell schwingungsfähig.

3. Netzwerke aus *unterschiedlichen* Flusskreisen mit *gleichartigen* Energiespeichern
    sind bei einer gyratorischen Kopplung prinzipiell schwingungsfähig.

Zusammenfassung

Auch das Energieflussschema für die Primärgröße *schwere Masse* passt sich nahtlos in die allgemeine Energiedarstellung, physikalischer Teilsysteme ein (Abb. 3.35).

Ausgehend von der Primärgröße *Masse* können über das Gravitationsgesetz die restlichen drei Fundamentalgrößen abgeleitet werden. Dabei fällt die große Ähnlichkeit zum Coulombschen Kraftgesetz bzw. den äquivalenten elektrotechnischen Größen auf. Auch wenn es sich bei den meisten physikalischen Größen im Gravitationsfeld um Vektorfelder handelt, können diese Größen im Sinne der mechatronischen Netzwerke in eine Bauelementeform mit konzentrierten Ersatzelementen überführt werden. Es existieren, wie schon beim Impuls als Primärgröße, die drei Grundbauelemente Kapazität, Induktivität und Widerstand. Einige Begriffe wie die potentielle Energie kommen uns vertraut vor, andere Begriffe wie das Spannungsmoment erscheinen zunächst sehr abstrakt. Die konsequente Anwendung dieser Beziehungen gestaltet uns es jedoch, auch die mechanischen Systeme einheitlich in der mechatronischen Netzwerkdarstellung abzubilden. Dabei muss immer wieder betont werden, dass es in der Mechanik der Translationsbewegungen *zwei* unabhängige Flusskreise gibt und somit sechs mechatronische Bauelemente existieren.

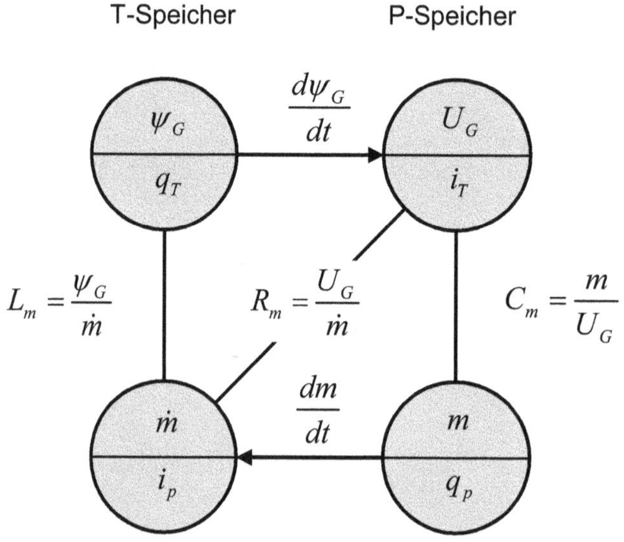

Abb. 3.35:   Energieschema für die Masse als Primärgröße

Tab. 3.2:   Übersicht über die beschreibenden Gleichungen

Begriff	P-Speicher	T-Speicher	Energiewandler
	Kapazität	Induktivität	Widerstand
mechatronisches Bauelement	C_m	L_m	R_m
	$[C_m] = \dfrac{\text{kg} \cdot \text{s}^2}{\text{m}^2}$	$[L_m] = \dfrac{\text{m}^2}{\text{kg}}$	$[R_m] = \dfrac{\text{m}^2}{\text{kg} \cdot \text{s}}$
physikalisches Bauelement	Beschreibung stark geometrieabhängig		
beschreibende Gleichung	$C_m = \dfrac{1}{U_G} \int \dot{m}_C \, dt$	$L_m = \dfrac{1}{\dot{m}_L} \int U_G \, dt$	$R_m = \dfrac{U_G}{\dot{m}_R}$
Energie (g = const.)	$E = gh \cdot m$	$E = \dfrac{\dot{m}}{2} \psi_G$	
Energie im Bauelement	$E := \dfrac{1}{C_m} m^2$	$E = \dfrac{1}{2 L_m} \psi_G^2$	
Co-Energie im Bauelement	$E_{Co} := C_m \cdot U_G^2$	$E_{Co} = \dfrac{L_m}{2} \dot{m}^2$	
Leistung (allgemein)			$P = \dot{m}_R \cdot U_G$
Bauelementeleistung			$P = \dfrac{1}{R_m} \cdot U_G^2$
Bauelementeleistung			$P = R_m \cdot \dot{m}_R^2$
mechanisches Symbol			
mechatronisches Symbol			

3.1.3   Der Drehimpuls als Primärgröße

Die Betrachtung der Rotationsmechanik erweist sich gegenüber der Translationsmechanik als ungleich schwieriger. Oft stellen die in der Literatur [20] angegebenen Analogiebeziehungen allenfalls Spezialfälle dar. Im folgenden Abschnitt werden die Randbedingungen und Grenzen der Rotationsmechanik näher betrachtet, um auch sie als mechatronische Netzwerk abbilden zu können. Weiterhin ist hier zum tieferen Verständnis der Mechanik die entsprechende Literatur unerlässlich.

Wenn wir uns mit der Rotation beschäftigen, so fällt uns aus Sicht der Kinematik sofort ein Unterschied zur Translation auf. Trotz gleichen Freiheitsgrades (drei Rotationsachsen) müssen wir zwei unterschiedliche Rotationsformen unterscheiden:

- Die Rotation um eine feste Achse, d.h. alle Punkte eines Körpers drehen sich um eine gemeinsame Drehachse (Abb. 3.36).
- Die Rotation um einen raumfesten Punkt A (Fixpunkt), bei der die Drehachse nur durch diesen Punkt läuft und ansonsten frei im Raum drehbar ist (Abb. 3.37).

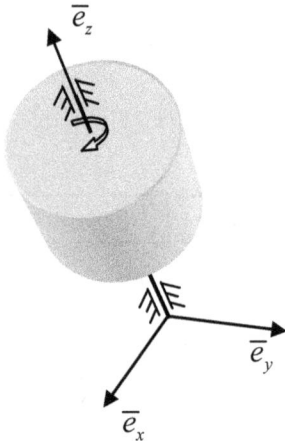

Abb. 3.36:   Rotation um eine gemeinsame Drehachse   Abb. 3.37:   Rotation um einen Fixpunkt A

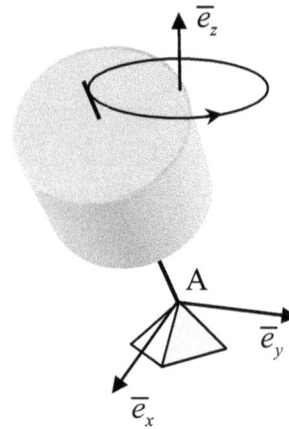

Diese unterschiedliche Kinematik hat einen entscheidenden Einfluss auf die nachfolgende Modellbildung. Zunächst gehen wir wieder von der Primärgröße q_P im System der Rotationsmechanik aus. Kapitel 1 führte dabei den Drehimpuls L als unabhängige, bilanzierbare Größe ein. Genau wie beim Impuls betrachten wir nun den Drehimpuls als eine eigenständige Größe mit einem zugehörigen Potential sowie der Ableitung des Drehimpulses als Flussgröße. Der nächste Schritt im Sinne der Modellbildung mechatronischer Netze besteht in der Bestimmung der Gesamtenergie rotatorischer Systeme sowie die Aufteilung in das P- und T-Speicherverhalten. Dabei kann in der Translationsmechanik weitgehend auf den Vektorcharakter der beteiligten Systemgrößen verzichtet werden. Die positive Flussrichtung ist immer in Richtung der positiven Potentialdifferenz definiert. Die zwei unterschiedlichen Fälle der Rotationskinematik erschweren jedoch diese Betrachtungsweise. Dazu sei der Drehimpuls noch mal näher betrachtet.

Die Mechanik definiert den Drehimpuls als Kreuzprodukt des Impulses mit einem Radius-vektor zu einem Bezugspunkt (Abb. 3.38).

$$\overline{L}_0 = \overline{r} \times m \cdot \overline{v} \tag{3.60}$$

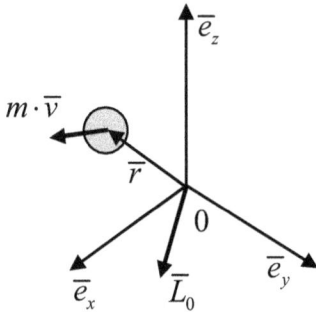

Abb. 3.38:   Darstellung des Drehimpulses

Somit sagt der Drehimpuls noch nichts über die Beschaffenheit eines Körpers und dessen Drehbewegungen aus. Um von einer Punktmasse zum realen Körper zu kommen, können wir uns den Körper auch als Massepunktsystem vorstellen. Damit muss für die Betrachtung des Gesamtdrehimpulses der Einzeldrehimpuls über alle Einzelmassen aufsummiert werden.

$$\overline{L} = \sum \overline{r}_i \times m_i \cdot \overline{v}_i$$

Während bei der Definition des Drehimpulses (Abb. 3.38) der Bezugspunkt für die eine Masse durch seinen Radiusvektor bestimmt ist, müssen wir für den Gesamtdrehimpuls zu-nächst einen gemeinsamen Bezugspunkt definieren. Möglich sind dabei

- ein raumfester Punkt 0,
- der Körperschwerpunkt S,
- ein beliebiger Punkt A.

Die Auswertung dieser drei Möglichkeiten erfolgt günstig in kartesischen Koordinaten. Da-mit erhält man für den Drehimpuls die drei folgenden Vektoren:

$$\begin{aligned}
L_x &= J_{xx} \cdot \omega_x - J_{xy} \cdot \omega_y - J_{xz} \cdot \omega_z \\
L_y &= J_{yx} \cdot \omega_x + J_{yy} \cdot \omega_y - J_{yz} \cdot \omega_z \\
L_z &= J_{zx} \cdot \omega_x - J_{zy} \cdot \omega_y + J_{zz} \cdot \omega_z
\end{aligned} \tag{3.61}$$

oder in vereinfachter in Matrixschreibweise

$$\overline{L} = \Theta \cdot \overline{\omega} \tag{3.62}$$

Der Drehimpuls ist also das Tensorprodukt aus dem Trägheitstensor Θ mit dem Tensor der Winkelgeschwindigkeiten.

Die Flussgröße wurde aus der zeitlichen Ableitung der Primärgröße gewonnen. Dazu nutzen wir die Definitionsgleichung Gl. 3.60.

$$\dot{\bar{L}}_0 = \frac{d}{dt}\left(\bar{r} \times m \cdot \bar{v}\right) = \dot{\bar{r}} \times m \cdot \bar{v} + \bar{r} \times m \cdot \dot{\bar{v}}$$

$$\dot{\bar{r}} \times m \cdot \bar{v} = m\left(\dot{\bar{r}} \times \dot{\bar{r}}\right) = \bar{0} \tag{3.63}$$

$$\dot{\bar{L}}_0 = \bar{r} \times m \cdot \dot{\bar{v}} = \bar{r} \times \bar{F} = \bar{M}_0 \tag{3.64}$$

Bei konstanten Massenträgheitsmomenten und Deviationsmomenten müssen nur die Zeitableitungen der Winkelgeschwindigkeiten betrachtet werden.

$$\dot{\bar{L}} = \bar{M} = \Theta \cdot \dot{\bar{\omega}} \tag{3.65}$$

Wie die Gleichungen Gl. 3.61 und Gl. 3.65 zeigen, fallen die Richtungen von Drehimpuls und Drehmoment gewöhnlich *nicht* zusammen! Die Flussgröße zeigt im Allgemeinen nicht in die Richtig der positiven Potentialdifferenz, vielmehr existiert eine Koordinatenkopplung über die Körpereigenschaften. Eine vollständige Entkopplung und zudem analoge Beziehung zum Impuls würde nur beim Wegfall der Deviationsmomente existieren. Das kann z. B. dadurch erreicht werden, dass die körperfesten Achsen x,y,z so ausgerichtet werden, dass sie den Hauptträgheitsachsen des Körpers entsprechen.

Damit ergeben sich für die nachfolgende Modellbildung folgende Randbedingungen für rotatorische Systeme.

Die Rotation eines Körpers erfolgt nur um feste Rotationsachsen, die so ausgerichtet sind, dass sie den Hauptträgheitsachsen oder dazu parallel verschobenen Achsen entsprechen.

Energie im P-Speicher

Mit den so formulierten Randbedingungen lässt sich die Energie im P-Speicher wieder in Komponentenform darstellen.

$$\delta E_P = \Delta\omega(L) \cdot \delta L \tag{3.66}$$

Drehimpuls und Winkelgeschwindigkeitsdifferenz beziehen sich nur auf eine feste Drehachse.

Beim Impuls bezieht sich die Geschwindigkeitsdifferenz Δv immer auf ein Inertialsystem. Das war auch der Grund dafür, dass keine potentialfreie Masse existiert. Im Rotationssystem sind die Verhältnisse ähnlich. Abb. 3.39 zeigt den Zusammenhang zwischen der Geschwindigkeit und der Winkelgeschwindigkeit an einer rotierenden Masse.

Da die Geschwindigkeit v immer gegen ein Inertialsystem gemessen wird, muss die Winkelgeschwindigkeit ebenfalls gegen ein Inertialsystem gemessen werden. Damit existiert auch kein potentialfreies Massenträgheitsmoment.

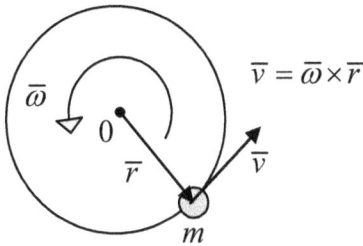

Abb. 3.39:   rotierende Masse mit der Geschwindigkeit v

Energie im T-Speicher

Für die Energie im T-Speicher gelten selbstverständlich die schon einführend genannten Randbedingungen der Rotation. Somit kann auch hier die Fundamentalform für Gleichgewichtszustände zu Bestimmung des Energieinhaltes im T-Speicher herangezogen werden.

$$\delta E_T = i_P \cdot \delta q_T$$

Die Intensitätsvariable haben wir nach Gl. 3.64 bestimmt.

$$i_P = f(t) = M \tag{3.67}$$

Somit ist das Drehmoment M der zugehörige Mengenstrom zum Energieträger Drehimpuls. Wie die Kraft fließt das Drehmoment in einem geschlossenen Flusskreislauf – dem Drehimpulsflusskreis. Würden wir die zuvor eingeführten Randbedingungen aufheben und eine Rotationen um einen beliebigen Punkt zu lassen, dann würde der Drehmomentfluss im Flusskreis einer Koordinate zwangsläufig zu Flüssen der anderen Koordinaten führen. Die Flusskreise wären untereinander ohne einen Energieumformer gekoppelt.

Zur Bestimmung der Qualitätsgröße q_T integrieren wir die Intensitätsgröße $\Delta\omega$ einmal nach der Zeit.

$$q_T = \int \Delta\omega \, dt = \Delta\varphi \tag{3.68}$$

Mit den so bestimmten Größen kann nun leicht der Energieinhalt im T-Speicher berechnet werden.

$$\delta E_T = M(\Delta\varphi) \cdot \delta\Delta\varphi \tag{3.69}$$

Da bei dieser Energieform das Drehmoment als Flussvariable beteiligt ist, wollen wir sie wiederum der dynamischen Energieform zuordnen.

Das Massenträgheitsmoment als kapazitiver Speicher

Die Bauelementebeschreibung dient dazu, den Energiefluss in einem Energieflusskreis abzubilden. Dazu muss man sich von der rein geometrischen Vorstellung des mechanischen Systems, welches die Rotationsbewegungen ausführt, lösen. Fällt es uns noch relativ leicht, von der geometrischen Form eines Körpers auf seine bewegte Masse zu abstrahieren, so bereitet die Modellvorstellung eines Trägheitstensors schon gewisse Schwierigkeiten. Genau diese

Vorstellung ist jedoch zur Bauelementeabbildung notwendig. Dreht sich ein Körper um seine drei Hauptträgheitsachsen, so besitzt er drei zugeordnete Massenträgheitsmomente und damit auch drei zugehörige Bauelemente.

Beschränken wir uns zunächst jedoch auf die Rotationsbewegungen um eine Hauptträgheitsachse. Die für diese Koordinaten geltenden Quantitäts- und Intensitätsgrößen hatten wir formuliert. Somit ist die zugehörige mechanische Rotationskapazität für eine Achse auch eindeutig definiert.

$$C_m := \frac{q_P}{i_T} = \frac{L_i}{\Delta \omega_i} = J_{ii} \tag{3.70}$$

Die rotierende Masse um eine Hauptträgheitsachse oder dazu parallel verschoben Achse kann man sich als einen geladenen Kondensator der Kapazität J_{ii} vorstellen. Die Potentialdifferenz über diesem Kondensator entspricht der Winkelgeschwindigkeit des rotierenden Körpers um diese Hauptträgheitsachse.

Die Kapazitätsdefinition Gl. 3.70 kann immer nur für eine Koordinate verwendet werden. Da für den allgemeinen Fall einer Drehbewegung der Drehimpuls das Produkt des Trägheitstensors mit dem Vektor der Winkelgeschwindigkeiten ist, müsste allgemein eine Vektordivision durchgeführt werden. Diese Operation ist jedoch nicht definiert.

Für die Energiedarstellung im P-Speicher können wir nun wieder unsere drei bekannten Formen verwenden. Die Bauelementeform als Co-Energie und Energie, sowie die bauelementefreie Form.

$$E_P^T = \frac{C_m}{2} \Delta \omega^2 = \frac{J_{ii}}{2} \Delta \omega^2$$

$$E_P^P = \frac{L_i^2}{2 \cdot J_{ii}} \tag{3.71}$$

$$E_P = \frac{L_i}{2} \Delta \omega$$

Für den Mechaniker ist die Bauelementeform der Energie wieder eine durchaus gebräuchliche Form. Wie schon im Impulsstromkreis sind auch diese drei Beschreibungsformen bei linearen Systemen vollständig äquivalent.

Bsp. 3.8

Eine Welle der Masse m und dem Durchmesser d rotiert um ihre Wellenlängsachse. Wie groß sind die Energie und die Co-Energie dieser rotierenden Welle?

geg.:   Wellendurchmesser $d = 5\,\text{cm}$ Masse der Welle $m = 15\,\text{kg}$

                Drehzahl der Welle $n = 3600\,\dfrac{\text{U}}{\text{min}}$

ges.: a.) Energie

b.) Co-Energie

Lsg: a.) $E_P^P = \dfrac{L}{2 \cdot J_{ii}} = 333.1\,\text{J}$ $\qquad J_{ii} = \dfrac{1}{2} m \left(\dfrac{d}{2} \right)^2 = 4.68 \cdot 10^{-3}\,\text{m}^2 \text{kg}$

b.) $E_P^T = \dfrac{J_{ii}}{2} \omega^2 = 333.1\,\text{J}$ $\qquad L = J_{ii} \cdot \omega = 1.767\,\dfrac{\text{m}^2 \cdot \text{kg}}{\text{s}}$

Das Massenträgheitsmoment als Eintor-Bauelement

Äquivalent zur „erdbehafteten" Masse lässt sich das Massenträgheitsmoment um eine Drehachse als mechatronisches Eintor-Bauelement abbilden. Auch hier werden nur die beiden Netzwerkvariablen $e(t)$ und $f(t)$ verwendet.

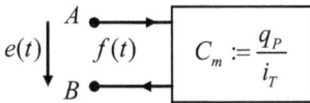

Abb. 3.40: Rotationskapazität als verallgemeinertes Eintor

Die Quantitätsgröße Drehimpuls wird aus der Integration der Flussgröße gewonnen, die Intensitätsgröße Winkelgeschwindigkeit stand schon zur Verfügung.

$$C_m = J_{ii} = \frac{1}{\Delta \omega} \int M_C \, dt \tag{3.72}$$

Potentialdifferenz $e(t)$ über Eintor: $e(t) = \Delta \omega = \dfrac{1}{J_{ii}} \int M_C \, dt$

Fluss $f(t)$ durch Eintor: $f(t) = M_C = J_{ii} \dfrac{d}{dt} \Delta \omega$

Um die mechanische Kapazität für Rotationssysteme von den Translationssystemen zu unterscheiden, wird in der Symbolik ein anderes Schaltzeichen verwendet. Der senkrechte Strich aus Symbol dem Massenträgheitsmoment verdeutlicht wiederum den Bezugspunkt des Inertialsystems an einem der Bauelementeanschlüsse.

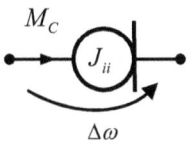

Abb. 3.41: mechanisches Symbol

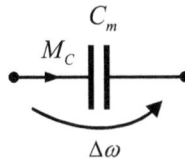

Abb. 3.42: mechatronisches Symbol

Die Torsionsfeder als induktiver Speicher

Die Speicherung der dynamischen Energie erfolgte im T-Speicher. Bei Rotationssystemen steckt dieser Energieanteil in den durch das Drehmoment verformten elastischen mechanischen Bauteilen. Dabei darf man sich unter einer Torsionsfeder nicht nur eine klassische Spiralfeder vorstellen, sondern auch andere Bauformen wie torsionsbelastete Wellen, Träger und Stützen gehören dazu. Setzen wir die Netzwerkgrößen des Drehimpulsflusskreises in die Bauelementeform der Induktivität Gl. 1.9 ein, so erhalten wir die Torsionsnachgiebigkeit.

$$L_m := \frac{q_T}{i_P} = \frac{\Delta\omega}{M_t} = n_t \tag{3.73}$$

Der Kehrwert aus der Torsionsnachgiebigkeit wird auch als Torsionssteifigkeit bezeichnet.

Die Bauelementegleichung Gl. 3.73 für die mechanische Induktivität ist jedoch nur unter weiteren Randbedingungen gültig. Formal ist die Flussgröße ein Drehmoment, gewonnen aus der Ableitung des Drehimpulses. Das bedeutet, dass das Drehmoment immer in Richtung der Drehachse zeigen muss. Diese Einschränkung wird noch deutlicher, wenn wir uns alle möglichen Momente des dreiachsigen Spannungszustandes vor Augen halten. Auch das Biegemoment eines Trägers verursacht eine Winkeländerung der Stabachse, nur entspricht dieser Quotient nicht der gewünschten Torsionssteifigkeit. Torsionsmomente, deren Vektoren nicht in der Drehachse liegen, verursachen zusätzlich eine Biegung und damit eine Translationsbewegung. In diesem Fall würden wieder zwei unterschiedliche Flusskreise miteinander gekoppelt werden. Eine ähnliche Verkopplung hätten wir bei einer schiefen Stabachse. Wollen wir also die Rotationsinduktivität als mechatronisches Bauelement in die Netzwerkdarstellung integrieren, so müssen die folgenden Voraussetzungen und Vereinbarungen gelten.

Die Torsionsbelastung erfolgt nur durch Drehmomente, deren Vektoren in der Drehachse liegen.
Die Stabachse bleibt immer gerade, die Stabquerschnitte bleiben bei der Verformung eben und führen eine Drehung um die Stabachse aus.

Unter diesen Voraussetzungen kann nachfolgend die Energie, die Co-Energie und die bauelementefreie Energieform ermittelt werden.

$$E_T^T = \frac{1}{2L_m}\Delta\varphi^2 = \frac{\Delta\varphi^2}{2\cdot M_t} = \frac{c_t}{2}\Delta\varphi^2 \tag{3.74}$$

$$E_T^P = \frac{L_m}{2}M_t^2 = \frac{n_t}{2}M_t^2 = \frac{1}{2\cdot c_t}M_t^2 \tag{3.75}$$

$$E_T = \frac{M_t}{2}\Delta\varphi \tag{3.76}$$

Die mechanische Induktivität als Eintor-Bauelement

Gelten alle schon genannten Randbedingungen und Einschränkungen für die Rotationsinduktivität, so kann auch sie auf ein einziges Eintor-Bauelement reduziert werden.

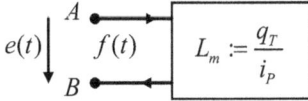

Abb. 3.43:   mechanische Induktivität als verallgemeinertes Eintor

$$q_T = \int i_T \cdot dt \tag{3.77}$$

$$L_m = n_t = \frac{1}{M_L} \int \Delta\omega \, dt \tag{3.78}$$

Potentialdifferenz $e(t)$ über Eintor: $e(t) = \Delta\omega = n_t \dfrac{dM_L}{dt}$

Fluss $f(t)$ durch Eintor: $f(t) = M_L = \dfrac{1}{n_t} \int \Delta\omega \, dt$

In der Bauelementeabbildung mechanischer Systeme wird die Torsionsfeder meist von der Translationsfeder unterschieden. Für das mechatronische Symbol nutzen wir wieder das Symbol der Induktivität.

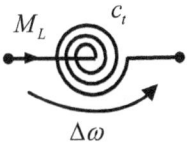

Abb. 3.44:   mechanisches Symbol   Abb. 3.45:   mechatronisches Symbol

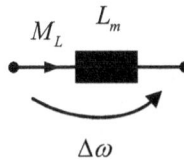

Der Widerstand als Eintor-Bauelement

Auch bei rotatorischen Systemen gehen beim Umspeichern von P- und T-Energie Energieanteile durch Dissipation verloren. Dieser Effekt kann unerwünscht sein wie z. B. bei der Reibung in Lagerstellen oder Getrieben oder auch bewusst in technischen Konstruktionen, z. B. Bremsen, eingesetzt werden. In beiden Fällen wird ein Teil des Energiestroms in Prozessleistung umgewandelt.

$$P_m := i_P \cdot i_T = M_R \cdot \Delta\omega \tag{3.79}$$

Existiert ein proportionaler Zusammenhang zwischen beiden Intensitätsgrößen, so können wir auch für die rotatorischen Systeme das mechatronische Bauelement *Widerstand* durch Quotientenbildung der Intensitäten einführen.

$$R_m := \frac{i_T}{i_P} = \frac{\Delta\omega}{M_R} \tag{3.80}$$

Oft gibt es wie bei der stokesschen Reibung bei translatorischen Systemen einen geschwindigkeitsproportionalen Zusammenhang zwischen dem Reibmoment und der Winkelgeschwindigkeit. In der Mechanik wird dazu oft vereinfachend eine Torsionsdämpferkonstante k_t als Proportionalitätsfaktor eingeführt.

$$M_R = k_t \cdot \Delta\omega \tag{3.81}$$

Für diese Fälle der äußeren Dämpfung kann der Torsionswiderstand mit

$$R_m := \frac{1}{k_t} \tag{3.82}$$

angegeben werden. Ausführliche analytische Beziehungen zur Bestimmung von Dämpferkonstanten bei äußerer Dämpfung sind in [17] zu finden. Unter diesen Voraussetzungen lässt sich der Widerstand als verallgemeinertes Eintor abbilden.

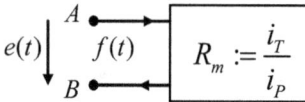

Abb. 3.46:   Rotationswiderstand als verallgemeinertes Eintor

Die in der Bauelementebeschreibung notwendigen Fluss- und Potentialgrößen stehen ohne weitere Herleitungen schon direkt zu Verfügung. Die umgesetzte Prozessleistung über dem Rotationswiderstand kann wiederum in zwei unterschiedlichen Varianten formuliert werden.

$$P_m = k_t \cdot \Delta\omega^2$$
$$P_m = \frac{1}{k_t} \cdot M_R^2 \tag{3.83}$$

In der symbolischen Bauelementedarstellung mechanischer Systeme unterscheidet man oft den Rotations- von Translationsdämpfer. Das mechatronische Symbol entspricht dem Symbol des Widerstandes.

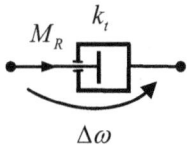

Abb. 3.47: mechanisches Symbol

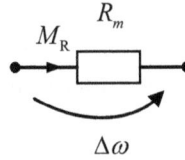

Abb. 3.48: mechatronisches Symbol

Aktive mechanische Bauelemente des Drehimpulses

Aktive Bauelemente des Drehmomentenflusskreises können sowohl Flussquellen also Torsionsmomentquellen als auch Potentialquellen d.h. Drehzahl erzeugende Baugruppen sein. Da wir zunächst von idealen Quellen ausgehen, wollen wir diesen Baugruppen auch ideale Eigenschaften zuordnen. So hat ein idealer Gleichstrommotor als ideale Potentialquelle eine konstante Drehzahl, unabhängig vom äußeren Lastmoment. Reale Motoren erhalten natürlich einen zusätzlichen Innenwiderstand. Eine ideale Flussquelle stellt unabhängig von ihrer Drehzahl, immer ein konstantes Drehmoment (Konstant-Moment-Verhalten) bereit.

Tab. 3.3: Realisierungsvarianten aktiver rotatorischer Bauelemente

Variante	Symbol

Zusammenfassung

Das Energieflussschema für die Primärgröße *Drehimpuls* unterliegt im Vergleich zu den bereits behandelten Systemen der Mechanik erheblichen Einschränkungen. Die erste Einschränkung betrifft die Rotationsform. Zugelassen ist nur die Drehbewegung um eine feste Achse. Weiterhin muss diese Achse eine Hauptträgheitsachse oder eine dazu parallel verschobene Achse des rotierenden Körpers sein. Die zweite Einschränkung betrifft das Drehmoment als Flussgröße. Dieses darf nur in Richtung der Drehachse wirken. Anders gerichtete Momente führen sofort zu einer Verkopplung von Rotation und Translation. Das Gleiche gilt für die Konstruktion von torsionsübertragenden Bauteilen. Wellen (Stabachsen) bleiben im Momentenflusskreis immer gerade.

Werden alle diese Einschränkungen beachtet, kann analog zu den Systemen *Impuls* oder *schwere Masse* auch das Energieflussschema *Drehimpuls* in einem allgemeinen Energieschema für diesen Drehimpuls als Primärgröße abgebildet werden (Abb. 3.49). Weiterhin existieren die schon bekannten Bauelemente Kapazität und Induktivität als Energiespeicher sowie das Bauelement Widerstand als dissipatives Bauelement.

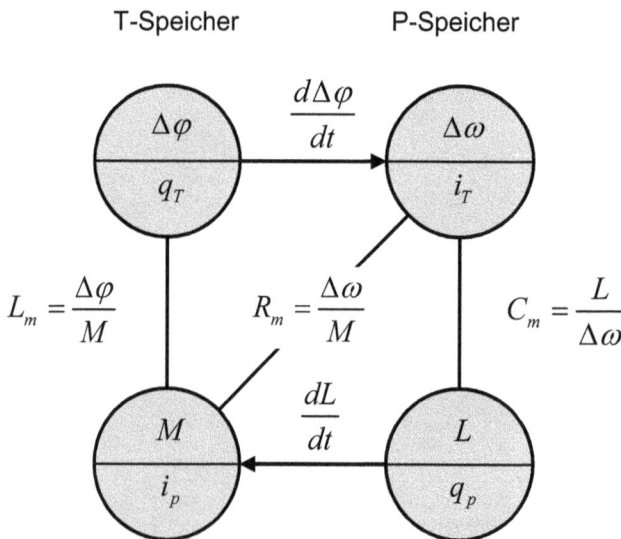

Abb. 3.49: Energieschema für den Drehimpuls als Primärgröße

Tab. 3.3:   Übersicht über die beschreibenden Gleichungen

Begriff	P-Speicher	T-Speicher	Energiewandler
mechatronisches Bauelement	Kapazität C_m $[C_m] = \mathrm{m}^2 \cdot \mathrm{kg}$	Induktivität L_m $[L_m] = \dfrac{1}{\mathrm{N} \cdot \mathrm{m}}$	Widerstand R_m $[R_m] = \dfrac{\mathrm{s}}{\mathrm{m}^2 \cdot \mathrm{kg}}$
physikalisches Bauelement	Trägheitsmoment $C_m = J_{ii}$	Torsionssteifigkeit $L_m = \dfrac{1}{c_t} = n_t$	Torsionsdämpfung $R_m = \dfrac{1}{k_t}$
beschreibende Gleichung	$C_m = \dfrac{1}{\Delta\omega} \int M_C dt$	$L_m = \dfrac{1}{M_L} \int \Delta\omega\, dt$	$R_m = \dfrac{\Delta\omega}{M_R}$
Energie (allgemein)	$E = \Delta\omega \cdot \dfrac{L}{2}$	$E = M_L \cdot \dfrac{\Delta\varphi}{2}$	
Energie im Bauelement	$E = \dfrac{1}{2 \cdot C_m} L^2$	$E = \dfrac{1}{2 \cdot L_m} \Delta\varphi^2$	
Co-Energie im Bauelement	$E_{Co} = \dfrac{C_m}{2} \Delta\omega^2$	$E_{Co} = \dfrac{L_m}{2} M_L^{\ 2}$	
Leistung (allgemein)			$P = M_R \cdot \Delta\omega$
Bauelementeleistung			$P = \dfrac{1}{R_m} \cdot \Delta\omega^2$
Bauelementeleistung			$P = R_m \cdot M_R^{\ 2}$
mechanisches Symbol			
mechatronisches Symbol			

3.1.4 Mechatronische Wandler in der Mechanik

Bewegen wir uns ausschließlich in *einem* Energieflusssystem (im Impulsflusskreis oder im Drehimpulsflusskreis) der Mechanik, würde streng betrachtet kein mechatronischer Wandler existieren. Laut Begriffsbildung durchläuft der Energiefluss hier nur eine Energieübersetzung. Ein ideales Getriebe ändert nur die Drehzahl und das Drehmoment, jedoch nicht die Energieart Rotationsenergie. Tatsächlich gestaltet sich diese Abgrenzung bei der praktischen Realisierung solcher Energieübersetzer oft als schwierig. Ein Hebel als Wegübersetzer hat auch eine Eigenmasse und ein Massenträgheitsmoment. Bei seiner Übersetzungsfunktion muss er zwangsläufig eine Drehbewegung durchführen. Damit ist jedoch auch Rotationsenergie verbunden und der Hebel wäre streng genommen ein Wandler. Um dieser Begriffsbildung gerecht zu werden, sind die folgenden Baugruppen den mechatronischen Wandlern zugeordnet.

Translationswandler

Es sei ein idealer masseloser Stab nach Abb. 3.50 gegeben. Wir betrachten nur seine Bewegung in der x-y-Ebene.

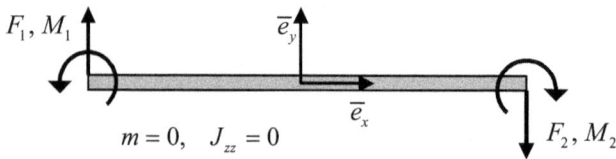

Abb. 3.50:   idealer Stab in der Ebene

An den Stabenden können jeweils äußere Kräfte und Momente eingeprägt werden. Daraus resultieren die entsprechenden Translations- und Rotationsbewegungen des Stabes.

Formal ist also dieser Stab ein 4-Tor (Abb. 3.51).

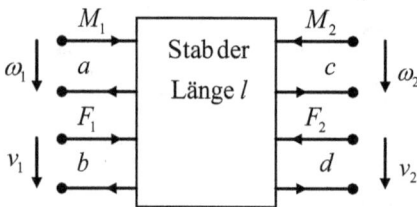

Abb. 3.51:   idealer Stab als 4-Tor

Die Gleichgewichtsbedingungen schränken jedoch das allgemeine 4-Tor weiter ein.

Statik: $F_1 - F_2 = 0$ $F_1 = F_2 = F$ I.

$\omega_1 - \omega_2 = 0$ $\omega_1 = \omega_2 = \omega$ II.

$M_1 - M_2 - F \cdot l = 0$ $M_1 - M_2 = F \cdot l = M$ III.

Damit reduziert sich das allgemeine Modell aus Abb. 3.51 auf die folgende Konfiguration.

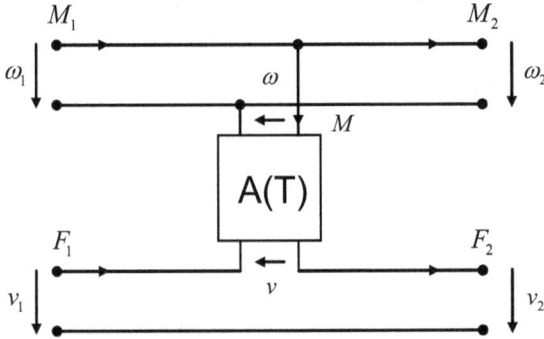

Abb. 3.52:   Innenschaltung des idealen Stabes

Tor 1 des Transformators: $M = M_1 - M_2$ aus III.

$\omega_1 = \omega_2 = \omega$ aus II.

Tor 2 des Transformators: $F_1 = F_2 = F$ aus I.

$v = v_2 - v_1 = l \cdot \omega$ Kinematik

Die Torbeziehungen am Transformator ergeben sich aus der Statik des idealen Stabes bzw. aus dem Knotenpunkt, dem Maschensatz der Innenschaltung und der Kinematik. Weiterhin können wir daraus auch direkt die Parameter der Kettenmatrix ablesen.

$$\begin{bmatrix} \omega \\ M \end{bmatrix} = \begin{bmatrix} \dfrac{1}{l} & 0 \\ 0 & l \end{bmatrix} \cdot \begin{bmatrix} v \\ F \end{bmatrix} \qquad\qquad (3.84)$$

Die Belegung der Kettenmatrix entspricht dem idealen Transformator A(T).

Eine mögliche Anwendung des idealen Stabes zeigt Abb. 3.53. Dazu wird das linke Stabende durch ein Festlager fixiert.

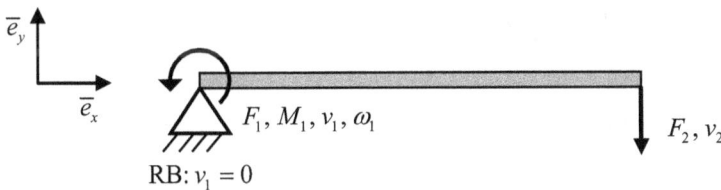

Abb. 3.53:   drehbar gelagerter idealer Stab

Durch diese konkrete Lagerung müssen zusätzliche Randbedingungen für die Kräfte und Momente am linken Stabende eingeführt werden. Das Festlager verhindert konstruktionsbedingt eine Bewegung in y-Richtung. Damit ist $v_1 = 0$. Das entspricht einem Kurzschluss an Tor b des 4-Pols. Weiterhin wollen wir das Tor c im Leerlauf betreiben $M_2 = 0$. Somit wird das Modell des idealen Stabes (Abb. 3.52) weiter reduziert.

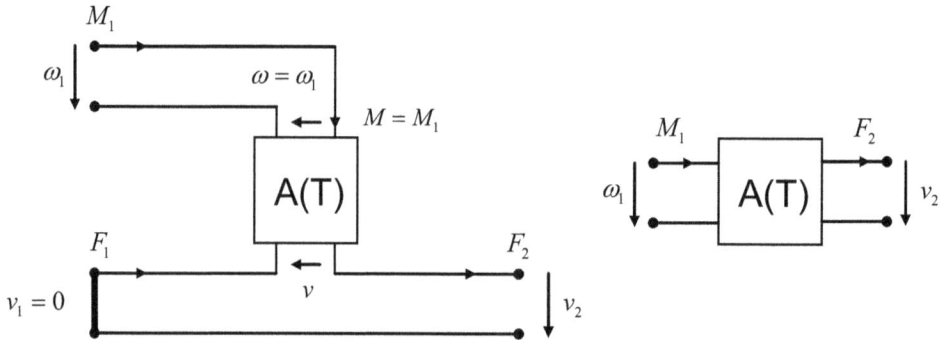

Abb. 3.54:   Innenschaltung des drehbar gelagerten Stabes

Die Kinematik des einseitig drehbar gelagerten Stabes, ohne ein zusätzliches Lastmoment M_2, entspricht also dem mechatronischen Transformator nach Gl. 3.85.

$$\begin{bmatrix} \omega_1 \\ M_1 \end{bmatrix} = \begin{bmatrix} \dfrac{1}{l} & 0 \\ 0 & l \end{bmatrix} \cdot \begin{bmatrix} v_2 \\ F_2 \end{bmatrix} \tag{3.85}$$

Eine weitere Anwendung des idealen Stabes sei in Abb. 3.55 skizziert. Die Randbedingung Festlager bleibt bestehen. Zusätzlich kommt noch eine weitere Kraft F_1 dazu.

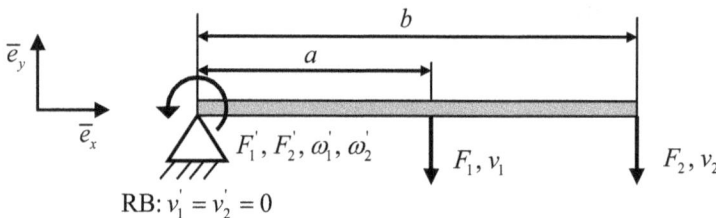

Abb. 3.55:   Stab mit zwei äußeren Kräften

Zur Ableitung des Funktionsprinzips dieser Konstruktion werden die beiden Stäbe der Längen a und b zunächst einzeln betrachtet. Die jeweils zugehörigen Größen im Lager entsprechen den Strichgrößen. Das Lager hat, wie schon in der Konstruktion zuvor, eine Randbedingung für beide Einzelstäbe $v_1 = v_2 = 0$. Zusätzlich fordert die Gleichgewichtsbeziehung, dass $\omega_1' = \omega_2' = \omega$ ist. Weiterhin wollen wir das 4-Tor an den Torklemmen a und c im Leerlauf betreiben $M_1 = M_2 = 0$. Somit reduziert sich die Innenschaltung des Stabmodells erheblich.

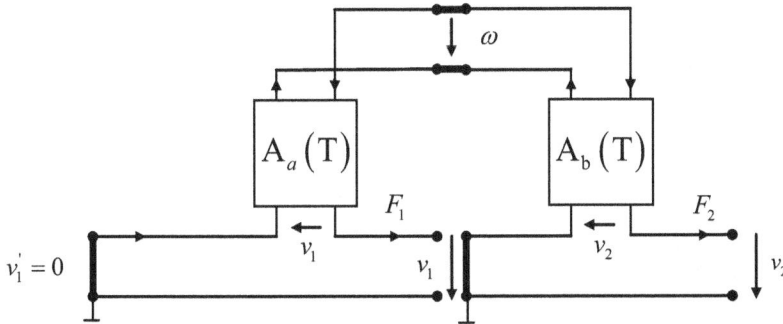

Abb. 3.56:   reduzierte Innenschaltung eines Stabes mit zwei äußeren Kräften

Aus Gründen der Anschaulichkeit zeichnen wir die Innenschaltung des Stabmodells nochmals um. Dabei erkennen wir die vertauschten Flussrichtungen am Transformator $A_a(T)$. Die Potentialdifferenzen zeigen jedoch in die korrekte Richtung. Dieser Fehler kann einfach mit der Erweiterung des Faktors -1 behoben werden.

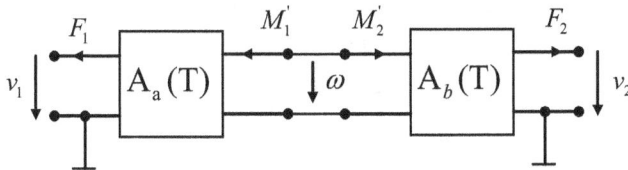

Abb. 3.57:   vereinfachte reduzierte Innenschaltung

Somit erhalten wir eine flussrichtungskorrekte Kettenschaltung der beiden Einzeltransformatoren $A_a(T)$ und $A_b(T)$. Beide Einzelmatrizen werden zum Schluss in einer einzigen Kettenmatrix $A(T)$ zusammengefasst.

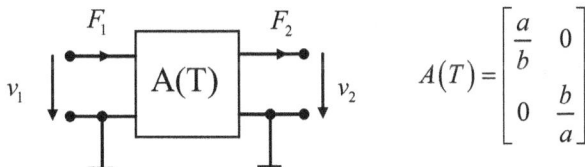

$$A(T) = \begin{bmatrix} \dfrac{a}{b} & 0 \\ 0 & \dfrac{b}{a} \end{bmatrix}$$

Abb. 3.58:   drehbar gelagerter Hebel mit zwei äußeren Kräften

Diese Herangehensweise kann beliebig auf ähnlich gelagerte Konstruktionen erweitert werden. Abschließend sei das folgende Beispiel ohne Herleitung[1] angegeben.

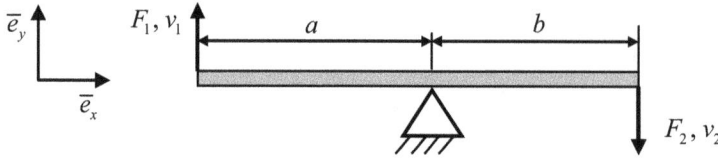

Abb. 3.59:   drehbar gelagerter Hebel

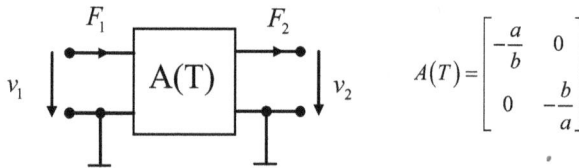

$$A(T) = \begin{bmatrix} -\dfrac{a}{b} & 0 \\ 0 & -\dfrac{b}{a} \end{bmatrix}$$

Abb. 3.60:   Schaltbild des drehbar gelagerten Hebels

Erdfreie Masse

Die *erdfreie* Masse gehört als Bauelement zur Klasse der mechatronischen Wandler. Auf die Problematik der erdfreien Masse sind wir im Kapitel 3.1.1 schon eingegangen. Aufgrund der Newtonschen Grundgesetze stellte ein Bezugspunkt der Potentialdifferenz immer das Initialsystem dar. Diese Randbedingung erschwert jedoch die praktische Realisierung vieler mechanischer Netzwerke. Denken wir im einfachsten Fall an die Realisierung eines einfachen Hochpasses. Hier müsste die mechanische Kapazität potentialfrei in das Netzwerk integriert werden. Die Fragestellung nach einer erdfreien Masse ist jedoch nicht neu. So wurden in der Vergangenheit [2,3] schon Vorschläge für deren Realisierung unterbreitet. Die Darstellung der Mechatronischen Wandler als Zweitore bietet sich an dieser Stelle hervorragend an, um die erdfreie Masse in die mechatronischen Netze zu integrieren.

Betrachten wir zunächst wieder einen masselosen idealen Stab der Länge *l*, an deren Mitte sich eine Punktmasse *M* befindet (Abb. 3.61).

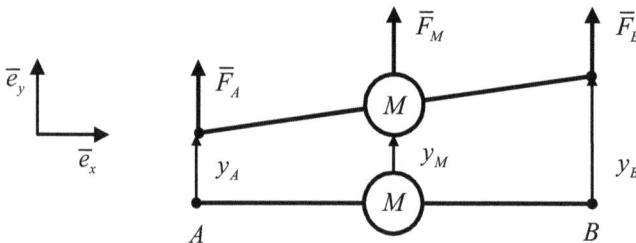

Abb. 3.61:   idealer Stab mit Punktmasse M

---

[1]   Diese Aufgabe eignet sich gut für eigene Übungszwecke.

Neben den schon bekannten statischen und kinematischen Gesetzen am Stab kommt wegen der Trägheit der Masse M noch die Kinetik dazu.

Kinematik: $2y_M = y_A + y_B$

Statik: $\overline{F}_A + \overline{F}_B + \overline{F}_M = 0$ $\overline{F}_A = \overline{F}_B$ (Torbedingung)

Kinetik: $F_M = -M \cdot \ddot{y}_M$

Mittels dieser drei Gesetze am Stab können zwei Kraftgesetze formuliert werden.

$$F_A = \frac{1}{4} M \frac{d}{dt}(v_A + v_B)$$
$$F_B = \frac{1}{4} M \frac{d}{dt}(v_A + v_B)$$

(3.86)

Aus Gründen der Übersichtlichkeit wollen wir die Ableitung durch die Laplace-Transformation ersetzen und beide Gleichungen in Admittanzform umschreiben.

$$\begin{bmatrix} F_A \\ F_B \end{bmatrix} = s \cdot \begin{bmatrix} \dfrac{M}{4} & \dfrac{M}{4} \\ \dfrac{M}{4} & \dfrac{M}{4} \end{bmatrix} \cdot \begin{bmatrix} v_A \\ v_B \end{bmatrix} = s \cdot Y_M \cdot \overline{v}_B$$

(3.87)

Ziel ist die mechatronische Netzwerkrealisierung der erdfreien Masse nach Abb. 3.62.

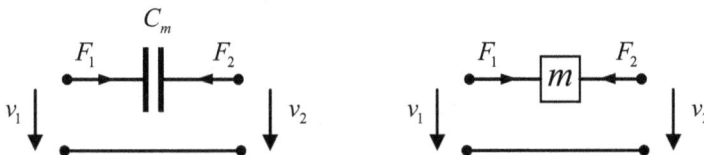

Abb. 3.62:   erdfreie Masse als mechatronisches Bauelement

Aus den schon genannten Gründen ist eine direkte Umsetzung so nicht möglich. Vergleichen wir zunächst die Stabform aus Abb. 3.61 mit der Zielform aus Abb. 3.62. Dazu benötigen wir auch die Admittanzform der idealen erdfreien Masse. Die Schaltung selbst ist ein einfaches Elementarnetzwerk I, dessen Admittanzform leicht gefunden werden kann.

$$\begin{bmatrix} F_1 \\ F_2 \end{bmatrix} = s \cdot \begin{bmatrix} m & -m \\ -m & m \end{bmatrix} \cdot \begin{bmatrix} v_1 \\ v_2 \end{bmatrix} = s \cdot Y_m \cdot \overline{v}_m$$

(3.88)

Wie leicht zu erkennen ist, stimmen die beiden Admittanzmatrizen Y_M und Y_m nicht überein, jedoch ist eine gewisse Ähnlichkeit vorhanden. Um jedoch eine vollständige Identität zu erreichen, müssen wir die folgende Umformung vornehmen.

$$F_A = F_1 \; ; v_A = v_1 \; ; F_B = -F_2 \; ; v_B = -v_2 \; ; \; m = \frac{M}{4}$$

Setzen wir diese Umformungen in Gl. 3.88 ein, so stimmt die erste Gleichung aus Gl. 3.88 mit der ersten Gleichung von Gl. 3.87 überein. Zur vollständigen Identität muss die zweite Gleichung von Gl. 3.88 nur noch mit −1 erweitert werden. Damit kann die praktische Realisierung der erdfreien Massen in zwei Schritten erfolgen.

I.   Realisierung von Y_M und $m = \dfrac{M}{4}$

II. Vorzeichenumkehr bei F_B und v_B

Zur Realisierung von Y_M nutzen wir das Elementarnetzwerk III (s. Anhang) – ein π-Glied. Die Vorzeichenumkehr ist leicht durch Leitungskreuzung umzusetzen.

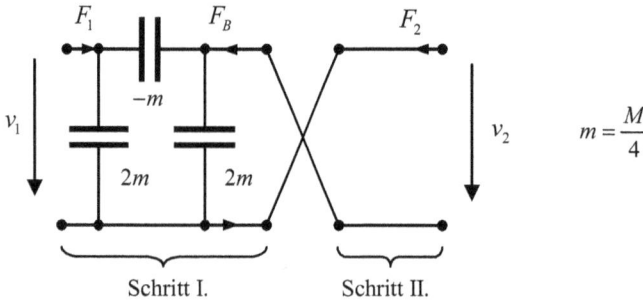

Abb. 3.63: mechatronisches Netzwerk einer erdfreien Masse

Für die praktische Umsetzung muss also nur noch eine technische Realisierung für Schritt II. gefunden werden. Schritt I. war ja unsere Stabrealisierung mit der Punktmasse M. Um eine Vorzeichenumkehr bei unveränderten Beträgen von F_2 und v_2 zu erzwingen, schauen wir uns nochmals die Hebelrealisierung aus Abb. 3.59 an. Dazu setzen wir die unterschiedlichen Längen a und b gleich. Damit wird die Transformationsmatrix

$$A(T) = \begin{bmatrix} -1 & 0 \\ 0 & -1 \end{bmatrix}$$

und bewirkt genau die gewünschte Vorzeichenumkehr. Eine praktische Umsetzung der erdfreien Masse besteht also immer aus einem Stab mit Punktmasse sowie einem Hebel gleicher Schenkellängen (Abb. 3.64).

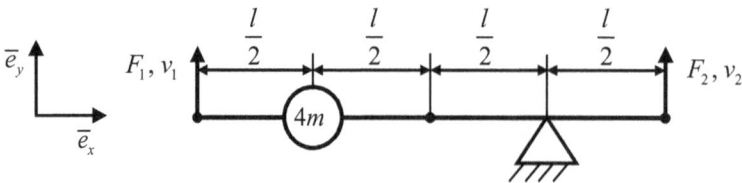

Abb. 3.64: praktische Realisierung einer erdfreien Masse m

3.2   Fluidmechanische Systeme

Die Strömungsmechanik (Strömungslehre) beschäftigt sich mit Zustandsänderungen von Flüssigkeiten und Gasen. Oft wird dabei auch der Begriff der Fluidmechanik verwendet, wobei mit Fluiden die Medien bezeichnet werden, die sich unter dem Einfluss von Scherspannungen unbegrenzt verformen lassen. Klassisch wird die Fluidmechanik weiterhin in die Fluidstatik und die Fluiddynamik unterteilt. Diese Aufteilung wollen wir jedoch hier nicht vornehmen, da wie schon im Kapitel Mechanik erläutert, die jeweiligen Speichervorgänge in den Energiespeichern die Statik und Dynamik des Energieflusskreises abbilden.

3.2.1   Hydraulik

Lernziele Hydraulik

- Unterschied der Hydraulik zum Impulsflusskreises der schweren Masse
- Einführung des hydraulischen Potentials
- Ableitung der drei Grundbauelemente Kapazität, Induktivität, Widerstand
- Energie- und Leistungsbeschreibung der Grundbauelemente
- Volumenstrommodell

Im folgenden Abschnitt befassen wir uns mit einem Teilkomplex der Fluidmechanik – der Hydraulik. Der Energietransport im Energieflussschema erfolgt bei der Hydraulik unter Zuhilfenahme inkompressibler Flüssigkeiten. Oft ist dazu schnell eine Analogie zur Hand. Der Volumenstrom oder der Massenstrom entspricht dem elektrischen Strom und der Druck entspricht der elektrischen Spannung. Tatsächlich existieren bei dieser Analogie Ähnlichkeiten bei einigen charakteristischen Größen, doch sind sie nicht immer korrekt formuliert. Dazu wollen wir den Begriff der Analogie etwas genauer betrachten.

Eine Analogie zwischen zwei physikalischen Systemen liegt dann vor, wenn sich die physikalischen Größen des einen Systems so auf ein anderes physikalisches System abbilden lassen, dass charakteristische Größen erhalten bleiben. Eine Reihenschaltung in der Elektrotechnik bleibt z.B. eine Reihenschaltung in der Hydraulik. Analogien bergen jedoch immer dann eine Gefahr, wenn sie über ihre fest definierten Grenzen hinweg benutzt werden. Tatsächlich ist die oben aufgeführte Analogie zwischen der Elektrotechnik und der Hydraulik überhaupt nicht notwendig, ist die Hydraulik doch nur ein Spezialfall der schon behandelten Primärgröße schwere Masse. Dazu seien die Randbedingungen für die Hydraulik kurz skizziert.

- Die Primärgröße Masse ist kontinuierlich auf das gesamte Energieflusssystem verteilt.
- Der Massentransport erfolgt durch inkompressible, homogene, viskose Flüssigkeiten.
- Die Potentialdifferenz als Antriebsquelle des Massenstroms kann sich im gleichen Flusskreis befinden (Gravitationspotential) oder über einen mechatronischen Wandler eingekoppelt werden (technische Quelle).

Die Energie im P-Speicher

Die Hydraulik baut vollständig auf der Primärgröße *schwere Masse* auf. Auch wenn in einem hydraulischen System die Masse kontinuierlich über das Gesamtsystem verteilt ist, können wir der Primärgröße q_P die physikalische Größe Masse zuordnen.

$$q_P := m \tag{3.89}$$

Die zugehörige Potentialdifferenz zur schweren Masse ist die Gravitationsspannung. Nun können wir jedoch bei hydraulischen Systemen als reale technische Gebilde einige Beschränkungen bezüglich der Gravitationsspannung einführen. Die Wegänderungen zwischen der schweren Masse und der Erdmasse werden relativ gering sein, d.h. die Höhenänderung im hydraulischen System ist klein gegenüber dem Erdradius $\left(h \ll r_E \right)$. Damit wird zunächst auch die Gravitationsfeldstärke *g(r)* zu einer Konstante.

$$\bar{g}(r) = \bar{g} = const. \tag{3.90}$$

Eingesetzt in die Gravitationsspannung (Gl. 3.35) vereinfacht sich die Potentialdifferenz zu

$$i_T = gh. \tag{3.91}$$

Mit der schon eingangs gemachten Vereinfachung einer inkompressiblen Flüssigkeit $\left(\rho_F = const. \right)$ lässt sich die Potentialdifferenz durch die physikalische Zustandsgröße Druck ausdrücken. Dazu betrachten wir die Abb. 3.65. Ein zylindrischer Behälter mit der Grundfläche A sei bis zu Höhe h mit einem Fluid der Dichte ρ_F gefüllt. Über dem Fluid befindet sich eine Flüssigkeitssäule der Dichte ρ_L. Weiterhin gelten die Annahmen konstanter Dichten und konstanter Gravitationsfeldstärke. Der Druck p_1 am Boden des Behälters kann aus der wirkenden Gesamtkraft und der Fläche berechnet werden.

$$p_1 = \frac{F_{ges}}{A} \cdot = \frac{F_F + F_L}{A} \tag{3.92}$$

Die beiden Einzelkräfte, die Gewichtskraft des Fluides sowie die Gewichtskraft der Luftmasse werden über ihre jeweiligen Dichten sowie die Gravitationsfeldstärke bestimmt.

$$p_1 = \frac{m_F \cdot g + m_L \cdot g}{A} = \rho_F \cdot gh + \rho_L \cdot g \left(l - h \right) \tag{3.93}$$

Der erste Summand entspricht dem Schweredruck der Flüssigkeit, der zweite Summand dem äußeren Luftdruck p_0. Bilden wir nun eine Druckdifferenz analog zur Potentialdifferenz, so erhalten wir

$$\Delta p = p_1 - p_0 = \rho_F \cdot gh \tag{3.94}$$

Der Term *gh* entsprach jedoch genau der Intensitätsgröße i_T. Damit können wir die Gravitationsspannung auch durch die Zustandgröße Druck beschreiben.

$$i_T := \frac{1}{\rho_F} \Delta p \tag{3.95}$$

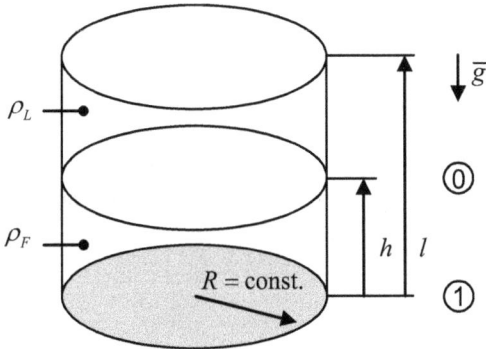

Abb. 3.65:   Flüssigkeitstank unter Einfluss des äußeren Luftdruckes

Die Ursache für einen Energiestrom im Flusskreis schwere Masse war die Potentialdifferenz. Wie die Ableitung nun zeigte, kann die Potentialdifferenz durch die Schwerkraft selbst erzeugt werden oder durch eine beliebige andere technische Druckquelle (Abb. 3.66).

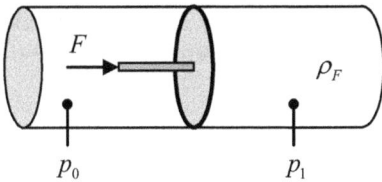

Abb. 3.66:   Druckerzeugung durch einen Kolben in einem Zylinder

Für eine Druckdifferenz ist die Gravitation also nicht unbedingt notwendig. Mit der so eingeführten Primärgröße und Potentialdifferenz kann nun über die Gleichgewichtsform der Energieinhalt des kapazitiven Speichers bestimmt werden.

$$\delta E_P = \frac{1}{\rho_F} \Delta p(m)\, \delta m \tag{3.96}$$

Ob die Druckdifferenz und damit auch das Ergebnis der Integration tatsächlich von der Masse m abhängt wird durch die Druckquelle selbst bestimmt.

Die Energie im T-Speicher

Die Fluiddynamik wird durch die Verhältnisse im T-Speicher bestimmt. Auch hier gehen wir wiederum davon aus, dass das strömende Fluid kontinuierlich auf das gesamte Hydrauliksystem verteilt ist. Die Flussgröße, also der Massenstrom des Fluides, wird direkt aus der Ableitung der Primärgröße bestimmt.

$$i_P := f(t) = \dot{m} \tag{3.97}$$

Für die Quantitätsgröße q_T muss die Intensitätsgröße i_T einmal nach der Zeit integriert werden.

$$q_T := \int i_T \, dt = \frac{1}{\rho_F} \int \Delta p \, dt \tag{3.98}$$

Unter den Voraussetzungen der Hydraulik behandeln wir die Fluiddichte wie eine Konstante für die Integration. Begrifflich entspricht q_T einem Moment – in der Formulierung der Hydraulik einen Druckmoment. Mit dem Massenstrom und den Druckmoment kann nun der dynamische Energieanteil des Hydrauliksystems, die T-Energie bestimmt werden.

$$\delta E_T = \frac{1}{\rho_F} \dot{m}(\Delta p) \, \delta \left(\int \Delta p \, dt \right) \tag{3.99}$$

Die hydraulische Kapazität

Der Begriff Kapazität (lat. capacitas – Fassungsvermögen) beschreibt das Speicherverhalten des technischen Bauelementes Kondensator. Im Falle eines hydraulischen Kondensators stellen wir uns dabei meist die absolut gespeicherte Menge in einem Hydrauliktank vor. Tatsächlich war die Kapazität jedoch als Quotient aus der Primärgröße und ihrem Potentialdifferenz definiert, also einem Fassungsvermögen pro Potentialdifferenz. Dabei konnte die Potentialdifferenz zwei Ursachen haben – die Gravitation oder eine technische Quelle. Betrachten wir zunächst die Gravitation als Potentialdifferenzquelle (Abb. 3.67).

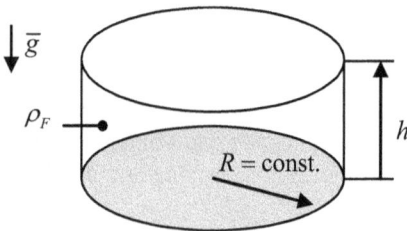

Abb. 3.67:   zylindrischer Tank konstanter Grundfläche

In einem zylindrischen Tank konstanter Grundfläche befindet sich ein Fluid mit dem Füllstand h. Wir wollen dazu ermitteln, wie groß die entsprechende hydraulische Kapazität dieses Tanks ist. Ausgehend von der Definitionsgleichung der Kapazität setzen wir die hydraulischen Größen ein.

$$C_h := \frac{q_P}{i_T} = \frac{m_C \cdot \rho_F}{\Delta p} \tag{3.100}$$

Die im Tank gespeicherte Fluidmasse m_C kann nun durch die Geometriegrößen des Tanks ersetzt werden.

$$C_h = \frac{A \cdot \rho_F}{g} \tag{3.101}$$

Wie Gl. 3.101 zeigt, ist die hydraulische Kapazität des zylindrischen Tanks kein Maß für das absolute Fassungsvermögen, die Füllstandshöhe h kommt in der Kapazität nicht mehr vor.

Das gleiche Ergebnis für die hydraulische Kapazität erhalten wir, wenn wir uns die Verhältnisse im Flusskreis (Abb. 3.68) anschauen. Dazu sei der Tank mit einem Teil des angeschlossenen Leitungssystems aus dem Gesamtsystem herausgetrennt betrachtet.

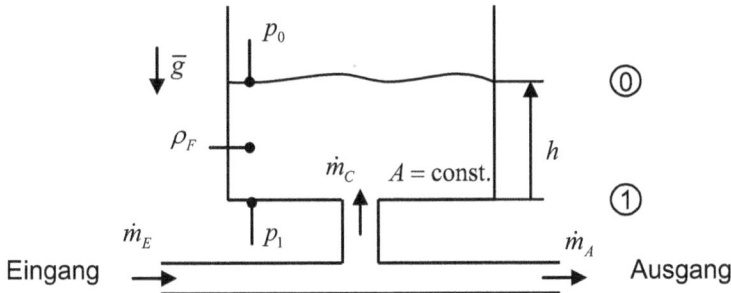

Abb. 3.68:   Fluidtank mit Leitungssystem

Für das Leitungssystem gilt der verallgemeinerte Knotenpunktsatz (Kontinuitätsgleichung).

$$\dot{m}_E - \dot{m}_C - \dot{m}_A = 0 \tag{3.102}$$

Der in den Tank fließende Massenstrom $\dot{m}_C$ ergibt sich aus der Differenz der Massenströme zwischen Eingang und Ausgang.

$$\dot{m}_C = \dot{m}_E - \dot{m}_A \tag{3.103}$$

Nun ersetzen wir die Fluidmasse $\dot{m}_C$ im Tank wieder durch die reale Tankgeometrie.

$$\dot{m}_C = \frac{d}{dt}\left(A \cdot h \cdot \rho_F \right) \tag{3.104}$$

Da sowohl die Fluiddichte als auch die Tankgrundfläche als konstant betrachtet werden, hängt nur noch der Füllstand $h(t)$ von der Zeit ab. In einen weiteren Schritt ersetzen wir den Füllstand durch die Druckdifferenz.

$$\Delta p = p_1 - p_0 = \frac{F_G}{A} = \rho_F \cdot gh \tag{3.105}$$

Die Druckdifferenz entspricht wieder unserem Schweredruck. Aus ihr gewinnen wir $h(t)$ bzw. die Ableitung von $h(t)$.

$$\frac{dh}{dt} = \frac{1}{\rho_F g} = \frac{d}{dt} \Delta p \tag{3.106}$$

Diese Höhenänderung kann nun in den Massenstrom $\dot{m}_C$ eingesetzt werden.

$$\dot{m}_C = \frac{\rho_F A}{g} \cdot \frac{d}{dt}\left(\frac{1}{\rho_F}\Delta p\right) = C_h \cdot \frac{d}{dt}\left(\frac{1}{\rho_F}\Delta p\right) \tag{3.107}$$

Wie Gl. 3.107 zeigt, stimmt die hydraulische Kapazität mit der schon in Gl. 3.69 ermittelten Form überein.

Wie eingangs erwähnt, kann die Druckdifferenz auch durch eine technische Quelle bereitgestellt werden. Eine mögliche Realisierung durch eine Feder zeigt Abb. 3.69.

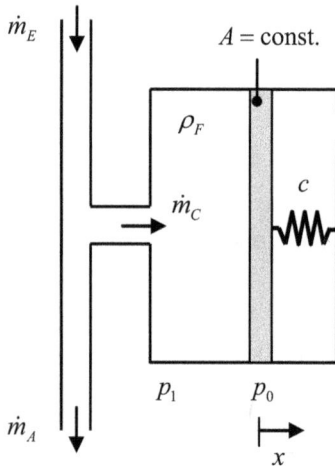

Abb. 3.69:   federbelasteter Tank als hydraulische Kapazität

Zur Ermittlung der Kapazität nutzen wir wiederum die Definitionsgleichung.

$$C_h := \frac{q_P}{i_T} = \frac{m_C \cdot \rho_F}{\Delta p} \tag{3.108}$$

Diesmal wird die Druckdifferenz zwischen Tankboden und Kolbenfläche durch eine gespannte Feder mit der Federsteifigkeit c und der Kolbenbewegung x erzeugt.

$$C_h = \frac{m_C \cdot \rho_F}{\Delta p} = \frac{m_C \cdot \rho_F A}{c \cdot x} = \frac{\rho_F^2 A^2}{c} \tag{3.109}$$

Das gleiche Ergebnis würde wieder durch die Herleitung über die Kontinuitätsgleichung erzielt werden. Zu Übungszwecken sei diese Herleitung empfohlen. Es ist auch ganz hilfreich, andere Tankformen als den Zylinder zu betrachten. Durch das hydrodynamische Paradoxon – der Schweredruck ist immer unabhängig von der Behälterform – ist die Druckdifferenz unabhängig von der Tankform nur durch den Füllstand bestimmt.

Zeigt die hydraulische Kapazität ein lineares Verhalten, so kann die in ihr gespeicherte Energie durch unsere drei bekannten Formen abgebildet werden.

$$E_P^P = \frac{m_C^2}{2C_h}$$

$$E_P^T = \frac{C_h}{2}\left(\frac{1}{\rho_F}\Delta p\right)^2 \tag{3.110}$$

$$E_P = \frac{m_C}{2}\cdot\frac{1}{\rho_F}\Delta p$$

Bsp. 3.9

Ein kegelförmiger Tank der Grundfläche A sei bis zur Kegelhöhe h mit Wasser gefüllt. Wie groß ist die im Tank gespeicherte Energie?

geg.:   Tankgrundfläche $A = 90 \text{ m}^2$ Tankhöhe $h = 10 \text{ m}$

Dichte $\rho = 1000 \dfrac{\text{kg}}{\text{m}^3}$ Gravitations-feldstärke $g = 10 \dfrac{\text{m}}{\text{s}^2}$

ges.:   a.)   Energie

b.)   Druckdifferenz im Tank

Lsg: a.) $C_h = \dfrac{1}{3}\dfrac{A\cdot\rho}{g} = 3000 \dfrac{\text{kg}\cdot\text{s}^2}{\text{m}^2}$ $m_C = \dfrac{1}{3}A\cdot h\cdot\rho = 300\cdot10^3 \text{ kg}$

$$E_P^P = \frac{m_C^2}{2\cdot C_h} = 15\cdot10^6 \text{ J}$$

b.) $\Delta p = \rho\cdot gh = 100 \text{ kPa}$

Die hydraulische Kapazität als Eintor-Bauelement

Die Reduktion der hydraulischen Kapazität auf ein Einstor-Bauelement, also ein Bauteil mit *zwei* Anschlussklemmen, erfordert bei der Betrachtung der Abb. 3.68 und Abb. 3.69 nochmalige Aufmerksamkeit. In beiden Skizzen hat der hydraulische Speicher *nur* einen Anschluss für den Massenstrom. Wo befindet sich nun der Anschluss B laut Eintorabbildung (Abb. 3.70)?

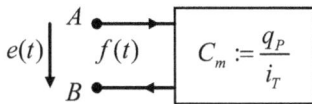

Abb. 3.70:   hydraulische Kapazität als verallgemeinertes Eintor

Dazu betrachten wir einmal das Hydraulikschema eines Heizkreislaufes näher. Eine Heizungspumpe fördert einen kontinuierlichen Massenstrom durch einen einfachen geschlossenen Rohrkreislauf. Um Druckänderungen durch die thermische Ausdehnung des Wassers auszugleichen, ist ein Druckausgleichsbehälter im System integriert. Weiterhin besitzt das Rohrsystem im Vorgriff auf die Strömungsverluste einen hydraulischen Widerstand. Das Gesamtschema zeigt Abb. 3.71.

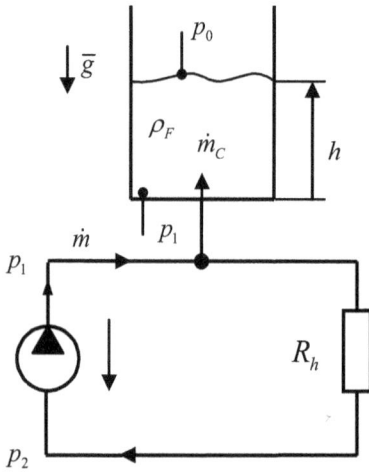

Abb. 3.71:   Hydraulikkreislauf einer Heizungsanlage

Fassen wir die Heizungspumpe als ideale Stromquelle auf, kann aus dem Hydraulikkreislauf sukzessive das Energieflussschema gewonnen werden.

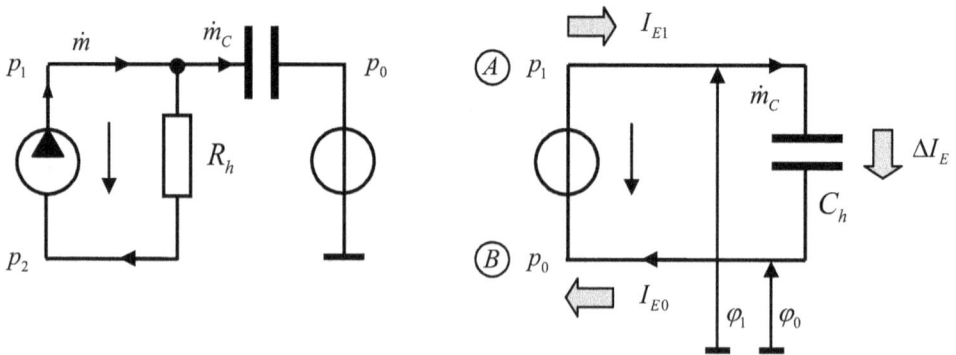

Abb. 3.72:   mechatronisches Schaltbild und Energieflussschema des Heizkreislaufes

Wie das Energieflussschema Abb. 3.72 zeigt, fließt der Massenstrom durch den Kondensator vom Potential φ_1 zum Potential φ_0. Praktisch bedeutet das, dass die Fließbewegung vom Speichereinlass am Boden bis zur Flüssigkeitsoberfläche dem Massenstrom durch den Kondensator entspricht. Der Punkt mit dem Potential φ_0 stellt also im Sinne des gesuchten Eintorbauelementes den Anschlusspunkt B dar. Nun können wir wie gewohnt die hydraulische Kapazität durch die Fluss- und Potentialgröße ausdrücken.

$$C_h := \frac{\rho_F}{\Delta p} \int \dot{m}_C \, dt \qquad (3.111)$$

Potentialdifferenz *e(t)* über Eintor: $e(t) = \frac{1}{C_h} \int \dot{m}_C \, dt$

Fluss *f(t)* durch Eintor: $f(t) = \dot{m}_C = C_m \frac{d}{dt}\left(\frac{1}{\rho_F} \Delta p \right)$

Das Symbol der hydraulischen Kapazität lehnt sich an das Speichersymbol in Hydraulik-fließplänen an, wird jedoch im Sinne des Eintor-Bauelementes um den Anschlusspunkt B erweitert. Das mechatronische Netzwerksymbol entspricht wieder der üblichen Darstellung eines Kondensators.

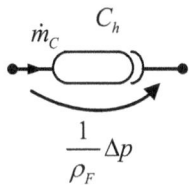

Abb. 3.73: hydraulisches Symbol   Abb. 3.74: mechatronisches Symbol

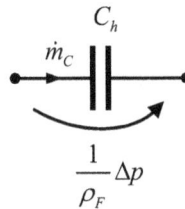

Die hydraulische Induktivität

Wie wir schon einleitend gesehen haben, ist die Hydraulik kein eigenständiges Flusskreissys-tem, sondern nur ein Spezialfall der schweren Masse. Doch gerade in diesem Systemmodell fällt es uns schwer, die Induktivität begrifflich in eine Bauelementevorstellung zu fassen. Bleibt die Gravitationsspannung schon recht abstrakt, so ist das Integral der Gravitations-spannung nur noch ein mathematischer Ausdruck. Dennoch lässt sich für die Hydraulik aus der abstrakten Bauelementeform der Induktivität für einfache Bauteile eine technisch hand-habbare Form finden. Für die allgemeine Energie die Co-Energie und bauelementefreie Energieform behalten wir zunächst den Begriff des hydraulischen Druckmomentes ψ_h bei.

$$L_h := \frac{q_T}{i_P} = \frac{\psi_h}{\dot{m}} \qquad (3.112)$$

$$E_T^T = \frac{1}{L_h} \psi_h^2 \qquad (3.113a)$$

$$E_T^P = \frac{L_h}{2}\dot{m}_L^2 \qquad\qquad\qquad (3.113b)$$

$$E_T = \frac{m_L}{2}\psi_h^2 \qquad\qquad\qquad (3.113c)$$

Die hydraulische Induktivität als Eintor-Bauelement

Das technische Bauteil hydraulische Induktivität als Netzwerkbauelement der Mechatronik wird wieder nur über die Fluss- und Potentialgrößen am Bauelement beschrieben.

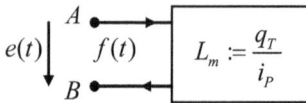

Abb. 3.75:   hydraulische Induktivität als verallgemeinertes Eintor

Hier fällt uns die Modellvorstellung im Gegensatz zur hydraulischen Kapazität wesentlich einfacher. Ein strömendes Medium durchfließt das Bauelement über die Anschlussklemmen A und B. Dabei entsteht eine Potentialdifferenz (Druckdifferenz) über dem Bauelement. Als einfaches technisches Bauelement betrachten wir ein Rohr mit konstantem Durchmesser (Abb. 3.76).

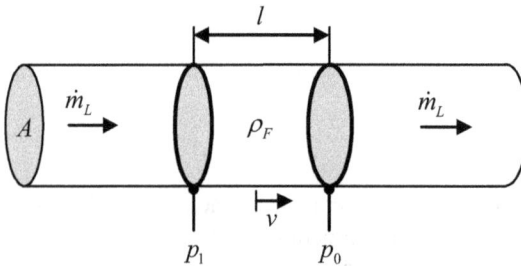

Abb. 3.76:   fluidgefülltes Rohr

Dieses Rohr sei vollständig mit einem Fluid der Dichte ρ_F gefüllt und dient als reibungsfreies Begrenzungselement für den Massenstrom $\dot{m}_L$. Den Massenstrom können wir uns als einen Fluidzylinder der Länge l vorstellen, der mit der Geschwindigkeit v durch das Rohr transportiert wird. Die dazu notwendige Antriebskraft kann aus der Druckdifferenz an den beiden Zylinderbegrenzungsflächen ermittelt werden.

$$F = \left(p_1 - p_0\right)A = \Delta p \cdot A = m_L \frac{dv}{dt} \qquad\qquad (3.114)$$

Im nächsten Schritt ersetzen wir die Zylindermasse durch seine Geometrie und die Fluiddichte.

$$\Delta p \cdot A = \rho_F A \cdot l \frac{dv}{dt}$$

$$\dot{m}_L = \rho_F \dot{V} = \rho_F A \cdot v \tag{3.115}$$

$$\Delta p = \frac{l}{A}\frac{d}{dt}\dot{m}_L \tag{3.116}$$

Aus Gl. 3.116 können wir nun durch einfache Integration das Druckmoment für das Bauteil Rohr gewinnen.

$$q_T = \psi_h = \frac{1}{\rho_F}\int \Delta p\, dt = \frac{1}{\rho_F}\int\left(\frac{l}{A}\frac{d}{dt}\dot{m}\right)dt = \frac{l}{\rho_F A}\dot{m} \tag{3.117}$$

Damit verliert das Druckmoment seine bisherige mathematische Abstraktheit und bekommt technisch einfach interpretierbare Begriffe. Dieses Druckmoment kann nun in die eigentliche Bauelementegleichung der hydraulischen Induktivität (Gl. 3.112) eingesetzt werden.

$$L_h = \frac{l}{\rho_F A} \tag{3.118}$$

Ein durchströmtes Rohr der Länge l verhält sich also wie eine Induktivität. Das bedeutet auch, dass im Rohr dynamische Energie in Form von T-Energie gespeichert ist. So wie in einem elektrischen Stromkreis die elektrische Spannung bei einer Leitungsunterbrechung sehr stark ansteigt, so steigt auch der Druck im Rohr sehr stark beim plötzlichen Verschließen des Rohres an. Werden keine ausreichenden Schutzmaßnahmen dagegen unternommen, kann durch diese Druckstöße das Leitungssystem zerstört werden.

Mit der so gewonnenen hydraulischen Induktivität formulieren wir die zugehörigen Bauelementegleichungen.

$$L_h := \frac{1}{\rho_F \cdot \dot{m}_L}\int \Delta p\, dt \tag{3.119}$$

Potentialdifferenz $e(t)$ über Eintor: $e(t) = \dfrac{d\dot{m}_L}{dt}L_h$

Fluss $f(t)$ durch Eintor: $\qquad f(t) = \dot{m}_L = \dfrac{1}{L_h \cdot \rho_F}\int \Delta p\, dt$

Zur grafischen Darstellung nutzen wir die beiden schon bekannten Symbole aus dem Flusskreis der schweren Masse.

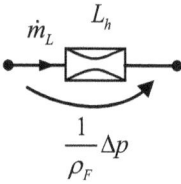

Abb. 3.77:   hydraulisches Symbol

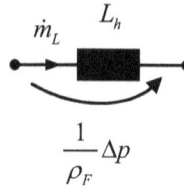

Abb. 3.78:   mechatronisches Symbol

Energiewandlungsprozesse

Strömt ein Fluid zwischen den beiden hydraulischen Energiespeichern, treten auch hier Energiewandlungsprozesse auf. Reale hydraulische Leitungssysteme sind immer verlustbehaftet. Im Allgemeinen werden diese Verluste mit dem Begriff der hydraulischen Reibung belegt. Da wir im Sinne der mechatronischen Netzwerke alle dissipativen Energiewandlungsprozesse dem Bauelement Widerstand zuordnen, müssen wir einen Zusammenhang zwischen dem Reibungsbegriff und der Widerstandsdefinition herstellen. Dazu betrachten wir ein kreiszylindrisches Rohr der Länge l, welches von einem Fluid durchströmt wird (Abb. 3.79).

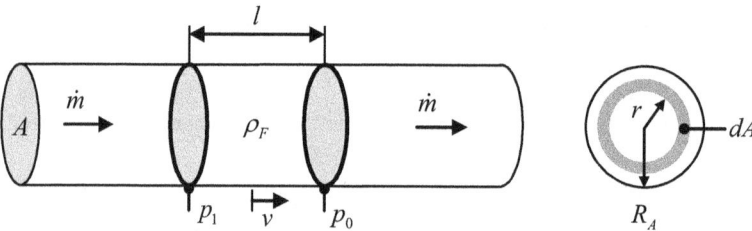

Abb. 3.79:   fluiddurchströmtes Rohr

Weiterhin nehmen wir an, dass die Strömungsgeschwindigkeit unmittelbar an der Rohrwand Null ist. Der Zusammenhang zwischen der Kraft im Fluid und der Geschwindigkeit des Fluides selbst wird durch einen proportionalen Zusammenhang, den Newtonschen Schubspannungsansatz (Newtonsches Fluid), beschrieben.

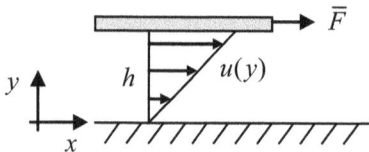

Abb. 3.80:   Geschwindigkeitsprofil zwischen zwei Platten

$$F \sim \frac{du}{dy}$$

(3.120)

Der Proportionalitätsfaktor ist die dynamische Viskosität η und die Berührungsfläche A.

$$F = \eta \cdot A(r) \cdot \frac{du}{dy} = \tau_{xx}(y) \cdot A(r) \tag{3.121}$$

Im durchströmten Rohr stellt sich nun ein Gleichgewicht zwischen der Druckkraft und der Reibungskraft ein.

$$F_p + F_R = 0 \tag{3.122}$$

Für die Druckkraft nutzen wir wie bei der Induktivität wieder beide Drücke an den Stirnflächen des Fluidzylinders.

$$F_p = (p_1 - p_0) A(r) \tag{3.123}$$

Für die Reibkraft setzen wir nun die geometrischen Abmessungen des Rohres aus Abb. 3.79 ein.

$$F_R = -\eta A_{Mantel} \frac{dv}{dr} = -\eta \cdot 2\pi r l \frac{dv}{dr} \tag{3.124}$$

Aus dem Kräftegleichgewicht kann das Geschwindigkeitsprofil der Rohrströmung abgeleitet werden.

$$dv = -\frac{\Delta p}{2\eta l} r \, dr$$

$$v(r) = -\frac{\Delta p}{2\eta l} \frac{r^2}{2} + C \qquad C = \frac{\Delta p \cdot R_A^2}{4\eta l} \tag{3.125}$$

Die Integrationskonstante C bestimmen wir aus der eingangs gemachten Randbedingung $v(r = R_A) = 0$, d.h. direkt an der Rohrwand ist die Strömungsgeschwindigkeit gleich Null.

$$v(r) = \frac{\Delta p}{4\eta l} (R_A^2 - r^2) \tag{3.126}$$

Mit diesem radiusabhängigen Geschwindigkeitsprofil können wir nun den Gesamtvolumenstrom bzw. den Gesamtmassenstrom durch das Rohr bestimmen.

$$\dot{V} = A_{ges} \cdot \overline{v} = \int_0^{R_A} v(r) \cdot 2\pi r \, dr$$

$$\dot{V} = \frac{\pi R_A^4}{8\eta l} \Delta p \tag{3.127}$$

Die Gl. 3.127, also der lineare Zusammenhang zwischen der Druckdifferenz und dem Volumenstrom, wird auch als das Hagen-Poiseuille-Gesetz bezeichnet. Mit der Definitionsgleichung des mechatronischen Widerstandes (Gl. 1.12) sowie den entsprechenden Intensitäts-größen der Hydraulik erhalten wir abschließend den hydraulischen Widerstand.

$$R_h = \frac{\Delta p}{\rho_F \dot{m}} = \frac{8\eta l}{\pi R_A^4 \rho_F^2} = \frac{8\eta\pi}{\rho_F^2}\cdot\frac{l}{A^2}$$
(3.128)

Dieses Ergebnis wollen wir im Vorgriff auf die elektrischen Systeme mit dem Ohmschen Widerstand bei elektrischen Systemen vergleichen.

$$R_{el} = \rho_{el}\cdot\frac{l}{A} \qquad\qquad \rho_{el} \qquad \text{spezifischer elektrischer Widerstand}$$

$$R_h = \rho_h\cdot\frac{l}{A^2} \qquad\qquad \rho_h = \frac{8\eta\pi}{\rho_F^2} \qquad \text{spezifischer hydraulischer Widerstand}$$

Beide Widerstände sind also proportional zur Länge des Stromleiters. Während der elektri-sche Widerstand vom Kehrwert der Leiterfläche abhängt, ist der hydraulische Widerstand proportional zum Kehrwert der quadratischen Leiterfläche, d.h. große Rohrquerschnitte ver-kleinern den Strömungswiderstand quadratisch.

Leider ist der hier gefundene Zusammenhang nicht universell auf die gesamte Hydraulik anwendbar. Zum einen erfolgt die Herleitung des hydraulischen Widerstandes nur aus einem kreiszylindrischen Rohr, zum anderen ist der Widerstand nur unter speziellen Bedingungen linear vom Massenstrom abhängig. Ein wichtiges Kriterium für das Strömungsverhalten ist der Turbulenzgrad der Strömung. Während bei einer laminaren Strömung das lineare Wider-standsgesetz gilt, ist bei einer turbulenten Strömung die Druckdifferenz proportional zum Quadrat der mittleren Geschwindigkeit.

$$\Delta p = \lambda\cdot\frac{l}{d}\frac{\rho_F}{2}\cdot\bar{v}^2$$
(3.129)

Eine genaue Herleitung ist unter [19] zu finden. Nutzen wir diesen Zusammenhang für unse-re Widerstandsdefinition, erhalten wir einen nichtlinearen hydraulischen Widerstand.

$$\Delta p = \frac{\lambda}{4r\rho_F}\cdot\frac{l}{A^2}\cdot\dot{m}^2$$
(3.130)

Der Umschlagpunkt von der laminaren in eine turbulente Strömung wird durch die kritische Reynoldszahl bestimmt. Für eine einfache Rohrströmung kann der folgende einfache Zu-sammenhang angegeben werden.

$$\text{Re} = \frac{2r\bar{v}\rho_F}{\eta}; \qquad \text{Re}_{kritisch}\leq 2320$$
(3.131)

Abb. 3.81 verdeutlicht diesen Zusammenhang nochmals grafisch.

Existiert also in einem hydraulischen System eine turbulente Strömung, muss für den hy-draulischen Widerstand der differentielle hydraulische Widerstand im Arbeitspunkt oder das nichtlineare Verhalten nach Gl. 3.131 verwendet werden.

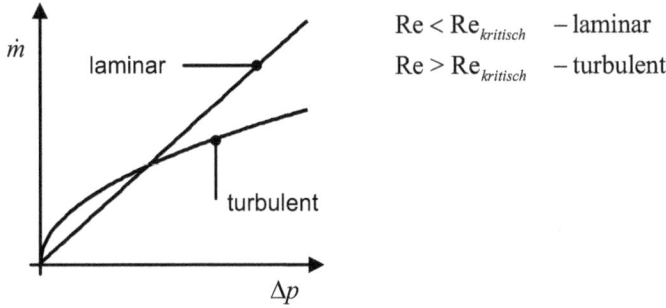

$$Re < Re_{kritisch} \quad - \text{laminar}$$
$$Re > Re_{kritisch} \quad - \text{turbulent}$$

Abb. 3.81:   laminares und turbulentes Strömungsverhalten

Der Widerstand als Eintor-Bauelement.

Wie die beiden vorhergehenden Abschnitte zeigten, hat ein fluiddurchströmtes Rohr sowohl induktive als auch resistive Eigenschaften. Welche der beiden Eigenschaften überwiegt, hängt hauptsächlich von der Rohrgeometrie und dem Fluid selber ab. In der korrekten Modellbildung entspricht das Rohr einer realen verlustbehafteten Induktivität. Betrachten wir für ein ideales Bauelement jedoch nur die resistiven Eigenschaften, so ergibt sich die Prozessleistung über den hydraulischen Widerstand aus dem Produkt der Intensitätsgrößen.

$$P_h := i_P \cdot i_T = \dot{m} \cdot \frac{1}{\rho_F} \Delta p \tag{3.132}$$

Der hydraulische Widerstand wird über den Quotienten der beiden Intensitätsgrößen formuliert.

$$R_h := \frac{i_T}{i_P} = \frac{\Delta p}{\dot{m} \cdot \rho_F} \tag{3.133}$$

Damit erhalten wir wiederum die einfache Form eines Eintors (Abb. 3.82).

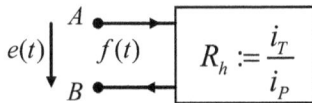

Abb. 3.82:   hydraulischer Widerstand als verallgemeinertes Eintor

Die über den hydraulischen Widerstand umgesetzte Prozessleistung drücken wir üblicherweise durch zwei Bauelementeformen aus.

$$P_h = \frac{1}{R_h} \left(\frac{\Delta p}{\rho_F} \right)^2$$
$$P_h = R_h \cdot \dot{m}^2 \tag{3.134}$$

Die Symbolik für das hydraulische als auch für das mechatronische Schaltbild entspricht der Darstellung des Flusskreises „Schwere Masse".

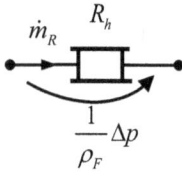

Abb. 3.83: mechanisches Symbol

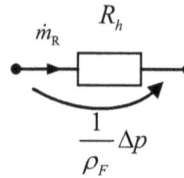

Abb. 3.84: mechatronisches Symbol

Bsp. 3.10

Durch eine Hydraulikleitung mit einem Durchmesser von 16 mm und einer Länge von 100 m fließen 3.5 m^3 Öl pro Stunde.

geg.:   Rohrdurchmesser $d = 16$ mm   Rohrlänge $l = 100$ m

Volumenstrom $\dot{V} = 3.5\,\dfrac{\text{m}^3}{\text{h}}$ Dichte $\rho_{\text{Öl}} = 900\,\dfrac{\text{kg}}{\text{m}^3}$

dyn. Viskosität $\eta = 36 \cdot 10^{-3}\,\text{Pa} \cdot \text{s}$

ges.:   a.)   hydraulischer Widerstand

          b.)   Die für den Transport notwendige Druckdifferenz.

          c.)   hydraulischen Verluste im Rohr

Lsg: a.) $\bar{v} = \dfrac{\dot{V}}{A} = 4.83\,\dfrac{\text{m}}{\text{s}}$ $\text{Re} = \dfrac{d \cdot \bar{v} \rho_{\text{Öl}}}{\eta_{\text{Öl}}} = 1934 \leq \text{Re}_{kritisch}$

          $R_h = \dfrac{8\pi\eta_{\text{Öl}}}{\rho_{\text{Öl}}^2} \cdot \dfrac{l}{A^2} = 2763.1\,\dfrac{\text{m}^2}{\text{kg} \cdot \text{s}}$

          b.) $\Delta p = R_h \cdot \rho_{\text{Öl}}^2 \cdot \dot{V} = 2.176 \cdot 10^6\,\text{Pa}$

          c.) $P_h = R_h \left(\rho_{\text{Öl}} \cdot \dot{V}\right)^2 = 2116\,\text{W}$

Aktive Bauelemente der Hydraulik

Aktive Bauelemente der Hydraulik können sowohl Flussquellen also Massenstromquellen als auch Potentialquellen d.h. druckerzeugende Quellen sein. Für die Darstellung mechatronischen Netzwerkelemente wollen wir zunächst wieder von idealen Quellen ausgehen.

Eine ideale Flussquelle (Stromquelle) muss also einen konstanten Massenstrom, unabhängig vom Differenzdruck über der Quelle, erzeugen (Abb. 3.85).

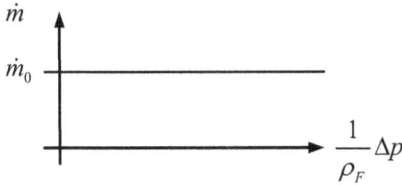

Abb. 3.85:   ideale hydraulischen Stromquelle   Abb. 3.86:   Hydraulikzylinder

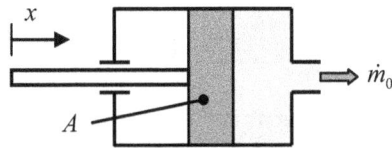

Der Massestrom kann z. B. mit einem Hydraulikzylinder (Abb. 3.86) erzeugt werden. Bewegt man den Hydraulikkolben mit einer konstanten Geschwindigkeit, so erzeugt man am Ausgang des Zylinders einen konstanten Massenstrom im Sinne einer idealen Flussquelle.

$$\dot{m} = A \cdot \dot{x} \cdot \rho_F \tag{3.135}$$

Eine ideale Spannungsquelle muss bei variablem Massenstrom immer die gleiche Druckdifferenz bereitstellen (Abb. 3.87).

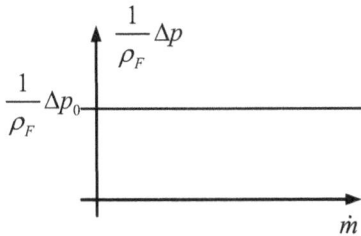

Abb. 3.87:   ideale hydraulischen Spannungsquelle   Abb. 3.88:   Tankmodell

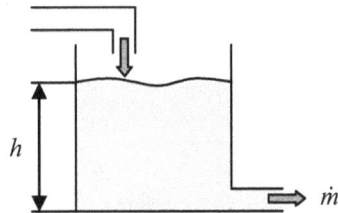

Das kann technisch z.B. durch einen Tank realisiert werden (Abb. 3.88). Ein Regelkreis reguliert unabhängig vom Abfluss einen konstanten Füllstand im Tank. Da der Schweredruck nur vom Füllstand abhängig ist, liegt am Tankabfluss, unabhängig von der Abflussmenge, immer die gleiche Druckdifferenz an.

Tab. 3.4:   Realisierungsvarianten aktiver hydraulischer Bauelemente

Variante	Symbol

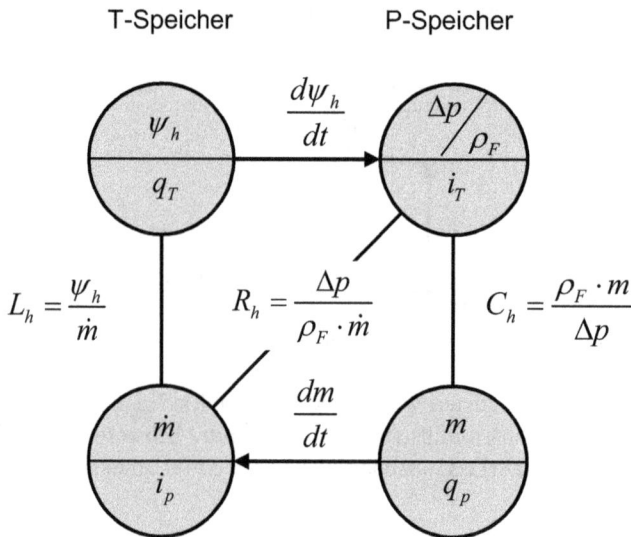

Abb. 3.89:   hydraulisches Energieschema für die Masse als Primärgröße

Tab. 3.5:   Übersicht über die beschreibenden Gleichungen

Begriff	P-Speicher	T-Speicher	Energiewandler
	Kapazität	Induktivität	Widerstand
mechatronisches Bauelement	C_h $$[C_h] = \frac{kg \cdot s^2}{m^2}$$	L_h $$[L_h] = \frac{m^2}{kg}$$	R_h $$[R_h] = \frac{m^2}{kg \cdot s}$$
physikalisches Bauelement	Beschreibung stark geometrieabhängig		
beschreibende Gleichung	$$C_h = \frac{\rho_F}{\Delta p} \int \dot{m}_C \, dt$$	$$L_h = \frac{1}{\rho_F \cdot \dot{m}_L} \int \Delta p \, dt$$	$$R_h = \frac{\Delta p}{\rho_F \cdot \dot{m}_R}$$
Energie (g = const.)	$$E = \frac{\Delta p}{\rho_F} \cdot \frac{m}{2}$$	$$E = \dot{m} \frac{\psi_h}{2}$$	
Energie im Bauelement	$$E := \frac{1}{C_h} m^2$$	$$E = \frac{1}{2 L_h} \psi_h^2$$	
Co-Energie im Bauelement	$$E_{Co} := \frac{C_h}{2} \cdot \left(\frac{\Delta p}{\rho_F}\right)^2$$	$$E_{Co} = \frac{L_h}{2} \dot{m}^2$$	
Leistung (allgemein)			$$P = \dot{m}_R \cdot \frac{\Delta p}{\rho_F}$$
Bauelementeleistung			$$P = \frac{1}{R_m} \cdot \left(\frac{\Delta p}{\rho_F}\right)^2$$
Bauelementeleistung			$$P = R_m \cdot \dot{m}_R^2$$
mechanisches Symbol	$\dot{m}_C$ C_h $\frac{1}{\rho_F}\Delta p$	$\dot{m}_L$ L_h $\frac{1}{\rho_F}\Delta p$	$\dot{m}_R$ R_h $\frac{1}{\rho_F}\Delta p$
mechatronisches Symbol	$\dot{m}_C$ C_h $\frac{1}{\rho_F}\Delta p$	$\dot{m}_L$ L_h $\frac{1}{\rho_F}\Delta p$	$\dot{m}_R$ R_h $\frac{1}{\rho_F}\Delta p$

Vereinfachungen in der Technik

In der täglichen Praxis verwendet der Techniker in der Hydraulik oft die physikalische Größe Volumen statt der Masse. Somit stellt sich die Frage, ob der Austausch der Quantitätsgröße Masse gegen das Volumen weiterhin zu korrekten Lösungen führt.

Ausgangspunkt zum Aufbau des Energieschemas ist das Prinzip der paarweisen energiekonjugierten Größen. Dabei stellte q_P immer die Primärgröße und i_T die Potentialdifferenz dar.

Die Energie im P-Speicher in bauelementefreier Form wurde durch Gl. 3.110 berechnet. Nehmen wir nun als Vereinfachung eine konstante Fluiddichte an und ersetzen die Fluidmasse durch das Produkt aus Fluiddichte und Fluidvolumen, so erhalten wir die folgende Energieform für den P-Speicher.

$$E_P = \Delta p \cdot \frac{V}{2} \tag{3.136}$$

Da auch in einem hydraulischen System die gespeicherte Energie nicht von der mathematischen Darstellungsweise abhängen kann, müssen beide Energieformen gleich sein.

$$E_P = i_T \cdot \frac{q_P}{2} = \frac{\Delta p}{\rho_F} \cdot \frac{m}{2} = \Delta p \cdot \frac{V}{2} \tag{3.137}$$

Formal kann nun das Volumen der Quantitätsgröße und die Druckdifferenz der Intensitätsgröße zugeordnet werden.

$$q_P := V; \quad i_T := \Delta p \tag{3.138}$$

Aus energetischer Sicht führt diese Darstellung zu einer korrekten Lösung. Das damit gebildete Energieschema kann wie folgt formuliert werden.

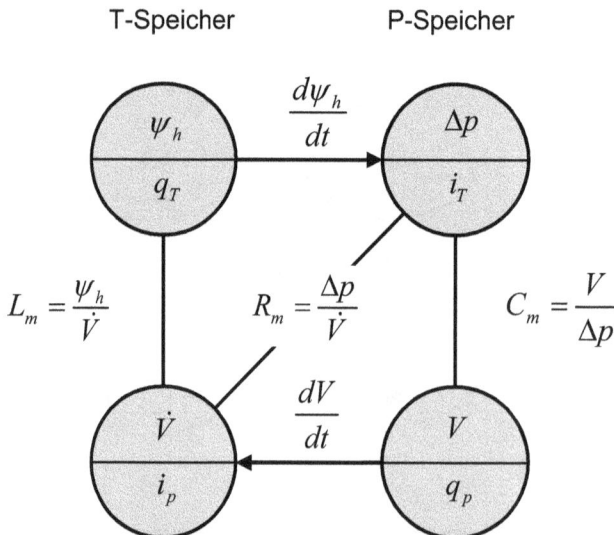

Abb. 3.90:   hydraulisches Energieschema für die Quantitätsgröße Volumen

Das Prinzip der paarweisen energiekonjugierten Größen erfordert jedoch noch einige An-
merkungen.

- Das Volumen ist eine Quantitätsgröße, jedoch keine Primärgröße.
  Damit ist dem Volumen kein Raumbereich zugeordnet. Das Volumen ist selber der
  Raumbereich.
- Es existiert keine Volumendichte.
- Es existiert kein Volumenstrom, er wird nur als vereinfachte Größe für den Massenstrom
  bei konstanter Dichte verwendet.
- Es existiert keine Volumenstromdichte.

Damit ist formal auch das Aufstellen einer echten Bilanzgleichung nicht möglich.

Zusammenfassung

Die Hydraulik lässt sich vollständig aus dem System der schweren Masse ableiten. Verwenden wir als Primärgröße die Fluidmasse, so können in einem Hydrauliksystem kapazitive und
induktive Speicherbauelemente formuliert werden. Der hydraulische Widerstand ist im Allgemeinen ein nichtlineares Bauelement. Liegt jedoch eine laminare Strömung vor, ähnelt der
hydraulische Widerstand der linearen Form eines elektrischen Widerstandes. Kriterien für
den Umschlagprozess laminar/turbulent ist die kritische Reynoldszahl. Wird aus Vereinfa-
chungsgründen mit dem Volumen statt der Masse als Quantitätsgröße gearbeitet, so ändern
sich auch die Variablen des Energieschemas. Prinzipiell bleibt jedoch dabei der Energieinhalt
des hydraulischen Systems unverändert.

3.2.2   Pneumatik

Die Pneumatik, als Teilgebiet der fluidmechanischen Systeme, beschäftigt sich vorrangig mit
der technischen Anwendung von Druckluft zur Erzeugung von Arbeit (Pneumatik für griech.
pneuma – Wind, Atem). Dabei sind relativ geringe Drücke (ca. 6 bar) und geringe Strö-
mungsgeschwindigkeiten (max. $15\,\mathrm{m\cdot s^{-1}}$) gebräuchlich. Im Gegensatz zu hydraulischen
Systemen benötigen pneumatisch Systeme keinen geschlossenen Flusskreislauf in Form
einer Rohrleitung. Bei Druckdifferenzen wird meist gegen den Umgebungsdruck gearbeitet.
Innerhalb eines pneumatischen Systems treten selber nur geringe Druckdifferenzen auf.

Prinzipiell gehören fluidmechanische Systeme zur Mechanik, speziell zu den schon behandelten Systemen der schweren Masse. Auch wenn die Ableitung der Zustandsgleichung für
ideale Gase über die kinetischen Gasgesetze und damit über den Impuls und die Geschwindigkeit erfolgen kann, gestaltet sich die Handhabung mit den technischen Kenngrößen
Druck, Massenstrom oder Volumenstrom einfacher. Generell gibt es jedoch keine prinzipiellen Änderungen zum schon behandelten System Hydraulik. Die Bauelementeformulierungen
sowie die Energiedarstellung erfolgt vollkommen äquivalent. Deshalb sei an dieser Stelle auf
die Hydraulik verweisen. Es gibt jedoch in der Pneumatik einen gravierenden Unterschied
zur Hydraulik. Da es sich bei Gasen im Allgemeinen um kompressible Medien handelt, ist
neben dem veränderlichen Druck nun auch Gasdichte als nicht mehr als konstant zu betrachten. Die sich daraus ergebenen Änderungen zur Hydraulik seien nachfolgend näher analy-
siert.

Die Energie im P-Speicher

Die Pneumatik baut, wie eingangs erwähnt, vollständig auf dem System *schwere Masse* auf. Die Primärgröße Masse ist wie bei der Hydraulik nur kontinuierlich auf das gesamte pneumatische System verteilt.

$$q_P := m \tag{3.139}$$

Die zur schweren Masse zugehörige Potentialdifferenz ergibt sich wieder aus dem Gravitationspotential. Um jedoch auch hier mit technisch handhabbaren Begriffen zu arbeiten, ersetzen wir die Gravitationsspannung durch die entsprechend Druckdifferenz und die Fluiddichte.

$$i_T := \frac{\Delta p}{\rho_F (\Delta p)} \tag{3.140}$$

An dieser Stelle ist unbedingt die Druckabhängigkeit der Fluiddichte zu beachten. Dazu lässt sich die Abhängigkeit von Druck, Volumen und Temperatur in der Zustandsgleichung des idealen Gases ausdrücken.

$$pV = mRT \tag{3.141}$$

Halten wir die Temperatur konstant, erkennen wir in Abb. 3.91 den nichtlinearen Zusammenhang zwischen dem Volumen und dem Druck.

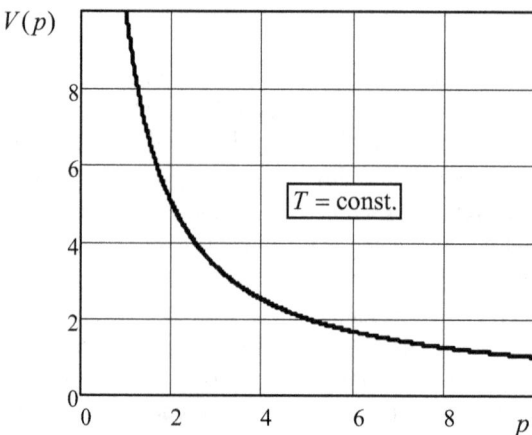

Abb. 3.91: pV-Kennlinie des idealen Gases

Für alle nachfolgenden Betrachtungen ist zusätzlich der thermodynamische Ersatzprozess zu beachten. Die Fälle $p = \text{const.}$ (isobar) und $V = \text{const.}$ (isochor) können jedoch in der Pneumatik vernachlässigt werden, da sie technisch nicht relevant sind.

Betrachten wir zunächst einen isothermen Ersatzprozess ($T = $ const.) Diese Annahme ist immer dann korrekt, wenn ein ausreichender Temperaturausgleich mit der Umgebung existiert. Zur Energiespeicherung im Gas führen wir den folgenden Versuch durch. In einen Zylinder mit einem Ausgangsvolumen V_1 und dem Anfangsdruck p_1 wird das Gas unter Aufbringung äußerer Arbeit auf ein Endvolumen V_2 und den Enddruck p_2 verdichtet. Die von außen zu geführte Energie verbleibt im komprimierten Gast, einem kapazitiven Speicher. Zur Energieberechnung dient die Gibbsform.

$$\delta E_P = p\delta V \tag{3.142}$$

Das Gasgesetz liefert uns der Druck p.

$$p = \frac{1}{V}mRT$$
$$\delta E_P = \frac{1}{V}mRT\delta V \tag{3.143}$$

Da bei einem isothermen Ersatzprozess die Temperatur als konstant angesehen werden kann, wird sie bei der Integration als Konstante behandelt.

$$E_P = mRT\int_{V_2}^{V_1}\frac{1}{V}dV = mRT\cdot\ln\left(\frac{V_1}{V_2}\right) \tag{3.144}$$

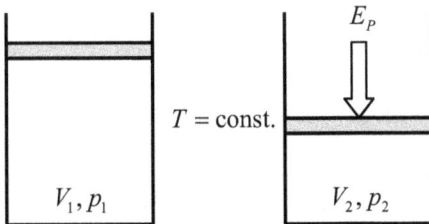

Abb. 3.92:   Verdichtung beim isothermen Ersatzprozess

Die pneumatische Kapazität

Die pneumatische Kapazität beschreibt das Energiespeichervermögen eines Druckspeichers (Abb. 3.92). Da wir es beim idealen Gas mit einem nichtlinearen System zu tun haben, muss die pneumatische Kapazität als differentielle Kapazität bestimmt werden (Abb. 3.93).

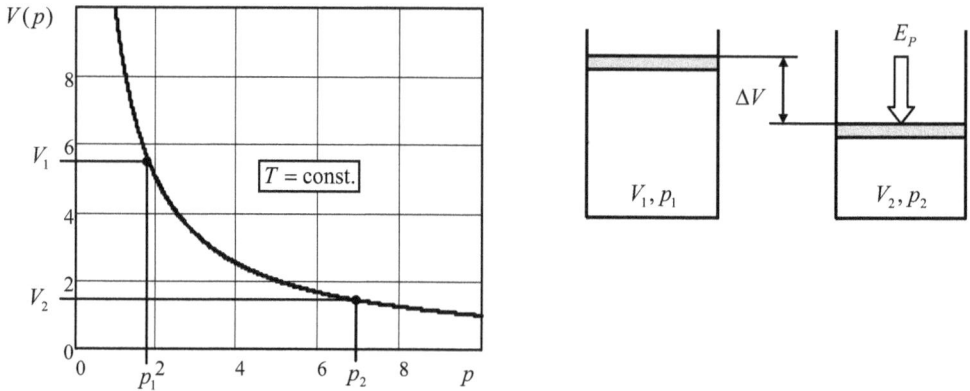

Abb. 3.93:   differentielle Kapazität

Die Volumendifferenz wird über die Zustandsgleichung bestimmt.

$$p_1 V_1 = p_2 V_2$$

$$\Delta V = V_2 \left(\frac{p_2}{p_1} - 1 \right)$$

$$C_P = \frac{d}{dp_2} V_2 \left(\frac{p_2}{p_1} - 1 \right) = \frac{V_2}{p_1} = \frac{V_1}{p_2}$$

(3.145)

Oft treten jedoch Vorgänge auf, bei denen der Wärmeaustausch mit der Umgebung nicht mehr vorausgesetzt werden kann. Bei schnellen Druck- oder Volumenänderungen verbleibt die Temperatur im Gas. Wird dabei die Entropie nicht geändert, sprechen wir von einem isentropen Ersatzprozess ($S = \text{const.}$) Bei einem teilweisen Temperaturübergang in die Umgebung wird aus dem isentropen Ersatzprozess ein polytroper Ersatzprozess. Diese Vorgänge können mit dem Polytropenexponenten n in der Zustandsgleichung berücksichtigt werden.

$$pV^n = \text{const.} \qquad n = 1 \qquad \text{isotherm}$$

$$1 \leq n \leq \kappa \qquad n = \kappa \qquad \text{isentrop}$$

Die Ableitung der pneumatischen Kapazität erfolgt analog der schon gezeigten isothermen Darstellung.

$$\left(p_1 V_1 \right)^n = \left(p_2 V_2 \right)^n$$

$$\Delta V = V_2 \left(\left(\frac{p_2}{p_1} \right)^{\frac{1}{n}} - 1 \right)$$

(3.146)

$$C_P = \frac{d \Delta V}{dp_2} = \frac{V_2}{n \cdot p_2} \left(\frac{p_2}{p_1} \right)^{\frac{1}{n}}$$

Setzen wir für $n = 1$ (isotherm) ein, erhalten wir die Kapazität aus Gl. 3.145. Für die Energie- und Co-Energiedarstellung bedienen wir uns zunächst einer Näherung.

$$\delta E_P = \frac{\Delta p}{\rho_F} \delta m \qquad (3.147)$$

Dabei gehen wir von kleinen Druckdifferenzen Δp aus. Die Fluiddichte wird aus der Zustandsgleichung gewonnen.

$$\delta E_P = \frac{\Delta p \, RT}{p_2} \delta m$$
$$E_P = \frac{\Delta p \, RT}{p_2} m = \Delta p \cdot V_2 \qquad (3.148)$$

Setzen wir nun die pneumatische Kapazität in die Energiebeziehung ein, gewinnen wir die Energie und die Co-Energie des P-Speichers.

$$E_P^P = \frac{1}{C_P} V_2 \cdot \Delta V$$
$$E_P^T = C_P p_1 \cdot \Delta p \qquad (3.148)$$

Beide Formen erscheinen zunächst ungewöhnlich, da neben den Variablen ΔV und Δp auch noch die Absolutgrößen V_2 und p_1 erscheinen. Eine übersichtliche Darstellung erhalten wir wieder mit der ursprünglichen Grundgrößendefinition.

$$q_p := m; \quad i_T := \frac{\Delta p}{\rho_F} \qquad (3.149)$$

Die pneumatische Kapazität in dieser Formulierung wird sehr einfach über die Definitionsgleichung gebildet.

$$C_P := \frac{q_P}{i_T} = \frac{m \rho_F}{\Delta p} \qquad (3.150)$$

Unter Zuhilfenahme der Gibbsform erhalten wir eine anschaulichere Form der Energie und der Co-Energie.

$$E_P^P = \frac{1}{C_P} m^2$$
$$E_P^T = C_P \left(\frac{\Delta p}{\rho_F} \right)^2 \qquad (3.151)$$

Für die praktische Arbeit ist jedoch unbedingt darauf zu achten, welche Kapazitätsbeziehung verwendet wird! Gl. 3.145 bzw. Gl. 3.146 beziehen sich auf die Größen $q_p = V$; $i_T = \Delta p$ und

Gl. 3.150 auf $q_p = m$ und $i_T = \dfrac{\Delta p}{\rho_F}$. Beide Kapazitäten unterscheiden sich sowohl in ihrem Zahlenwert als auch in ihrer Einheit.

Vergleichen wir die ursprünglich berechnete Energie $E_P = mRT \ln\left(\dfrac{V_1}{V_2}\right)$ und der vereinfach-

ten Form $E_P = \Delta p V_2$, stellen wir bei größeren Druckdifferenzen einen nicht zu vernachlässigen Fehler fest. Dieser begründet sich in der angenommen Konstanz von Δp in der Zustandsgleichung. Zur Kompensation dieses Fehlers kann der variablen Kapazität im Arbeitspunkt eine konstante Kapazität C_0 parallel geschaltet werden (Abb. 3.94). Der Kapazitätswert C_0 wird aus der korrekten Energiegleichung bestimmt.

$$E_P = mRT \ln\left(\frac{p_2}{p_1}\right) = \frac{1}{C_0} m^2$$

$$C_0 = \frac{m}{RT \ln\left(\dfrac{p_2}{p_1}\right)} \tag{3.152}$$

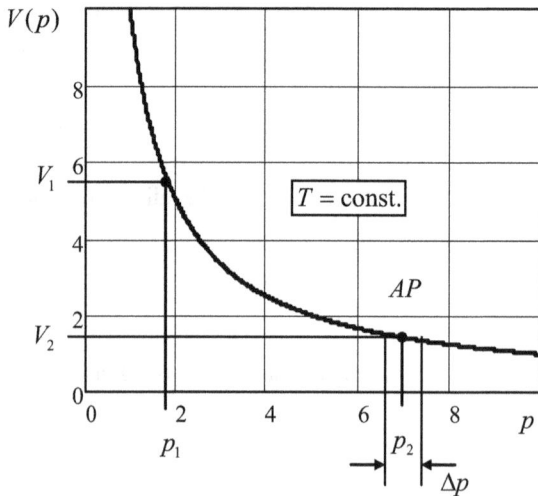

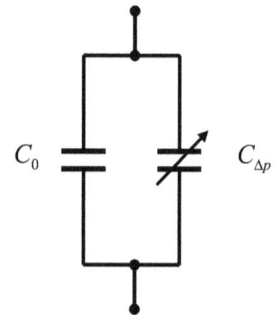

Abb. 3.94: Parallelschaltung aus Arbeitspunktkapazität und variabler Kapazität

Die pneumatische Induktivität

Bei einer pneumatischen Induktivität ist die Trägheit des strömenden Gases für die induktiven Speichereigenschaften verantwortlich. Auch hier gilt das Energiestromprinzip der schweren Masse uneingeschränkt. Wir müssen jedoch überlegen, wie sich die Druck-Volumenabhängigkeit der idealen Gase auf die Bauelementeeigenschaft der Induktivität auswirkt. Dazu gehen wir zunächst von der Definitionsgleichung aus.

$$L_P := \frac{q_T}{i_P} = \frac{1}{i_P} \int i_T dt \tag{3.153}$$

Um mit der gebräuchlichen Form der Potentialdifferenzen zu arbeiten, nutzen wir die integrale Darstellung der Induktivität.

$$L_P := \frac{1}{\dot{m}} \int \frac{1}{\rho_F} \Delta p \, dt \tag{3.154}$$

Zur grafischen Veranschaulichung sei dazu ein zylindrisches Rohr der Grundfläche A gegeben (Abb. 3.95) Durch dieses Rohr strömt ein Gas mit dem Massenstrom $\dot{m}$ und der mittleren Strömungsgeschwindigkeit v.

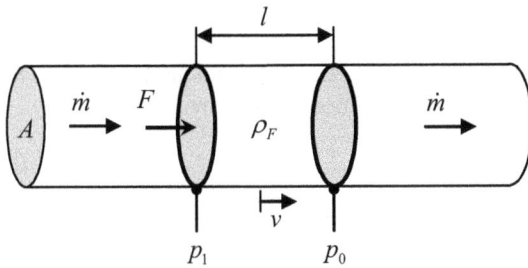

Abb. 3.95:   Fluiddurchströmtes Rohr

Für ein Fluidelement der Länge l kann das Kräftegleichgewicht aus Trägheits- und Druckkraft gebildet werden.

$$F = (p_1 - p_0) A = \Delta p \cdot A = m \cdot \frac{dv}{dt} \tag{3.155}$$

Die Rohrgeometrie bestimmt dabei die im Fluidelement bewegte Masse m.

$$m = \rho_F l A \tag{3.156}$$

Multipliziert man nun beide Seiten der Gl. 3.156 mit der Strömungsgeschwindigkeit v im Rohr, erhält man den Impuls des Fluidelementes.

$$mv = \rho_F l A v = \rho_F l \cdot \dot{V}$$

Da die Ableitung des Impulses der Kraft an diesem Flächenelement entspricht, werden beide Seiten der Gleichung differenziert.

$$\frac{d}{dt}(mv) = \dot{\rho}_F l \cdot \dot{V} + \rho_F l \cdot \ddot{V} = \Delta p \, A$$

$$\Delta p = \frac{\dot{\rho}_F l \cdot \dot{V}}{A} + \frac{\rho_F l}{A}\frac{d}{dt}(\dot{V})$$

(3.157)

Wie Gl. 3.157 zeigt, verursachen zwei Summanden eine Druckdifferenz über einem Rohrsegment. Zum einen ist die Änderung des Volumenstroms dafür verantwortlich, zum anderen die Änderung der Fluiddichte bei einem konstanten Volumenstrom. Setzen wir wieder einen isothermen Ersatzprozess voraus, so ändert sich die Gasdichte im Flächenelement nicht, der entsprechende Summand wird Null.

$$\Delta p = \frac{\rho_F l}{A}\frac{d}{dt}\dot{V} = \frac{l}{A}\frac{d}{dt}\dot{m}$$

$$\frac{\Delta p}{\rho_F} = \underbrace{\frac{l}{\rho_F A}}_{L_P}\frac{d}{dt}\dot{m}$$

(3.158)

Bei einem isothermen Ersatzprozess entspricht die pneumatische Kapazität der hydraulischen Kapazität. Auch die Formulierung der Energie und der Co-Energie ist äquivalent.

Der pneumatische Widerstand

Der pneumatische Widerstand wird analog zum hydraulischen Widerstand im Allgemeinen durch eine nichtlineare Funktion beschrieben. Dabei ist durch die veränderliche Fluiddichte eine zusätzliche Variable zu beachten. Beschränken wir uns jedoch wiederum nur auf laminare Strömungsvorgänge, gelten die Widerstandbeziehungen des hydraulischen Widerstandes (Gl. 3.123) auch uneingeschränkt für den pneumatischen Widerstand. Damit braucht kein zusätzliches pneumatisches Widerstandsbauelement eingeführt werden.

Zusammenfassung

Die Pneumatik lässt sich als Spezialfall der Hydraulik wiederum vollständig aus dem System der schweren Masse ableiten. Primärgröße bleibt weiterhin die Fluidmasse. Somit können auch in einem Pneumatiksystem kapazitive und induktive Speicherbauelemente formuliert werden. Spezielle Besonderheiten, welche sich aus den Nichtlinearitäten aufgrund der Gasgesetze ergeben, sind in der jeweiligen konkreten Bauelementebeschreibung zu berücksichtigen. Auch der pneumatische Widerstand ist im Allgemeinen ein nichtlineares Bauelement. Liegt jedoch eine laminare Strömung vor, ähnelt der pneumatische Widerstand der linearen Form eines elektrischen Widerstandes.

3.3   Thermische Systeme

> **Lernziele Thermodynamik**
>
> - Einführung der Entropie
> - Einführung des thermischen Potentials
> - Die Entropiekapazität
> - Besonderheiten des thermischen Widerstandes

Die Thermodynamik ist ein historisch sehr altes Gebiet der Ingenieurwissenschaften. Die zunehmende Technisierung im 19. Jahrhundertstand stand in einem engen Zusammenhang mit der damaligen Entwicklung der Dampfmaschinen. Eine erste wissenschaftliche Arbeit, diese Wärmekraftmaschinen nicht nur empirisch zu verbessern, beruht auf Carnot (1824). Wenig später stellte Mayer den Energieerhaltungssatz auf (1841) und Joule postulierte den ersten Hauptsatz der Thermodynamik (1844). Auch heute, fast 200 Jahre später, ist die Entwicklung nicht abgeschlossen. 1999 formulierten Lieb und Yngvason [29] eine axiomatische Systematik der Entropie über das Prinzip der adiabatischen Erreichbarkeit.

Selbstverständlich kann ein Abschnitt über die thermischen Systeme nicht annähernd den Stoffumfang der Wärmeübertragung ansprechen. Schon allein die Behandlung des Wärmetransportes, des Wärmeüberganges oder der Mehrphasenströmungen umfasst mehrere eigenständige Bände [30]. Im Komplex der mechatronischen Netzwerke soll nur auf die Probleme der Wärmeleitung, im Zusammenhang mit der Beschreibung der konzentrierten Ersatzelemente eingegangen werden.

Die Entropie als Primärgröße

Das Fundament der Wärmetransportprozesse basiert, wie schon in den vorhergehen den Abschnitten beschrieben, auf Erhaltungssätzen.

- Energieerhaltungssatz (erster Hauptsatz der Thermodynamik)
- Massenerhaltung (Kontinuitätsgleichung)
- Impulserhaltung (Navier-Stokes-Gleichung)

Übliche Analogiebeziehungen in der Technik führen die Wärme Q als Primärgröße ein und leiten daraus die notwendigen konstitutiven Gesetze ab. Im Sinne des mechatronischen Energieflussmodells birgt diese Betrachtungsweise jedoch einige Inkonsistenzen. Thermische Widerstände würden keine dissipative Leistung erzeugen oder elektrothermische Wandler (Kapitel 5) wären nicht mehr reziprok. Um diese Inkonsistenzen zu vermeiden, ist es sinnvoller, die Entropie S als Primärgröße q_P einzuführen. Während es sich bei den bisherigen Primärgrößen in abgeschlossenen Systemen um Erhaltungsgrößen handelt, macht die Entropie in der Thermodynamik eine Ausnahme.

Im Allgemeinen erscheint uns die Entropie als eine sehr abstrakte physische Größe. Während wir uns eine Temperatur, einen Druck oder ein Volumen noch gut vorstellen können, scheitert oft unsere Anschauung beim Entropiebegriff. Doch sich etwas nicht vorstellen zu können, ist noch kein schlüssiges Argument, diese Größe nicht auch in einem physikalischen Modell zu verwenden. Wir wollen hier jedoch die Entropie nicht über die adiabatische Erreichbarkeit nach Lieb-Yngvason einführen. Der interessierte Leser sei hier auf [31] verwiesen. Vielmehr nutzen wir nachfolgend die axiomatische Darstellung aus Kapitel 1.

Die Entropie ist eine thermodynamische Zustandsgröße in Form einer Quantitätsgröße. Das bedeutet, dass sich die Entropie mit der Größe des physikalischen Systems ändert. Weiterhin besitzt die Entropie die Eigenschaft einer P-Variablen. Für die messtechnische Bestimmung der Entropie ist genau ein Raumpunkt notwendig.

Das thermische Potential (Wärmepotential)

Im Kapitel 3.1.2 (schwere Masse) haben wir uns die Frage gestellt, welche Arbeit notwendig ist, um eine Masse m (Primärgröße) im Gravitationsfeld zu verschieben. Der Quotient aus der Arbeit und der Primärgröße lieferte uns die Potentialdifferenz bzw. die Spannung. Eine gänzlich analoge Überlegung können wir in der Thermodynamik anstellen. Welche Arbeit ist notwendig, um eine bestimmte Entropiemenge zu übertragen? Der Quotient aus dieser Arbeit und der zu übertragenden Entropie definiert die thermische Potentialdifferenz oder thermische Spannung ΔT.

$$\frac{\partial W}{\partial S} = \Delta T; \quad i_T := \Delta T \tag{3.159}$$

Die thermische Spannung entspricht unserer Vorstellung einer Temperaturdifferenz. Da, wie wir wissen, jeder Primärgröße ein Potentialfeld zugeordnet ist, ergibt sich das thermische Potential erst aus der Existenz der Entropie. Die Entropie ist also nicht, wie oft dargestellt, eine abgeleitete Größe aus der Wärme und der Temperatur, sondern eine Primärgröße.

Die Energie im P-Speicher

Um das thermische Verhalten von technischen Systemen zu beschreiben, bedienen wir uns oft der Modellvorstellung des Wärmespeichers. Heizungsanlagen speichern und übertragen Energie mittels großer Wassermengen oder Kühlkörper führen die überschüssige thermische Energie in die Umgebung ab. Ihnen allen gemeinsam ist die Eigenschaft der Energiespeicherung. Mittels der eingangs gewonnenen Variablen Entropie und thermisches Potential ist es nun möglich, die thermische Energie in Form eines P-Speichers zu speichern. Ausgangspunkt dafür ist wieder die Gibbsform.

$$\delta E_p = T \, \delta S \tag{3.160}$$

Bei der Berechnung der Energie gibt es jedoch ein Problem, welches beim Impuls und der Masse nicht auftrat. Die Entropie ist eine Funktion des Volumens, der Stoffmenge und der Temperatur, $S = S(V, n, T)$. Soll also die Energie durch eine Temperaturänderung berechnet werden, so muss man gleichzeitig eine Aussage für die restlichen Variablen treffen. Insbesondere steht man bei der Entropiekapazität vor diesem Problem.

Die Entropiekapazität

Die Entropiekapazität ist im Allgemeinen eine nichtlineare Funktion. Vor allem bei Phasenübergang treten starke Entropiesprünge auf. So sollte die Entropiekapazität immer als differenzierte Kapazität bestimmt werden.

$$C_T := \frac{dS}{dT} \qquad (3.161)$$

Weiterhin muss in der Entropiefunktion eine Aussage über den thermodynamischen Prozess getroffen werden. Handelt es sich um eine Flüssigkeit oder einen Festkörper, so kann z.B. das Volumen als konstant angesetzt werden.

Die Entropieänderung erhält man aus der Gibbsform sowie der spezifischen Wärmekapazität c_V des Mediums.

$$dQ = m \cdot c_V \, dT = TdS$$
$$C_T^V = \frac{dS}{dT} = \frac{mc_V}{T} \qquad (3.162)$$

Mittels der kalorischen Zustandsgleichung und der Kapazitätsdefinition kann die Co-Energie berechnet werden.

$$E_P^T = C_T^V T \cdot \Delta T \qquad (3.163)$$

Auch hier fällt sofort die unterschiedliche Form der Energiedarstellung auf (siehe Pneumatik). Um im schon eingeführten Schema der Energiedarstellung zu bleiben, bilden wir die thermische Kapazität über die jeweiligen Differenzen.

$$C_T^V := \frac{\Delta S}{\Delta T} \qquad (3.164)$$

Die Entropiedifferenz wird wiederum aus der kalorischen Zustandsgleichung gewonnen.

$$\Delta S = m \cdot c_V \int_{T_1}^{T_2} \frac{1}{T} \, dT$$
$$\Delta S = m \cdot c_V \ln\left(\frac{T_2}{T_1}\right) \qquad (3.165)$$

Nehmen wir an, dass die spezifische Wärmekapazität des Mediums über die Temperaturdifferenz ΔT eine Konstante ist, kann die thermische Kapazität über die Entropiedifferenz ausgedrückt werden.

$$C_T^V = \frac{\Delta S}{\Delta T} = \frac{m \cdot c_V}{\Delta T} \ln\left(\frac{T_2}{T_1}\right) \qquad (3.166)$$

In dieser Kapazitätsformulierung bilden die Energie und die Co-Energie wieder eine einheitliche Form.

$$E_P^P = \frac{1}{C_T^V \ln\left(\dfrac{T_2}{T_1}\right)} \cdot \Delta S^2$$

$$E_P^T = \frac{C_T^V}{\ln\left(\dfrac{T_2}{T_1}\right)} \cdot \Delta T^2$$

(3.167)

Bsp. 3.11

Ein Kupfervollprofil mit einem Durchmesser von 10 mm und einer Länge von 200 mm wird von einer Anfangstemperatur (20°C) auf eine Endtemperatur (120°C) erhitzt. Wie groß die thermische Kapazität des Kupferprofils und wie groß sind die gespeicherten Energien im thermischen Kondensator?

geg.: Durchmesser $d = 10$ mm   Länge $l = 200$ mm

spez. Wärme $c_{Cu} = 385 \dfrac{J}{kg \cdot K}$ Dichte $\rho_{Cu} = 8920 \dfrac{kg}{m^3}$

Temperatur- $\Delta T = 100$ K
differenz

ges.: a.) thermische Kapazität

b.) Energie

c.) Co-Energie

Lsg: a.) $T_2 = T_1 + \Delta T = 393.15$ K $\Delta S = A \cdot l \cdot \rho_{Cu} \cdot c_{Cu} \cdot \ln\left(\dfrac{T_2}{T_1}\right)$

$C_T = \dfrac{\Delta S}{\Delta T}$ $C_T = 0.158 \dfrac{m^2 \cdot kg}{K^2 \cdot s^2}$

b.) $E_P^P = \dfrac{1}{C_T \ln\left(\dfrac{T_2}{T_1}\right)} \Delta S^2$ $E_P^P = 5.39 \cdot 10^3$ J

c.) $E_P^T = \dfrac{C_T}{\ln\left(\dfrac{T_2}{T_1}\right)} \Delta T^2$ $E_P^T = 5.39 \cdot 10^3$ J

Die thermische Kapazität als Eintor-Bauelement

Für die Bauelementedarstellung in verallgemeinerter Netzwerkform werden zur Beschreibung des Eintor-Bauelementes wiederum nur die Fluss- und Potentialgröße verwendet.

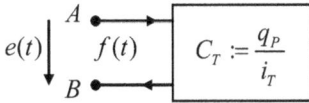

Abb. 3.96: thermische Kapazität als verallgemeinertes Eintor

In der Bauelementeformulierung wird die Quantitätsgröße Entropie über die Integration der Flussgröße (Entropiestrom) bestimmt.

$$q_P := \int i_P \, dt = \int \dot{S} \, dt \tag{3.168}$$

Die Potentialdifferenz ist durch die Temperaturdifferenz gegeben.

$$C_T := \frac{1}{\Delta T} \int \dot{S} \, dt \tag{3.169}$$

Potentialdifferenz $e(t)$ über Eintor: $e(t) = \dfrac{1}{C_T} \int \dot{S} \, dt$

Fluss $f(t)$ durch Eintor: $\qquad f(t) = \dot{S} = C_T \dfrac{d}{dt} \Delta T$

Sowohl Symbol der thermischen Kapazität als auch das mechatronische Netzwerksymbol entsprechen vollständig dem Symbol der elektrischen Kapazität.

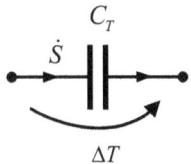

Abb. 3.97: thermisches Symbol

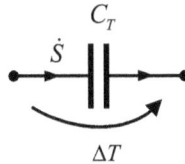

Abb. 3.98: mechatronisches Symbol

Die thermische Induktivität

Für eine Erklärung der thermischen Induktivität gehen wir von der Definitionsgleichung der Induktivität aus.

$$L_T := \frac{q_T}{i_P} = \frac{\int \Delta T \, dt}{\dot{S}} \tag{3.170}$$

Im nächsten Schritt formen wir die Gleichung nach der Temperaturdifferenz um.

$$\Delta T = L_T \cdot \frac{d}{dt}\dot{S} \tag{3.171}$$

Veranschaulichen wir uns nun diese Gleichung anhand eines Stromlaufplans (Abb. 3.99).

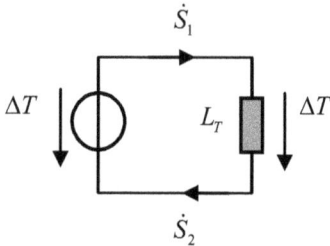

Abb. 3.99:   Stromlaufplan mit thermischer Induktivität

Setzen wir einen konstanten Entropiestrom und keine Produktionsterme voraus $\left(\dot{S} = \text{const}\right)$, so würde die Temperaturdifferenz über der thermischen Induktivität zu Null werden $\left(\Delta T = 0\right)$. Dieses Verhalten widerspricht jedoch dem zweiten Hauptsatz der Thermodynamik! Es existiert kein Entropiestrom ohne Temperaturdifferenz. Somit existiert folglich auch keine thermische Induktivität.

Der thermische Widerstand

Der Begriff des thermischen Widerstandes führt in der Technik immer wieder zu Fehlinterpretationen. Sei es bei Problemen der Wärmeleitung oder der Konvektion, immer wird an dieser Stelle mit dem thermischen Widerstand operiert. Die Missverständnisse, die dabei auftreten, sind vergleichbar mit dem Begriff des Strömungswiderstandes. Leider hat sich hier historisch eine sprachliche Unsicherheit eingeschlichen. Ursprünglich war dem Begriff des Widerstandes der enge Zusammenhang zwischen einer Flussgröße und der damit verbundenen reibungsbehafteten Energiedissipation zugeordnet. Das bedeutet, dass ein Widerstand in jedem Fall eine Quelle von Wärme ist. Schon allein die herkömmliche Definition des thermischen Widerstandes als $R_{th} = \dfrac{\Delta T}{Q}$; $\left[R_{th}\right] = \dfrac{\text{K}}{\text{W}}$; $P = R_{th}Q^2$; $\left[P\right] = \text{K}\cdot\text{W}!$ zeigt, dass über den so definierten Widerstand keine Leistung abfallen kann. Die korrekte Leistungsformulierung im Sinne der mechatronischen Netzwerke ist jedoch die unbedingte Voraussetzung für die Kopplung der physikalischen Teilsysteme untereinander. Basiert doch die Kopplung gerade auf dem Austausch der Prozessleistung.

Im thermischen Energieflusskreis mit der Primärgröße Entropie kann der thermische Widerstand korrekt über seine konstitutive Gleichung hergeleitet werden.

$$R_T = \frac{\Delta T}{\dot{S}} \tag{3.172}$$

Wir wollen an dieser Stelle bewusst den Index T verwenden, um diesen Widerstand deutlich vom bisherigen Begriff R_{th} abzugrenzen. Betrachten wir als Beispiel für einen Entropieflusskreis den technischen Vorgang des Aufheizens von Wasser (Abb. 3.100).

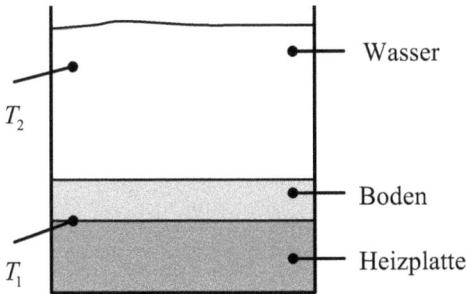

Abb. 3.100: Aufheizvorgang eines Wasserbehälters

Dazu erzeugt eine Heizplatte an ihrer Oberfläche eine Temperatur T_1. Der damit verbundene Entropiestrom fließt durch den Behälterboden in das Wasser. Das Wasser selbst hat die Temperatur T_2. Fassen wir den Behälterboden als einen thermischen Widerstand auf, so kann für den Vorgang des Aufheizens der folgende Flusskreislauf skizziert werden (Abb. 3.101).

Die im Flusskreislauf fließenden Energieströme können formal über die Flüsse und ihre jeweiligen Potentiale ausgedrückt werden.

$$I_{E1} = \dot{S}_1 \cdot T_1 = \dot{Q}_1$$
$$I_{E2} = \dot{S}_2 \cdot T_2 = \dot{Q}_2 \tag{3.173}$$

Der Energieerhaltungssatz sagt uns, dass beide Energieströme jedoch gleich sein müssen $\left(I_{E1} = I_{E2} \right)$. Damit ergeben sich Zwangsläufig zwei unter schiedliche Entropieströme.

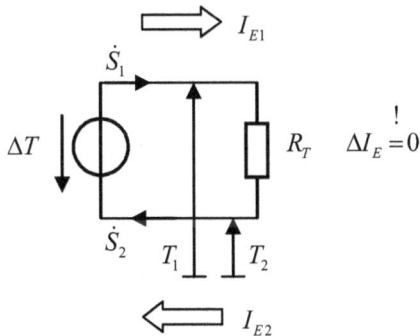

Abb. 3.101: thermischer Flusskreislauf für Aufheizvorgang

Betrachten wir dazu das folgende Zahlenbeispiel.

Bsp.: 3.12

geg.:   Energiestrom $I_E = 1000$ W   Temperatur $T_0 = 273$ K

                                        $T_1 = 227\ °C$ $T_{01} = T_0 + T_1$
            Behältertemperaturen
                                        $T_2 = 60\ °C$ $T_{02} = T_0 + T_2$

ges.:   a.)   Entropieströme

Lsg: a.) $\dot{S}_1 = \dfrac{I_{E1}}{T_{01}} = \dfrac{1000\ \text{W}}{(273 + 227)\ \text{K}}$ $\dot{S}_1 = 2\ \dfrac{\text{W}}{\text{K}}$

                $\dot{S}_2 = \dfrac{I_{E2}}{T_{02}} = \dfrac{1000\ \text{W}}{(273 + 60)\ \text{K}}$ $\dot{S}_2 = 3\ \dfrac{\text{W}}{\text{K}}$

Wie das Beispiel zeigt, nimmt der Entropiestrom mit fallender Temperatur zu. Formal war die Prozessleistung über dem Widerstand durch die Differenz beider Energieströme definiert $P = \Delta I_E$. Da bei thermischen Systemen jedoch die Energieströme gleich sind, benötigt die Prozessleistung eine andere Betrachtungsweise.

Wie wir am Beispiel des Aufheizvorganges gesehen haben, nimmt der Entropiestrom mit fallender Temperatur zu. Es muss also im thermischen Widerstand Entropie erzeugt werden. Diesen Prozess erfassen wir über die Entropieproduktionsrate Π_S.

$$\dot{S}_2 = \dot{S}_1 + \Pi_S \tag{3.174}$$

In diesem Zusammenhang definieren wir uns die Entropieproduktionsrate und die dissipative Leistung neu.

$$\Pi_S := \frac{P_{diss}}{T_{02}};\quad P_{diss} = \Delta T \cdot \dot{S}_1 \tag{3.175}$$

Die Definition erfolgt nicht willkürlich, sondern ergibt sich aus dem Energieerhaltungssatz. Setzen wir dazu die Entropieproduktionsrate und die dissipative Leistung in den Entropiestrom Gl. 3.175 ein.

$$\dot{S}_2 = \dot{S}_1 + \frac{P_{diss}}{T_{02}} = \frac{T_{01}}{T_{02}} \dot{S}_1$$

$$T_{02}\dot{S}_2 = T_{01}\dot{S}_1 = I_{E1} = I_{E2} \tag{3.176}$$

Der thermische Widerstand erzeugt also beim Durchströmen von Entropie eine Prozessleistung, $P_{diss} = \Delta T \cdot \dot{S}_1$ die als zusätzliche Wärme im Widerstand erzeugt und auch abgeführt werden muss. Damit nimmt die Definition des thermischen Widerstandes die Form

$$R_T = \frac{\Delta T}{\dot{S}_1} \qquad\qquad (3.177)$$

an. Auch diesen Vorgang wollen wir uns an einem Beispiel verdeutlichen. Betrachten wir dazu die Außenwand eines Gebäudes mit einer Innentemperatur T_1 und einer Außentemperatur T_2 (Abb. 3.102). Uns interessieren der thermische Widerstand der Wand, die Entropieproduktionsrate sowie die erzeugte Prozessleistung in der Wand.

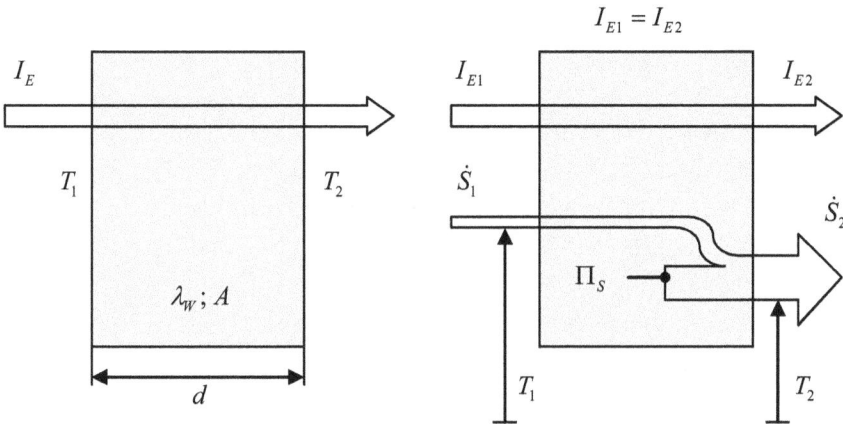

Abb. 3.102: Wärmedurchgang durch eine Wand

Bsp.: 3.13

geg.:	Wandfläche	$A = 7{,}5\ \mathrm{m}^2$	Temperaturen	$T_1 = 20\ ^{\circ}\mathrm{C}$ $T_2 = 5\ ^{\circ}\mathrm{C}$
	Wanddicke	$d = 0{,}3\ \mathrm{m}$	Wärmeleitzahl	$\lambda_W = 0{,}11\ \dfrac{\mathrm{W}}{\mathrm{mK}}$

ges.: a.) Thermischer Widerstand
       b.) dissipative Leistung
       c.) Entropieproduktionsrate
       d.) Entropiestrom
       e.) Wärmemenge

Lsg: a.) $\quad R_T = \dfrac{\Delta T}{\dot{S}_1} = \dfrac{\Delta T}{\dot{Q}} T_{01} = R_{th} \cdot T_{01} \qquad R_T = 106{,}54\ \dfrac{\mathrm{K}^2}{\mathrm{W}}$

      b.) $\quad P_{diss} = \Delta T \cdot \dot{S}_1 \qquad\qquad\qquad P_{diss} = 2{,}11\ \mathrm{W}$

c.) $\quad \Pi_S = \dfrac{P_{diss}}{T_{02}}$ $\qquad\qquad\qquad \Pi_S = 7,59 \cdot 10^{-3} \, \dfrac{\text{W}}{\text{K}}$

d.) $\quad \dot{S}_2 = \dot{S}_1 + \Pi_S$ $\qquad\qquad\qquad \dot{S}_2 = 148,38 \cdot 10^{-3} \, \dfrac{\text{W}}{\text{K}}$

e.) $\quad \dot{Q} = \dfrac{\Delta T}{R_{th}} = \dfrac{\Delta T \cdot \lambda_W A}{d}$ $\qquad\qquad \dot{Q} = 41,25 \text{ W}$

Dieses Beispiel macht deutlich, dass bei einem Energiestrom (Wärmestrom von 41,25W durch die Wand) zusätzlich 2,11W, also ca. 5% zusätzliche Wärme erzeugt werden.

Der thermische Widerstand als Zweipol-Bauelement

Wie im letzten Abschnitt gezeigt, müssen wir deutlich zwischen dem Wärmewiderstand R_{th} und dem thermischen Widerstand R_T unterscheiden. Während sich der Wärmewiderstand auf den Wärmestrom bezieht, bezieht sich der thermische Widerstand auf den Entropiestrom. In Bauelementeform ist der thermische Widerstand also ein Zweipol.

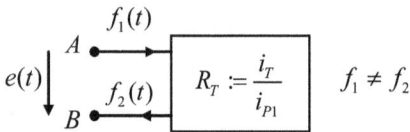

Abb. 3.103: Thermischer Widerstand als Zweipol

Die Prozessleistung wurde über den Energieerhaltungssatz definiert.

$$P_{diss} = \Delta T \cdot \dot{S}_1 = \frac{1}{R_T} \Delta T^2$$

$$P_{diss} = R_T \cdot \dot{S}_1^2$$

(3.178)

Als Symbolik für den thermischen Widerstand verwenden wir sowohl für das thermische als auch für das mechatronische Symbol die gleiche Darstellung wie in der Elektrotechnik.

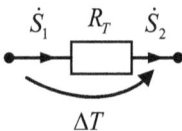

Abb. 3.104: thermisches Symbol

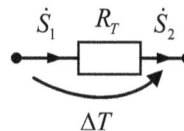

Abb. 3.105: mechatronisches Symbol

Vereinfachungen in der Technik

Heutige Netzwerksimulationssysteme gehen von konstanten Flussgrößen aus. Diese Bedingung ist im thermischen Flusskreislauf jedoch nicht erfüllt. Um dennoch mit den entsprechenden Simulationswerkzeugen arbeiten zu können, nutzt man die konstante Größe des Wärmestroms. Um dennoch dabei leistungskonform zu bleiben, sind die folgenden Umrechnungen zu berücksichtigen.

Tab. 3.6: Umrechnungen zwischen thermischen Widerstand und Wärmewiderstand

	$i_P = \dot{S}$	$i_P = \dot{Q}$	**Umrechnung**
Widerstand	$R_T = \dfrac{\Delta T}{\dot{S}_1}$	$R_{th} = \dfrac{\Delta T}{\dot{Q}}$	$R_T = R_{th} \cdot T_{01}$
Leistung	$P_{diss} = \dfrac{1}{R_T}\Delta T^2$	–	$P_{diss} = \dfrac{1}{R_{th} \cdot T_{01}}\Delta T^2$
	$P_{diss} = R_T \cdot \dot{S}_1^2$	–	$P_{diss} = R_{th} \cdot T_{01} \cdot \dot{S}_1^2$

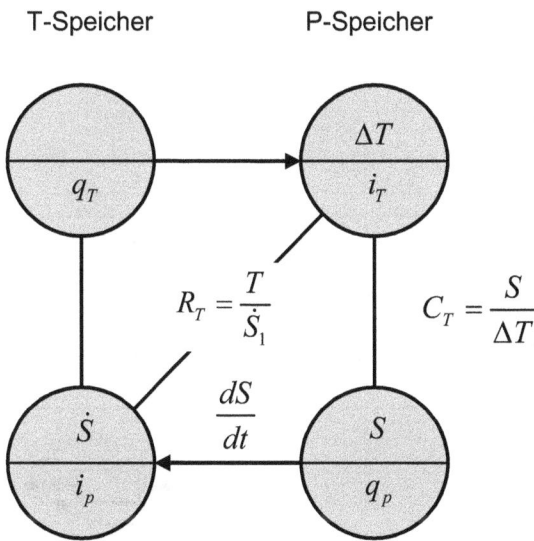

Abb. 3.106: thermisches Energieschema für die Entropie als Primärgröße

Tab. 3.7:   Übersicht über die beschreibenden Gleichungen

Begriff	P-Speicher	T-Speicher	Energiewandler
mechatronisches Bauelement	Kapazität C_T $$[C_T] = \frac{kg \cdot m^2}{K^2 \cdot s^2}$$	Induktivität existiert nicht	Widerstand R_T $$[R_T] = \frac{K^2 \cdot s^3}{kg \cdot m^2}$$
physikalisches Bauelement	Beschreibung stark geometrieabhängig		
beschreibende Gleichung	$$C_T := \frac{1}{\Delta T} \int \dot{S}\, dt$$		$$R_T = \frac{\Delta T}{\dot{S}_1}$$
Energie	$$E = \frac{\Delta T}{\ln\left(\frac{T_2}{T_1}\right)} \Delta S$$		
Energie im Bauelement	$$E = \frac{1}{C_T^V \ln\left(\frac{T_2}{T_1}\right)} \cdot \Delta S$$		
Co-Energie im Bauelement	$$E_{Co} = \frac{C_T}{\ln\left(\frac{T_2}{T_1}\right)} \Delta T^2$$		
Leistung (allgemein)			$$P = \Delta T \cdot \dot{S}_1$$
Bauelementeleistung			$$P = \frac{1}{R_T} \Delta T^2$$
Bauelementeleistung			$$P = R_T \cdot \dot{S}_1^2$$
mechanisches Symbol			
mechatronisches Symbol			

Zusammenfassung

Die thermischen Systeme weisen im Gegensatz zu den bisher betrachteten Systemen einige Besonderheiten auf. Zunächst fällt auf, dass nur ein energiespeicherndes Bauelement, die thermische Kapazität, existiert. Der zweite Hauptsatz der Thermodynamik verbietet thermische Induktivitäten. Eine thermische Einzelkapazität verhält sich ohne Einschränkung analog zu den schon behandelten mechatronischen Kapazitäten. Werden jedoch mehrere Einzelkapazitäten zu Netzwerken verschaltet, so ist auch hier eine Besonderheit zu berücksichtigen. Bei der Parallelschaltung von thermischen Einzelkapazitäten addieren sich die Einzelkapazitäten zu einer Gesamtkapazität, eine Reihenschaltung ist jedoch nicht definiert.

In Energieflusskreisen mit thermischen Widerständen ist der Energiestrom konstant und bewirkt damit eine Entropiestromänderung im thermischen Widerstand. Der Widerstand wird selbst zusätzliche Quelle eines Entropiestromes.

3.4   Elektromagnetische Systeme

Lernziele Elektromagnetische Systeme

- Begriffe der Elektro- und Magnetostatik
- Einführung der elektrischen und magnetischen Kapazität
- Besonderheiten der Induktivität
- Besonderheiten des magnetischen Widerstandes

Die Darstellung der elektrischen Systeme im Energieflussschema der verallgemeinerten mechatronischen Netzwerke bereitet im Allgemeinen keine Schwierigkeiten. Die Begriffe wie Strom, Spannung, Widerstand, Kondensator oder Spule sind uns so geläufig, dass wir sie schon fast selbstverständlich im ingenieurtechnischen Alltag verwenden. Auch die vielfach anzutreffenden Analogiebeziehungen basieren auf diesem Selbstverständnis. Um so erstaunlicher ist die Tatsache, dass bei Analogiebeziehungen die magnetischen Systeme recht oberflächlich behandelt und manchmal sogar ganz vernachlässigt werden. Ursache ist vermutlich die Tatsache, dass bisher keine isolierten magnetischen Monopole beobachtet wurden. Doch allein aus dieser Tatsache zu schlussfolgern, nicht mehr mit magnetischen Ladungen zu operieren, beschränkt unsere Modellvorstellungen nur unnötig.

Zum Aufbau der beiden Energieflussschematas, elektrisches System und magnetisches System, wollen wir im Gegensatz zu den bisherigen Kapiteln einen anderen Weg beschreiten. Um die enge Verknüpfung zwischen beiden Systemen deutlich zu machen, werden beide Systeme parallel eingeführt. Alle Gleichungen mit der Formelerweiterung (a) beziehen sich in diesem Abschnitt auf das elektrische System, alle Gleichungen mit der Erweiterung (b) auf das magnetische System. Weiterhin kann in diesem Abschnitt natürlich keine Einführung in die Elektrodynamik erfolgen, dazu ist dieses Stoffgebiet einfach zu umfangreich. Der interessierte Leser sei auf [32] verwiesen.

Ausgangspunkt unserer vergleichenden Betrachtungsweise sei die Kraftwirkung auf eine Probeladung in einem stationären Feld (Coulombkraft). Wir wollen dabei unter Ladungen nicht nur freie Ladungen verstehen, sondern auch Ladungen, die nur an Oberflächen gebunden sind. Die magnetische Ladung Q_m kann also als eine gebundene Ladung auf der Oberfläche eines Permanentmagneten aufgefasst werden. Die Kraftwirkung zweier Ladungen mit dem Abstand r wird durch das *Coulombsche* Gesetz beschrieben.

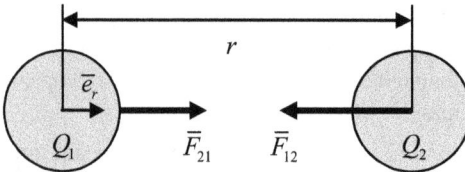

Abb. 3.107: Kraftwirkung zweier Ladungen

$$F_e \sim \frac{Q_{e1} \cdot Q_{e2}}{r^2} \tag{3.179a}$$

$$F_m \sim \frac{Q_{m1} \cdot Q_{m2}}{r^2} \tag{3.179b}$$

Handelt es sich um Punktladungen, kann ein äquivalenter Proportionalitätsfaktor eingeführt werden.

$$\overline{F}_{21} = \frac{1}{4\pi \varepsilon_0} \cdot \frac{Q_{e1} \cdot Q_{e2}}{r^2} \cdot \overline{e}_r = \overline{E}_1 \cdot Q_{e2} \tag{3.180a}$$

$$\overline{F}_{21} = \frac{1}{4\pi \mu_0} \cdot \frac{Q_{m1} \cdot Q_{m2}}{r^2} \cdot \overline{e}_r = \overline{H}_1 \cdot Q_{m2} \tag{3.180b}$$

Die beiden Vektoren $\overline{E}$ und $\overline{H}$ bezeichnen dabei jeweils die elektrische bzw. die magnetische Feldstärke. Der Feldstärkevektor zeigt in Richtung von $\overline{e}_r$ und der Betrag der Feldstärke gibt an, wie stark das Feld in einen bestimmten Raumpunkt ist (Abb. 3.108).

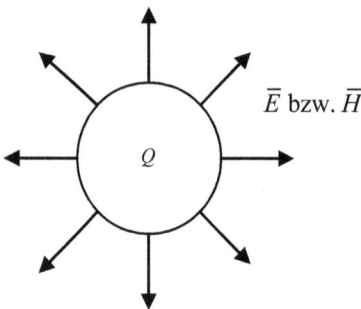

Abb. 3.108: Feldstärkedarstellung einer Punktladung

Weiterhin ist die Feldstärke proportional zu einer Flussdichte.

$$\bar{D} = \varepsilon_0 \cdot \bar{E} \tag{3.181a}$$

$$\bar{B} = \mu_0 \cdot \bar{H} \tag{3.181b}$$

Der Begriff Flussdichte führt oft zu Missverständnissen, da wir uns bei der Systembeschreibung bisher nur im Teilgebiet der Statik befinden und keine Transportmechanismen betrachten. Multiplizieren wir die Feldstärken mit den jeweiligen Feldkonstanten, so erkennen wir den Flächendichtecharakter der Flussdichten.

$$D = \frac{Q_e}{4\pi r^2} = \frac{Q_e}{A_K} \tag{3.182a}$$

$$B = \frac{Q_m}{4\pi r^2} = \frac{Q_m}{A_K} \tag{3.182b}$$

Werden nun alle Flussdichten über eine feldführende Fläche aufintegriert, so erhalten wir den Fluss.

$$\Psi = \iint_A \bar{D}\, d\bar{A} \tag{3.183a}$$

$$\Phi = \iint_A \bar{B}\, d\bar{A} \tag{3.183b}$$

Das Integral über eine geschlossene Kugeloberfläche um eine elektrische Punktladung entspricht dabei genau der Ladungsmenge dieser Punktladung.

$$\oiint_A \bar{D}\, d\bar{A} = Q_e \tag{3.184a}$$

$$\oiint_A \bar{B}\, d\bar{A} = 0 \tag{3.184b}$$

Die Gleichungen 3.184a und 3.184b werden auch als die 3. und 4. *Maxwellsche* Gleichung bezeichnet. Da keine freien magnetischen Ladungen existieren, ergibt das Ringintegral (Gl. 3.184b) Null.

Um die eingangs betrachtete Probeladung im Feld zu bewegen, ist eine ganz bestimmte Energiemenge notwendig. Sie ist wieder über die Gibbsform definiert.

$$dE_T = \bar{F}\, d\bar{s}$$

Für die Kraft $\bar{F}$ kann nun die jeweilige Kraftwirkung aus dem elektrischen oder magnetischen Feld eingesetzt werden.

$$dE_T = \bar{E}\, Q_e\, d\bar{s} \tag{3.185a}$$

$$dE_T = \bar{H}\, Q_m\, d\bar{s} \tag{3.185b}$$

Eine Integration führt auf die tatsächliche Energie im T-Speicher. Diese Energie wird anschließend mit der jeweiligen Ladung ins Verhältnis gesetzt.

$$\frac{E_T}{Q_e} = \int_a^b \overline{E}\, d\overline{s} = \varphi_{eb} - \varphi_{ea} = U_e \qquad (3.186a)$$

$$\frac{E_T}{Q_m} = \int_a^b \overline{H}\, d\overline{s} = \varphi_{mb} - \varphi_{ma} = U_m \qquad (3.186b)$$

Ist die Energie unabhängig vom Integrationsweg zwischen den Punkten a und b, so sprechen wir auch von einem Potentialfeld. Die Potentialdifferenz der elektrischen Potentiale bezeichnen wir als elektrische Spannung U_e und die Potentialdifferenz der magnetischen Potentiale als magnetische Spannung U_m.

Somit haben wir die ersten beiden Variablen des Energieflusskreises bestimmt.

$$q_p := Q_e; \quad i_T := U_e \qquad (3.187a)$$

$$q_p := Q_m; \quad i_T := U_m \qquad (3.187b)$$

Bis zu dieser Stelle stehen das elektrische und das magnetische System noch in keinem wechselseitigen Zusammenhang. Die vergleichende Betrachtung basiert lediglich auf Ähnlichkeiten in Bezug auf die Coulombkraft und den Feldaufbau.

Die beiden restlichen Variablen des Energieflussschemas ergeben sich zwangsläufig aus den inneren Gesetzmäßigkeiten (Gl. 1.3). Ein Energiestrom benötigt immer einen Träger und der Transport dieses Trägers entspricht der Flussgröße. In einem elektrischen System finden wir neben den gebundenen Ladungen auch freie Ladungsträger (elektrischer Leiter). Damit existiert auch ein elektrischer Strom.

$$i_p = \frac{d}{dt} q_p = \frac{d}{dt} Q_e = I_e \qquad (3.188a)$$

Bei der Erklärung des magnetischen Systems gehen wir jedoch von gebundenen magnetischen Ladungen aus. Diese können nicht im Sinne einer freien elektrischen Ladung bewegt werden. Somit existieren auch keine magnetischen Leiter und keine magnetischen Ströme! Bleiben wir jedoch ausschließlich bei gebundenen magnetischen Ladungen, kann zur Flussbestimmung über diese gebundenen Ladungen integriert werden (Gl. 3.183b). Der magnetische Fluss Φ entspricht also der gebundenen magnetischen Ladung. Betrachten wir dazu Abb. 3.109.

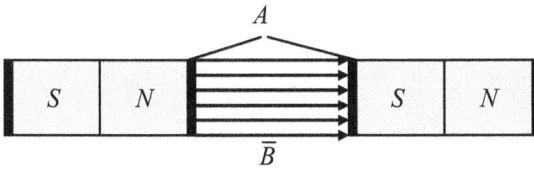

Abb. 3.109: ideales homogenes magnetisches Feld zwischen zwei Permanentmagneten

Zwischen zwei Permanentmagneten soll ein ideales homogenes Magnetfeld mit einer magnetischen Flussdichte $\overline{B}$ existieren. Die magnetischen Polflächen besitzen jeweils die Flächen A. Eine Integration über eine Polfläche führt auf den magnetischen Fluss.

$$\Phi = \iint_A \overline{B}\, d\overline{A} = B \cdot A \tag{3.189b}$$

Weiterhin entsprach der Betrag der Flussdichte dem Quotienten aus gebundener magnetischer Ladung und der zugehörigen Fläche.

$$B = \frac{Q_m}{A} \tag{3.190b}$$

Somit entspricht bei der Feldgeometrie aus Abb. 3.109 der magnetische Fluss der gebundenen magnetischen Ladung Q_m.

$$\Phi = Q_m \tag{3.191b}$$

Tatsächlich ist prinzipiell auch eine magnetische Flussänderung möglich, so dass auch ein gebundener magnetischer Strom formuliert werden kann.

$$i_P = \frac{d}{dt} q_P = \frac{d\Phi}{dt} \tag{3.192b}$$

An dieser Stelle muss noch mal deutlich darauf hingewiesen werden, dass diese Erklärung kein Hinweis auf bewegte magnetische Ladungen ist. Magnetische Ströme, im Sinne von elektrischen Strömen in elektrischen Leitern, existieren nicht!

Die letzte Variable aus dem jeweiligen Energieflusskreisen gewinnen wir durch die Integration der jeweiligen Spannung.

$$q_T = \int U_e\, dt = \Phi \tag{3.193a}$$

$$q_T = \int U_m\, dt = \Psi \tag{3.193b}$$

Die T-Quantität entspricht also der uns schon bekannten Flussdichte. Beschränken wir uns im elektrischen System auch nur auf gebundene elektrische Ladungen, so erkennen wir die vollständige Symmetrie beider Energieflusskreise (Abb. 3.110).

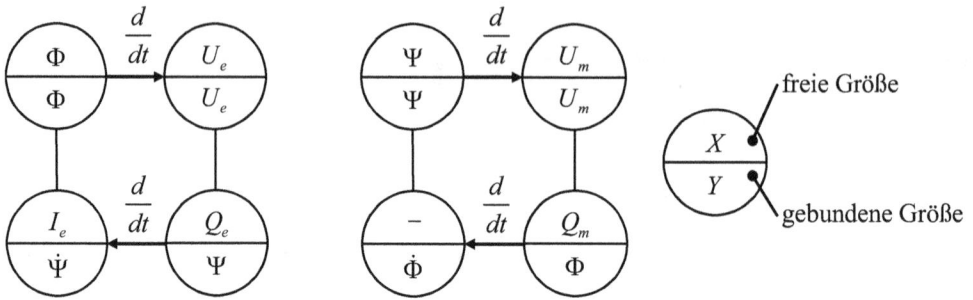

Abb. 3.110: Symmetrie beider Energieflusskreise

Die Energie im P-Speicher

Die Energie im P-Speicher wird durch das kapazitive Verhalten des Speicherbauelementes Kapazität beschrieben. Für die elektrischen Systeme ist dieser Begriff und die schon mehrfach eingeführten Zusammenhänge eine Selbstverständlichkeit. Eine magnetische Kapazität stößt jedoch oft auf Unverständnis.

$$C_e = \frac{Q_e}{U_e} \tag{3.194a}$$

$$C_m = \frac{Q_m}{U_m} = \frac{\Phi}{U_m} \tag{3.194b}$$

Betrachten wir dazu einen geschlossenen magnetischen Eisenkreis (Abb. 3.111) und sein mechatronisches Ersatzschaltbild.

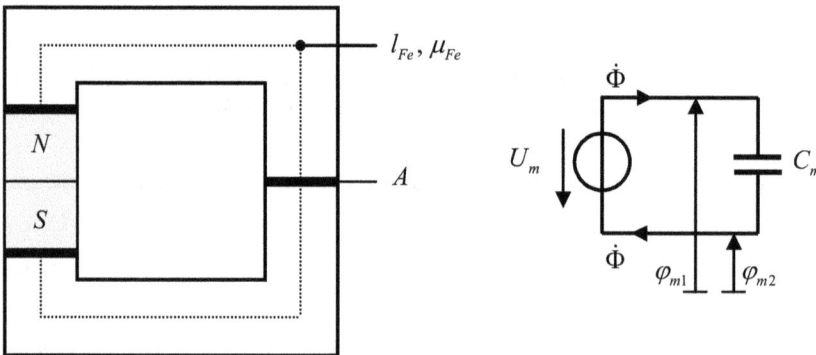

Abb. 3.111: geschlossener magnetischer Eisenkreis mit mechatronischem Ersatzschaltbild

Gehen wir von einer homogenen Feldverteilung im Eisen aus und betrachten die Flächen des Permanentmagnetes als Träger gebundener magnetischer Ladungen, so bildet das Eisen einen magnetischen Kondensator (analog dem elektrischen Plattenkondensator) mit der Kapazität

$$C_e = \frac{\varepsilon_0 \varepsilon_r \cdot A}{l} \qquad (3.195a)$$

$$C_m = \frac{\mu_0 \mu_{Fe} \cdot A}{l_{Fe}}. \qquad (3.195b)$$

Diese magnetische Kapazität kann nun in die Kapazitätsdefinition Gl. 3.194b eingesetzt werden.

$$C_m = \frac{\Phi_m}{U_m} = \frac{\mu_0 \mu_{Fe} \cdot A}{l_{Fe}} \qquad (3.196b)$$

Aufgelöst nach dem magnetischen Fluss erkennen wir eine in der Technik vielfach angewendete Form des *Hopkinsonschen* Gesetzes.

$$\Phi = \frac{U_m}{\dfrac{l_{Fe}}{\mu_0 \mu_{Fe} \cdot A}} \qquad (3.197b)$$

Der Term $\dfrac{l_{Fe}}{\mu_0 \mu_{Fe} \cdot A}$, also die inverse magnetische Kapazität, wird auch als Reluktanz [26] bezeichnet. Aufgrund der großen Ähnlichkeit der Reluktanz mit dem ohmschen Widerstand

$$R_e = \frac{l}{\sigma \cdot A} \qquad (3.198a)$$

wird die Reluktanz fälschlicherweise oft auch als magnetischer Widerstand bezeichnet. Wir erinnern uns: Es existieren keine magnetischen Ströme, damit existiert kein magnetischer Widerstand. Ein magnetischer Kreis (Abb. 3.111) speichert magnetische Energie. Widerstände sind jedoch keine Energiespeicher, sondern energiedissipierende Bauelemente.

Oft wird damit argumentiert, mit dem magnetischen Widerstand, analog dem Ohmschen Gesetz der Elektrotechnik, ein bequemes Werkzeug zur Berechnung magnetischer Kreise zur Verfügung zu haben. Betrachten wir dazu nochmals den geschlossenen magnetischen Eisenkreis aus (Abb. 3.111). Zusätzlich erweitern wir diesen Kreis um einen Luftspalt.

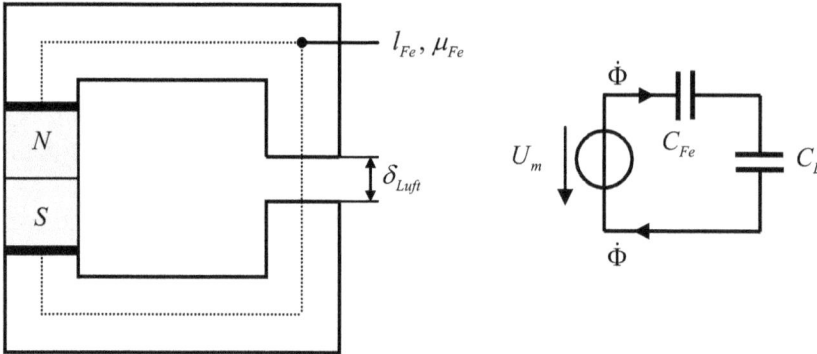

Abb. 3.112: magnetischer Eisenkreis mit Luftspalt

Die beiden magnetischen Einzelkapazitäten betragen:

$$C_{Fe} = \frac{\mu_0 \mu_{Fe} \cdot A}{l_{Fe}}; \quad C_L = \frac{\mu_0 \cdot A}{\delta_{Luft}}$$

$$C_{ges} = \frac{C_{Fe} \cdot C_L}{C_{Fe} + C_L} = \frac{\Phi}{U_m} \qquad (3.199b)$$

Beide Kapazitäten bilden eine Reihenschaltung. Aufgelöst nach dem magnetischen Fluss

$$\Phi = \frac{U_m}{\dfrac{l_{Fe}}{\mu_0 \mu_{Fe} \cdot A} + \dfrac{\delta}{\mu_0 \cdot A}} \qquad (3.200b)$$

hat diese Gleichung wieder Ähnlichkeit mit der Addition von magnetischen Einzelwider-
ständen, bleibt jedoch eine Reihenschaltung magnetischer Kapazitäten. Bei einer Reihenschaltung bestimmt die kleinste Kapazität die Gesamtkapazität und somit auch die Gesamtenergie im magnetischen Kreis. Diese Tatsache stimmt auch mit unserer praktischen Be-
obachtung überein. Akzeptieren wir diese Modellvorstellungen, können wir analog zur bisherigen Vorgehensweise die elektrische und magnetische Kapazität als konzentrierte Ersatzbau-
elemente definieren.

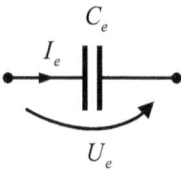

Abb. 3.113: elektrische Kapazität

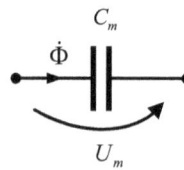

Abb. 3.114: magnetische Kapazität

Energie im T-Speicher

Die Energie im T-Speicher wird durch das induktive Verhalten der Speicherbauelemente
abgebildet. Da keine magnetischen Ströme existieren, existieren auch keine magnetischen

Induktivitäten als konzentrierte magnetische Ersatzelemente. Anders sieht es hingegen bei den elektrischen Induktivitäten aus. Kaum ein Bauteil ist in der Technik in einer derartigen Variantenvielfalt zu finden wie die Induktivität. Eine Ursache ist möglicherweise in den vielfältigen Anwendungsgebieten der Induktivität zu sehen. So fungiert sie nicht nur als Energiespeicher, sondern auch als Netzwerkelement in Filterstrukturen, als Schwingungs-erzeuger oder als Antenne für elektromagnetische Wellen. Eine sehr ausführliche Abhand-lung über die Grundlagen und den Einsatz von Induktivitäten ist in [33] zu finden.

Als ein Beispiel unter den vielen möglichen Konstruktionen und Anwendungen sei hier nur die einlagige Zylinderspule behandelt (Abb. 3.115).

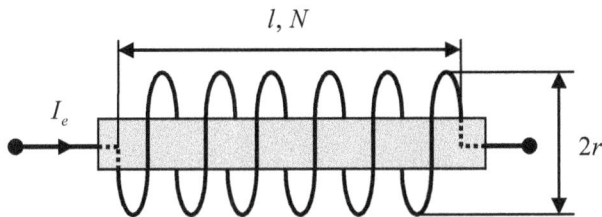

Abb. 3.115: einlagige Zylinderspule

Unter einer Zylinderspule wollen wir eine Induktivität verstehen, bei der die Drahtwicklung (elektrischer Leiter) auf einem Zylindermantel liegt. Der Drahtdurchmesser sei dabei klein gegenüber dem Spulendurchmesser. Weiterhin haben die Drahtwindungen einen geringen Abstand untereinander. Diese Konstruktion sorgt für eine annähernd konstante magnetische Feldstärke innerhalb der Spule. Grundlage für die Berechnung der Induktivität ist das *Ampe-resche* Durchflutungsgesetz (4. Maxwellsche Gleichung). Berücksichtigen wir nicht den Verschiebestrom (existiert nicht bei einer Induktivität) gilt.

$$\oint_s \overline{B} \, d\overline{s} = \mu_0 I_e \tag{3.201}$$

Das Ringintegral über eine geschlossene Kurve um alle elektrischen Leiter einer Spulenseite beträgt Bl, da die Feldstärke außerhalb der Spule annähernd Null ist. Dabei wird die Integra-tionsfläche von N Stromquellen durchflutet.

$$Bl = N\mu_0 I_e \tag{3.202}$$

Beim Ein- bzw. beim Ausschalten des magnetischen Feldes wird ein elektrisches Feld indu-ziert.

$$\oint_s \overline{E} \, d\overline{s} = \iint_A \frac{\partial}{\partial t} \overline{B} \, d\overline{A} = \dot{\Phi} = \frac{U_e}{N} \tag{3.203}$$

Die magnetische Flussdichte kann nun in Gl. 3.203 eingesetzt werden.

$$U_e = N \cdot \dot{B}A = \frac{\mu_0 N^2 A}{l} \cdot \dot{I}_e \tag{3.204}$$

Damit erhalten wir die elektrische Induktivität einer einlagigen Zylinderspule.

$$L_e := \frac{\int U_e \, dt}{I_e} = \frac{\mu_0 N^2 A}{l} \tag{3.205}$$

Als Bauelementesymbol hat sich die Darstellung nach Abb. 3.116 etabliert.

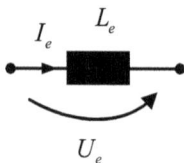

existiert nicht

Abb. 3.116: elektrische Induktivität   magnetische Induktivität

Energiewandlungsprozesse

Die Energiewandlungsprozesse in elektrischen und magnetischen Systemen betreffen die dissipativen Verluste innerhalb eines Widerstandes. Im elektrischen System basiert dieser Prozess auf der Bewegung der freibeweglichen Ladungsträger innerhalb eines elektrischen Leiters (Abb. 3.117).

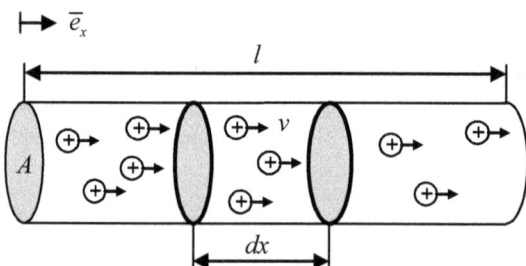

Abb. 3.117: Bewegung von Raumladungen im elektrischen Leiter

Dabei bewegen sich die Raumladungen durch ein Volumenelement der Größe $dV = A \cdot dx$ mit der Driftgeschwindigkeit v. Die in einem Volumenelement befindliche Ladungsmenge dQ_e, kann durch eine Raumladungsdichte ρ_V ausgedrückt werden.

$$dQ_e = \rho_V \, dV \tag{3.206a}$$

Innerhalb des Volumenelementes führt die Bewegung der Raumladungen zu einer Stromdichte.

$$J_e = \frac{dI_e}{A} = \frac{dQ_e}{dt} \cdot \frac{1}{A} = \frac{dQ_e}{dV} \cdot \frac{dx}{dt} = \rho_V \cdot v \tag{3.207a}$$

Die Driftgeschwindigkeit ist über die Beweglichkeit μ_e proportional zur elektrischen Feldstärke.

$$v = \mu_e \cdot E \tag{3.208a}$$

Somit finden wir auch einen Zusammenhang zwischen der Stromdichte und der elektrischen Feldstärke.

$$J_e = \rho_V \, \mu_e \cdot E = \sigma \cdot E \tag{3.209a}$$

Den Proportionalitätsfaktor σ bezeichnen wir auch als die spezifische elektrische Leitfähigkeit. Mit der Definition der Stromdichte kann Gl. 3.209a nach der elektrischen Feldstärke umgeformt werden.

$$E = \frac{1}{\sigma A} \cdot I_e \tag{3.210a}$$

Der Zusammenhang zwischen der elektrischen Feldstärke und der elektrischen Spannung, liefert uns schließlich das bekannte ohmsche Gesetz.

$$U_e = \int_0^l E \, dx = \frac{I_e}{\sigma A} \cdot \int_0^l dx = \frac{l}{\sigma A} \cdot I_e$$

$$R_e := \frac{U_e}{I_e} = \frac{l}{\sigma A} = \frac{\rho_e l}{A}; \quad \rho_e - \text{spezifischer elektrischer Widerstand} \tag{3.211a}$$

Welche dissipativen Verluste treten nun in einem magnetischen Kreis auf? Die Ähnlichkeit der mathematischen Beziehung des ohmschen Widerstandes Gl. 3.11a und der Reluktanz Gl. 3.195b sollte uns nicht dazu verleiten, eine physische Ähnlichkeit herzustellen. Trotzdem sagt uns unsere praktische Erfahrung, dass in magnetischen Kreisen Verlustleistungen in Form von Wärme entstehen. Die Ursachen müssen also an anderer Stelle gesucht werden.

Dazu erinnern wir uns noch mal an die Beschreibung von verlustbehafteten Kapazitäten aus Kapitel 2. In Abb. 2.14 sind der idealen Kapazität zwei Verlustwiderstände parallel geschaltet. Sie repräsentieren die inneren Verluste einer Kapazität. Tatsächlich fließt jedoch in einem Kondensator innerhalb des Dielektrikums kein elektrischer Strom. Trotzdem scheuen wir uns nicht, die Verluste durch einen elektrischen Strom und einen Ersatzwiderstand auszudrücken. Was wir jedoch tatsächlich damit meinen, ist der *Maxwellsche* Verschiebestrom.

$$\oint_A \bar{H} \, d\bar{s} = \underbrace{\iint_A \frac{\partial}{\partial t} \bar{D} \, d\bar{A}}_{\text{Verschiebestrom}} + \iint_A \bar{J}_e \, d\bar{A} \tag{3.212}$$

Wir interpretieren also den Verschiebestrom bezüglich der inneren Verluste einer Kapazität als elektrischen „Ersatzstrom". Diese Darstellung geht auf Maxwell selbst zurück [34]. Er bezeichnete $\bar{D}$ als den Verschiebungsstrom, $\bar{J}_e$ als den Leitungsstrom und die Summe bei der Ströme als den „wahren" (wirklichen) Strom.

Die Aufteilung eines Gesamtstromes in zwei oder mehrere Teilströme ist keinesfalls ungewöhnlich und tritt immer dann auf, wenn mehrere physikalische Teilgebiete miteinander gekoppelt sind (s. Kapitel 5). Ein einfaches Beispiel dazu ist der Impulsstrom aus der Mechanik. Während die Kraft dem Impulsflusskreis zuzuordnen ist, ist der Massenstrom den Fluss der schweren Masse zugeordnet.

$$\frac{d\bar{p}}{dt} = \frac{d}{dt}(m\bar{v}) = \dot{m}\bar{v} + m\ddot{\bar{v}} = \bar{F}_m + \bar{F}_p \qquad (3.213)$$

Betrachten wir nun die *Maxwellsche* Gleichung (Induktionsgesetz) unter dem Blickwinkel des Verschiebestroms.

$$\oint_A \bar{E}\,d\bar{s} = \iint_A \frac{\partial}{\partial t}\bar{B}\,d\bar{A} = 0 \qquad (3.214)$$

Ist $\dot{D}$ ein Ausdruck für die elektrische Stromdichte innerhalb eines elektrischen Feldes, so muss $\dot{B}$ ein Ausdruck für eine magnetische Stromdichte innerhalb des magnetischen Feldes sein. In einem homogenen Feld entspricht also $\dot{\Phi}$ dem magnetischen „Ersatzstrom". Somit können wir einer realen magnetischen Kapazität, analog der elektrischen Kapazität, ein Verlustmodell zuordnen.

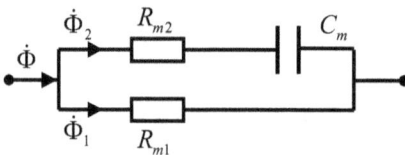

Abb. 3.118: magnetische Kapazität mit Verlustwiderständen

In einem magnetischen Kreis (Abb. 3.111) setzten sich die Gesamtverluste hauptsächlich aus zwei Anleihen zusammen. Den Hystereseverlusten und den Wirbelstromverlusten. Die Hystereseverluste können leicht aus Abb. 3.119 entnommen werden. Die Fläche oberhalb der beiden Kurvenäste entspricht genau der gespeicherten Co-Energie in der magnetischen Kapazität. Wird diese Hysteresekurve einmal durchlaufen, so sehen wir, dass die eingespeicherte Co-Energie nicht der ausgespeicherten Co-Energie entspricht. Die Fläche innerhalb der Kurve ist also ein Ausdruck für die Verlustenergie während einer Speicherumladung. Diese Verlustenergie wird dem ersten Anteil des magnetischen Widerstandes (R_{m1}) zugeordnet.

Der zweite Anteil ergibt sich aus den Wirbelstromverlusten. Über das Induktionsgesetz ist der magnetische Fluss mit der indizierten Spannung verknüpft.

$$U_i = -\frac{d\Phi_2}{dt} \qquad (3.215)$$

Da ein magnetischer Eisenkreis auch einen ohmschen Widerstand besitzt, fließt ein Wirbelstrom um den magnetischen Fluss.

$$i_W = \frac{U_i}{R} = -\frac{1}{R_e}\frac{d\Phi_2}{dt} \qquad (3.216)$$

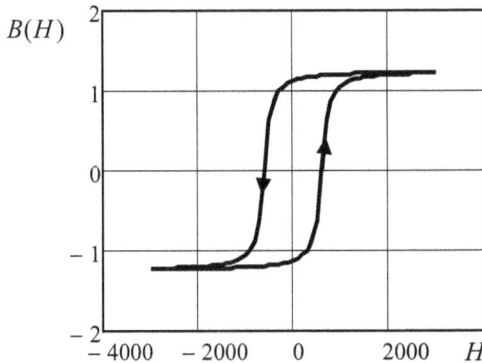

Abb. 3.119: Hysteresekurve eines magnetischen Eisenkreises

Erweitern wir nun das *Hopkinsonsche* Gesetz um diesen Wirbelstrom

$$U_m + i_W = \frac{1}{C_m}\Phi_2 \tag{3.217}$$

und setzen den Wirbelstrom ein.

$$U_m = \frac{1}{C_m}\Phi_2 + \frac{1}{R_e}\dot{\Phi}_2 = \frac{1}{C_m}\Phi_2 + R_{m2}\dot{\Phi}_2 \tag{3.218}$$

Die magnetische Spannung setzt sich also aus zwei Anteilen zusammen. Dem Spannungsab-fall über die magnetische Kapazität und dem Spannungsabfall über dem magnetischen Wi-derstand R_{m2} (Abb. 3.118) Der elektrische Leitwert eines Wirbelstrompfades entspricht also genau dem magnetischen Widerstand dieses Wirbelstrompfades. Beide magnetischen Wider-stände verursachen im magnetischen Kreis bei einer magnetischen Flussänderung Verluste in Form von Wärme.

Wirbelstromverluste können entweder durch Materialien mit einem hohen elektrischen Wi-derstand (spezielle Ferrite) oder durch das Stapeln elektrisch isolierter Bleche vermindert werden. Hystereseverluste lassen sich durch spezielle magnetische Materialien minimieren.

Akzeptieren wir das Modell von magnetischen Verschiebeströmen innerhalb von magneti-schen Feldern (Kapazitäten) und ordnen diesen Verschiebeströmen entsprechende Verlust-widerstände zu, so kann auch ohne die Existenz von freien beweglichen magnetischen La-dungsträgern, bzw. magnetischen Strömen, ein magnetischer Ersatzwiderstand formuliert werden.

$$R_m = \frac{U_m}{\dot{\Phi}} \tag{3.219}$$

Somit existiert analog zum elektrischen System eine Analogie im magnetischen Energie-flusskreis mit dem entsprechenden Bauelemente Widerstand.

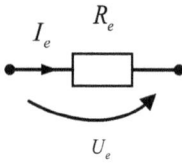

Abb. 3.120: elektrischer Widerstand

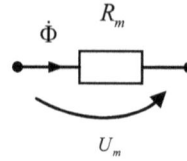

Abb. 3.121: magnetischer Widerstand

Eine Zusammenfassung des elektrischen und magnetischen Energieflusskreises zeigt die Abb. 3.122.

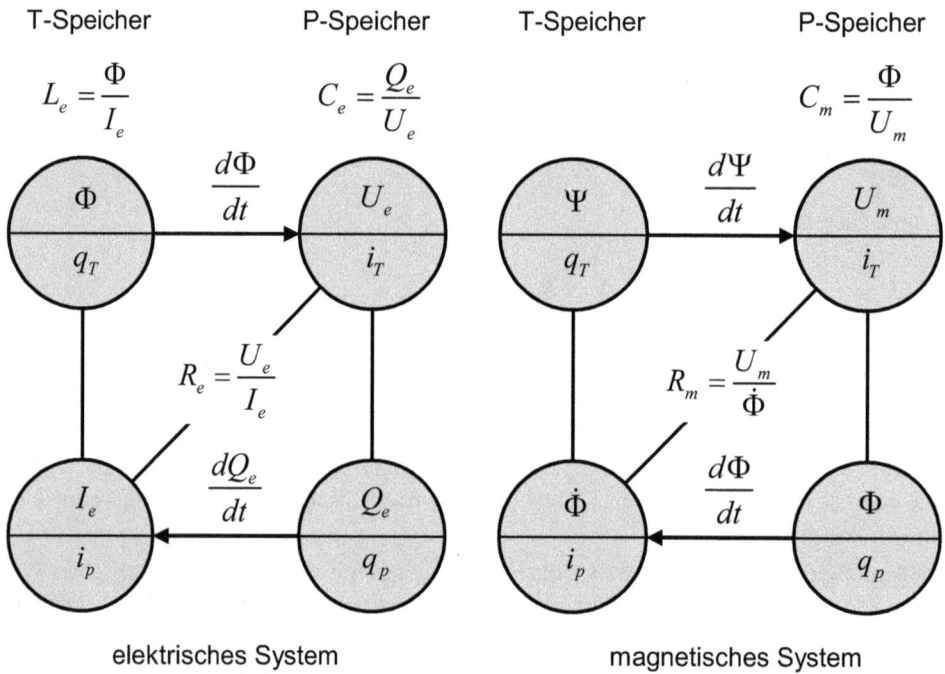

Abb. 3.122: Energieschema für die elektrische Ladung sowie die gebundene magnetische Ladung als Primärgröße

Tab. 3.8: Übersicht über die beschreibenden Gleichungen

Begriff	P-Speicher	T-Speicher	Energiewandler
	Kapazität	Induktivität	Widerstand
mechatronisches Bauelement	C_e $[C_e] = \dfrac{A \cdot s}{V} = F$	L_e $[L_e] = \dfrac{V \cdot s}{A} = H$	R_e $[R_e] = \dfrac{V}{A} = \Omega$
physikalisches Bauelement	Beschreibung stark geometrieabhängig		
beschreibende Gleichung	$C_e = \dfrac{1}{U_e}\int I_e dt$	$L_e = \dfrac{1}{I_e}\int U_e dt$	$R_e = \dfrac{U_e}{I_e}$
Energie (allgemein)	$E = U_e \cdot \dfrac{Q_e}{2}$	$E = I_e \cdot \dfrac{\Phi}{2}$	
Energie im Bauelement	$E = \dfrac{1}{2 \cdot C_e} Q_e^2$	$E = \dfrac{1}{2 \cdot L_e}\Phi^2$	
Co-Energie im Bauelement	$E_{Co} = \dfrac{C_e}{2}U_e^2$	$E_{Co} = \dfrac{L_e}{2}I_e^2$	
Leistung (allgemein)			$P = I_e \cdot U_e$
Bauelementeleistung			$P = \dfrac{1}{R_e}\cdot U_e^2$
Bauelementeleistung			$P = R_e \cdot I_e^2$
mechanisches Symbol			
mechatronisches Symbol			

Tab. 3.9:   Übersicht über die beschreibenden Gleichungen

Begriff	P-Speicher	T-Speicher	Energiewandler
	Kapazität	Induktivität	Widerstand
mechatronisches Bauelement	C_m $$[C_m] = \frac{V \cdot s}{A} = H$$	existiert nicht	R_m $$[R_m] = \frac{A}{V} = S$$
physikalisches Bauelement	Beschreibung stark geometrieabhängig		
beschreibende Gleichung	$$C_m = \frac{1}{U_m} \int \dot{\Phi} dt$$		$$R_m = \frac{U_m}{\dot{\Phi}}$$
Energie (allgemein)	$$E = U_m \cdot \frac{\Phi}{2}$$		
Energie im Bauelement	$$E = \frac{1}{2 \cdot C_m} \Phi^2$$		
Co-Energie im Bauelement	$$E_{Co} = \frac{C_m}{2} U_m^2$$		
Leistung (allgemein)			$$P = \dot{\Phi} \cdot U_m$$
Bauelementeleistung			$$P = \frac{1}{R_m} \cdot U_m^2$$
Bauelementeleistung			$$P = R_e \cdot \dot{\Phi}^2$$
mechanisches Symbol			
mechatronisches Symbol			

Zusammenfassung

So wie alle bisher behandelten Systeme weisen das elektrische und das magnetische System viele Gemeinsamkeiten auf. In einem elektrischen System existierten alle drei Grundbauelemente uneingeschränkt. Im magnetischen System existiert aufgrund der fehlenden freien magnetischen Ladung nur das Grundbauelement Kapazität. Lassen wir jedoch auch gebundene magnetische Ladungen zu sowie einen magnetischen Verschiebestrom innerhalb von Kapazitäten, so können wir damit einen äquivalenten magnetischen Widerstand definieren. Dieser Widerstand entspricht den tatsächlichen Verlusten innerhalb eines magnetischen Kreises und hat somit seine Berechtigung. Magnetische Induktivitäten existieren jedoch nicht. Die in der Literatur häufig anzufinden Modelle in der Reluktanz einen magnetischen Widerstand zu sehen, sollten nochmals kritisch überdacht werden. Mit diesen Modellen lassen sich keine Energiespeicher und keine Energieverluste in magnetischen Kreisen erklären. Weiterhin sind sie nicht dazu geeignet, über das universelle Prinzip der Flusskopplung (Kapitel 5) magnetische Systeme mit anderen physikalischen Systemen zu koppeln.

3.5   Energieschema für feldartige Größen

Die bisherige Betrachtungsweise der verallgemeinerten mechatronischen Netzwerke basierte auf der Modellvorstellung der konzentrierten Ersatzelemente. Das wurde vor allem in der Definition der Fundamentalgrößen deutlich. So bezogen sich alle P-Größen auf einen Punkt und alle T-Größen auf zwei Punkte bzw. eine Linie zwischen diesen zwei Punkten. Tatsächlich sind jedoch alle Primärgrößen in der Realität nicht punkt-, sondern raumbezogen. Die physikalischen Größen m, Q_e, Q_m, S, p, L und E sind jeweils kontinuierlich über den Raum verteilt. Die Punktbezogenheit ist solange ein hilfreiches Werkzeug, solange wir es mit homogenen und isotropen Verteilungen der Punktgröße im Raum zu tun haben. Tatsächlich ist diese einfache Vorstellung in der Realität oft nicht erfüllt. Sei es bei der Verwendung anisotropen Materialien oder der Ausnutzung inhomogener Feldverteilungen, immer dann kommt man um eine Betrachtung der feldartigen Größen nicht mehr herum. Die Elektrotechnik bedient sich in diesem Fall der *Maxwellschen* Gleichungen oder die Mechanik der mehrachsigen Spannungszustände. Es ist jedoch nicht Aufgabe der mechatronischen Netzwerke, sich tiefer mit der Feldtheorie zu beschäftigen. An dieser Stelle sei auf die entsprechende Spezialliteratur [32] verwiesen. Dennoch soll hier kurz ein Weg skizziert werden, um vom bisherigen Punktmodell auf ein Feldmodell zu wechseln.

Schauen wir uns das bisherige Energieschema unter dem Gesichtspunkt der Bezugsgrößen nochmals genauer an, so stellen wir fest, dass die Größen q_P und i_P einen Punktbezug und die Größen i_T und q_T Linenbezug haben. Im Sinne der mechatronischen Netzwerke bedeutet das, dass der Energieflussleiter ein unendlich dünner Leiter ist, bei dem der Fluss i_P durch einen Punkt strömt. Tatsächlich strömt der Energiefluss jedoch durch einen endlich ausgedehnten Leiter und damit durch eine Fläche. Es scheint also nur konsequent, das bisherige Modell um eine weitere Raumdimension zu erweitern (Abb. 3.123).

Für den Energieflusskreis des Impulses als Primärgröße würde das bedeuten, den Impuls durch eine Flächenimpulsdichte zu ersetzen und daraus wiederum alle weiteren Größen abzuleiten. Tatsächlich fällt uns das bei einigen Größen schwer, da sie bisher nicht konsequent im Sinne des hier eingeführten Energieschemas behandelt wurden. Weiterhin gestaltet sich die bisherige Bauelementedefinition nicht mehr so einfach, da sich schon mathematisch ein Quotient aus Feldgrößen verbietet. Weiterhin sind nicht alle äquivalenten feldmäßigen Bauelementegrößen bisher definiert.

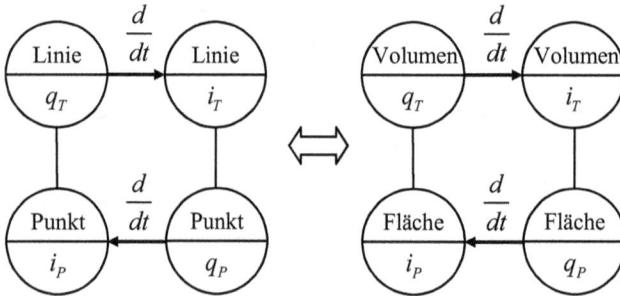

Abb. 3.123: Erhöhung um eine Raumdimension

Der oben angesprochene Energieflusskreis mit dem Impuls als Primärgröße nimmt nun die folgende Form an (Abb. 3.124).

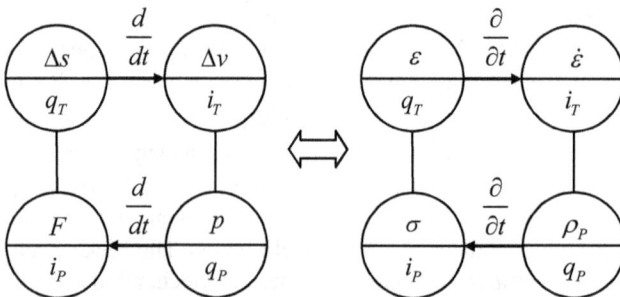

Abb. 3.124: Erweiterung des mechanischen Energieschemas um eine Raumdimension

Die Problematik der Bauelementedefinitionen soll im Weiteren kurz am Beispiel des induktiven Speichers und den resistiven Verhalten erläutert werden. In Falle des Punktbezuges kann die mechanische Nachgiebigkeit einfach als Quotient aus der Wegänderung Δs und der zugehörigen Kraft definiert werden.

$$L_m = n = \frac{\Delta s}{F} \tag{3.220}$$

Beim Raumbezug muss jedoch zwingend die jeweilige Kraftrichtung beachtet werden. So gilt bei einem dreiachsigen Spannungszustand und einer homogenen Materialverteilung das *Hooksche* Gesetz in der erweiterten Form.

$$E \cdot \varepsilon_x = \sigma_x - \mu\left(\sigma_y + \sigma_z\right) \quad E \cdot \varepsilon_y = \sigma_y - \mu\left(\sigma_z + \sigma_x\right) \quad E \cdot \varepsilon_z = \sigma_z - \mu\left(\sigma_x + \sigma_y\right) \quad (3.221)$$

Betrachten wir nun eine ausschließliche Kraftwirkung in x-Richtung und lassen keine Querdehnungen zu $\left(\varepsilon_y = \varepsilon_z = 0\right)$, so folgt

$$E \cdot \varepsilon_x = \sigma_x \left(1 - \frac{2\mu^2}{1-\mu}\right); \quad D = \frac{E(1-\mu)}{(1+\mu)(1-2\mu)}. \tag{3.222}$$

Mit der Variable D wollen wir das longitudinale Steifigkeitsmodul bezeichnen. Wie leicht überprüft werden kann, erhalten wir für $\mu = 0$ den einachsigen Spannungszustand.

$$D = E; \quad \sigma_x = \varepsilon_x \cdot E \tag{3.223}$$

Ein induktives Speicherbauelement nimmt also je nach Modellabstraktionsgrad die Form

$$L := \frac{q_T}{i_P} = \frac{\varepsilon_x}{\sigma_x} = \frac{1}{E} \quad \text{oder} \quad L := \frac{q_T}{i_P} = \frac{\varepsilon_x}{\sigma_x}\,\frac{1}{D} \tag{3.224}$$

an. Im Übrigen wird im Kapitel 5 (Wandlerprinzipien) beim piezoelektrischen Effekt nochmals auf dieses Modell zurückgegriffen.

Tatsächlich steckt also in der gerade durchgeführten Modellbildung eine wesentliche, nicht zu vernachlässigende Abstraktion. Bisher hatten wir das Elastizitätsmodul als konstant und richtungsunabhängig betrachtet. Im allgemeinen Fall handelt es sich jedoch um einen Elastizitätstensor zweiter Stufe. Einen ähnlichen Sachverhalt wie bei der Induktivität finden wir auch beim resistiven Verhalten. Für die Punktformulierung gilt der Zusammenhang

$$R_m := \frac{\Delta v}{F} = \frac{1}{k_S} \tag{3.225}$$

mit k_S als stokesschen Reibfaktor. In einem elastischen Festkörper ist jedoch das Modell einer viskosen Reibung schwer vorstellbar. Dennoch behilft man sich auch hier mit dem Voigt-Kelvin-Materialmodell.

$$\sigma = D\left(\varepsilon + \vartheta\frac{d\varepsilon}{dt}\right) \tag{3.226}$$

Bezüglich unserer Bauelementedefinition nimmt der Fluss bzw. der Widerstand damit die folgende Form an.

$$\sigma = D\varepsilon + D\vartheta\varepsilon$$

$$R := \frac{i_T}{i_P} = \frac{\dot{\varepsilon}}{\sigma} = D\vartheta \tag{3.227}$$

Wie wir sehen, ist die Bauelementeformulierung von der Art des Spannungszustandes und vom gewählten Materialmodell abhängig. Verbesserte Materialmodelle, wie z.B. das Maxwell-Modell oder das Boltzmann-Modell, beinhalten einen veränderten resistiven Zusammenhang. Detaillierte Behandlungen dazu können aus [12] entnommen werden.

Ähnliche Überlegungen müssen wir beim Übergang von Punktbezug in der Elektrotechnik zu einem äquivalenten Raummodell durchführen (Abb. 3.125).

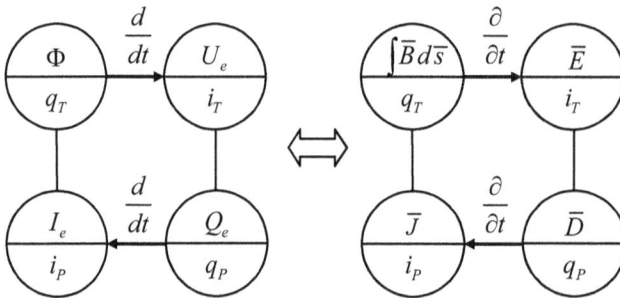

Abb. 3.125: Erweiterung des elektrischen Energieschemas um eine weitere Raumdimension

Folgt aus $R_e = \dfrac{U_e}{I_e}$ das bisherige ohmsche Gesetz, so gilt bei Raumbezug das lokale ohmsche Gesetz in der Form

$$\overline{J} = \sigma \cdot \overline{E} = -\sigma \nabla \varphi. \tag{3.228}$$

Unter den speziellen Randbedingungen der Feldhomogenität und einer konstanten Fläche erhalten wir wieder das ohmsche Gesetz in der bekannten Form

$$\frac{\left|\overline{E}\right|}{\left|\overline{J}\right|} = \frac{1}{\sigma} = \rho_e \tag{3.229}$$

Aus der bisherigen kapazitiven Formulierung

$$C_e = \frac{Q_e}{U_e} \tag{3.230}$$

wird eine der Materialgleichungen der Elektrotechnik.

$$\overline{D} = \varepsilon \cdot \overline{E} \tag{3.231}$$

Auch hier ist eine Schreibweise der Form $\varepsilon = \dfrac{\left|\overline{D}\right|}{\left|\overline{E}\right|}$ nur unter ganz speziellen Randbedingungen sinnvoll.

Selbstverständlich lassen sich die hier kurz skizzierten Überlegungen auf alle anderen Energieflussschemata übertragen. Da die dabei auftretenden Bauelementedefinitionen jedoch sehr stark von den jeweiligen Randbedingungen abhängen, sei an dieser Stelle darauf verzichtet.

4 Gekoppelte mechatronische Systeme

Lernziele Gekoppelte Systeme
- Energiewandler
- Elementarwandler
- Mechatronische Zweitore
- Eigenschaften mechatronischer Zweitore

Bisher erfolgte die mechatronische Netzwerkbeschreibung nur innerhalb eines physikalischen Teilgebietes. Alle Bauelementeeigenschaften, sowie die zugehörigen Primärgrößen und ihre abgeleiteten Größen, bezogen sich ausschließlich auf ein ausgewähltes Teilgebiet. Der Vorteil der verallgemeinerten mechatronischen Netze liegt aber gerade in der beliebigen Verkopplung der einzelnen physikalischen Teilsysteme.

Da wir zur Netzwerkbeschreibung ausschließlich die beiden Intensitätsgrößen Fluss und Potentialdifferenz verwenden, benötigen wir zwischen den unterschiedlichen physikalischen Teilgebieten einen Koppelmechanismus welcher z.B. einen elektrischen Strom in einen Massenstrom oder Entropiestrom bzw. eine elektrische Spannung in eine Druckdifferenz oder Temperatur umwandelt. Dabei muss auch der jeweilige Kopplungswirkungsgrad, sowie mögliche Rückwirkungen vom Ausgang des Wandlers auf den Wandlereingang berücksichtigt werden. Blockiert z.B. ein Elektromotor mechanisch (Drehzahl gleich Null), muss sich an den elektrischen Anschlussklemmen des Motors ein entsprechender Kurzschlussstrom einstellen. Weiterhin sind alle systemdynamischen Eigenschaften innerhalb eines Wandlers zu berücksichtigen. Diese Aufgaben werden im Folgenden von einem mechatronischen Wandler übernommen.

4.1 Grundlagen mechatronischer Wandler

Ein mechatronisches Netzwerk zeichnet sich gerade dadurch aus, dass deren Einzelkomponenten aus verschiedenen physikalischen Teilgebieten bestehen können. An den Schnittstellen der unterschiedlichen physikalischen Teilsysteme wird die im Gesamtsystem transportierte Energie von einer Energieform in mindestens eine andere Energieform gewandelt. Dabei wird die Energieart des Energiestroms geändert (Abb. 4.1).

Energiestrom

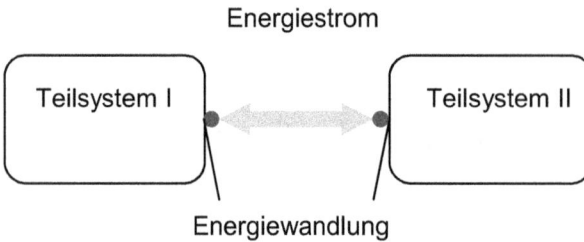

Energiewandlung

Abb. 4.1:   Darstellung des Energiewandlerprinzips

Eine notwendige Voraussetzung für das Fließen des Energiestroms ist das Vorhandensein eines Energieträgers (q_P-Variable). Ändert sich der Energieträger zusätzlich zeitlich $i_P := \dfrac{d}{dt} q_P$, so spricht man von einem Trägerstrom i_P, auch Energieträgerstrom oder einem Mengenstrom. Für den Energietransport ist es jedoch nicht zwingend notwendig, dass der Trägerstrom in einem geschlossenen Kreislauf zirkuliert. Vielmehr kann der Trägerstrom sowohl in einem offenen als auch in einem geschlossenen System fließen (Abb. 4.2, Abb. 4.3).

Energiestrom

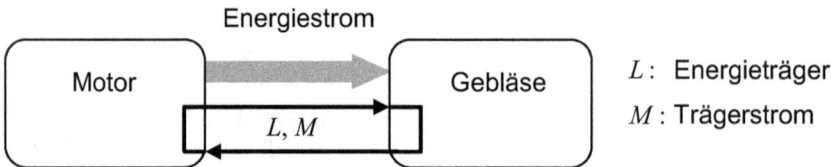

L: Energieträger

M: Trägerstrom

Abb. 4.2:   Beispiel eines geschlossenen Trägerstromkreislaufes

Energiestrom

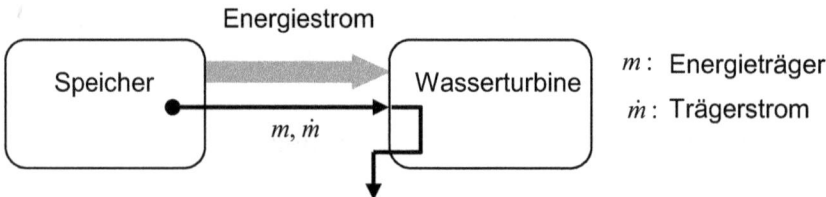

m: Energieträger

$\dot{m}$: Trägerstrom

Abb. 4.3:   Beispiel eines offenen Trägerstromkreislaufes

Durchfließt der Trägerstrom auf seinem Wege eine Potentialdifferenz $i_T := \Delta\varphi$, so wird dabei eine Prozessleistung $P := i_T \cdot i_P$ freigesetzt (Abb. 4.4). Diese freigesetzte Prozessleistung kann von einem oder mehreren anderen Prozessen innerhalb eines Wandlers wieder aufgenommen werden (Prozesskopplung). Um die Effizienz der Prozesskopplung zu beschreiben, wird der Prozesswirkungsgrad η als Quotient aus Prozessausgangsleistung und Prozesseingangsleistung $\eta := \dfrac{P_A}{P_E}$ eingeführt.

4.2   Mechatronische Wandler – Elementarwandler

Unter mechatronischen Wandlern versteht man im Allgemeinen technische Vorrichtungen zur Wandlung physikalischer Grundgrößen. Da die Wechselwirkungen unterschiedlicher physikalischer Teilsysteme immer auf dem Prinzip des Energiestroms basieren, sind mechatronische Wandler in erster Linie Energiewandler (Abb. 4.1, Abb. 4.4).

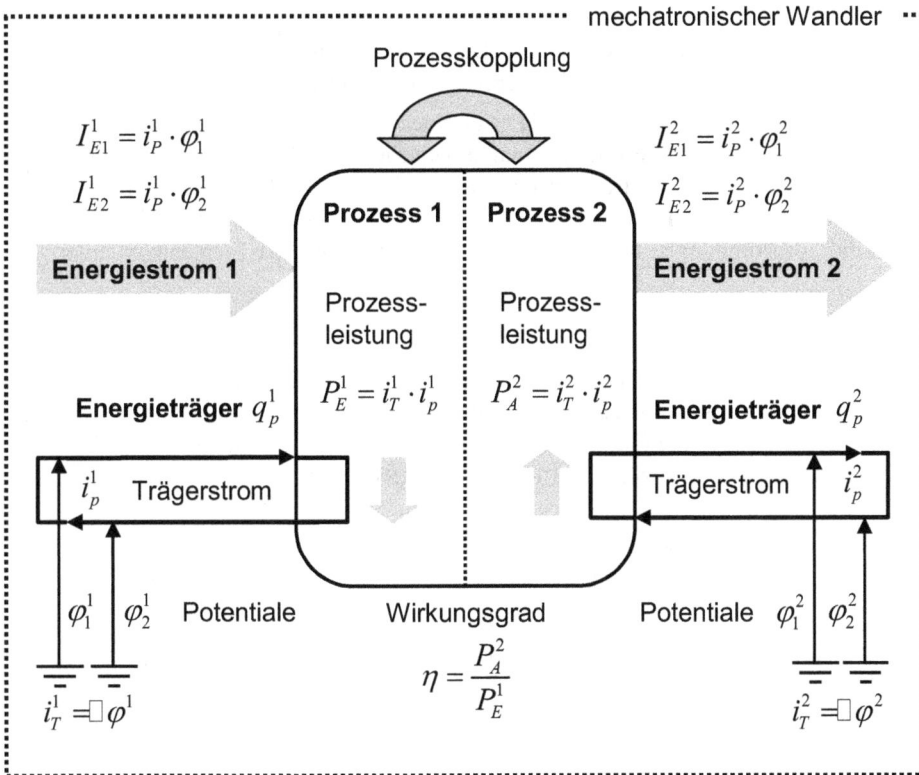

Abb. 4.4:   Energiestromdarstellung eines mechatronischen Wandlers

Def. 4.1:
Ein Energiewandler ändert die Energieart (z.B. elektrische Energie oder mechanische Energie) des Energiestroms (Energieflusses) zwischen mindestens zwei unterschiedlichen physikalischen Systemen über das Prinzip der Energiestromkopplung. Bei der Energiestromkopplung wird der Energiestrom des einen physikalischen Systems mit dem Energiestrom des zweiten physikalischen Systems verbunden (Prozesskopplung). Ist diese Prozesskopplung sowohl räumlich als auch funktional weitgehend integriert, so spricht man von einem **mechatronischen Wandler** (Abb. 4.4).

Mechatronische Elementarwandler

Die Darstellung mechatronischer Wandler kann zunächst in unterschiedlichen mathematisch physikalischen Formen oder auch durch grafische Signalflussformen erfolgen [10-13].

Zur Integration der mechatronischen Wandler in eine verallgemeinerte Netzwerkumgebung ist jedoch eine entsprechende Netzwerkdarstellung des Wandlers vorteilhaft. Dabei beschränkt man sich zunächst nur auf die wesentlichen Grundeigenschaften des Wandlers und formuliert dann daraus die Beschreibung eines mechatronischen Elementarwandlers.

Bei einem mechatronischen Elementarwandler erfolgt die Energiestromkopplung nur für *zwei* unterschiedliche physikalische Systeme. Dazu werden ausschließlich die topologischen Netzwerkvariablen Flussgröße $f(t)$ und Potentialgröße $e(t)$ an den Wandlerein- und Ausgängen verwendet. Zur Integration des Wandlers in eine verallgemeinerte Netzwerkdarstellung mechatronischer Bauelemente, erfolgt die mathematische Formulierung des Elementarwandlers als Vierpolbauelement in Matrixschreibweise. Wird die Beschaltung des Elementarwandlers im umgebenen Netzwerk ausschließlich über seine vier Polklemmen realisiert, so sind zusätzlich die Torbedingungen des Vierpols erfüllt. Damit wird der Elementarwandler zum Zweitor.

Def. 4.2:
Ein mechatronischer Elementarwandler in verallgemeinerter Netzwerkdarstellung ist ein Zweitor mit genau vier Klemmen zu seiner Netzwerkumgebung. Der Zustand des Zweitors wird ausschließlich durch die Fluss- und Potentialgrößen an seinen Klemmen und den physikalischen Wandlergrößen in Matrixform charakterisiert.

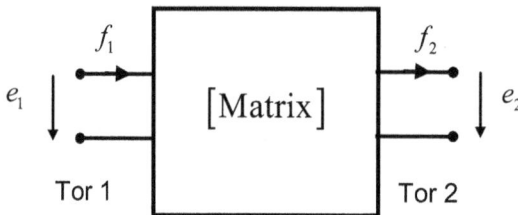

Abb. 4.5:   mechatronischer Elementarwandler in Netzwerkform

4.3   Mechatronische Zweitore

4.3.1   Zweitore

Ein Zweitor ist ein Netzwerkbauelement mit genau zwei Eingangs- und zwei Ausgangsklemmen, die jeweils zu einem Tor zusammengefasst werden. Die Klemmenpaare werden durch *eine* P-Intensität (Flussvariable) und *eine* T-Intensität (Potentialvariable) beschrieben. Der an der Klemme 1′ bzw. 2′ austretende Fluss muss gleich dem an der Klemme 1 bzw. 2 eintretende Fluss sein (Abb. 4.6). Damit ist die Torbedingung für Zweitore erfüllt. Die Bezugsrichtung der P- und der T-Intensitäten wird durch ein zu wählendes Zählpfeilsystem festgelegt. Weiterhin sind im Allgemeinen alle Torgrößen als komplexe Größen anzunehmen.

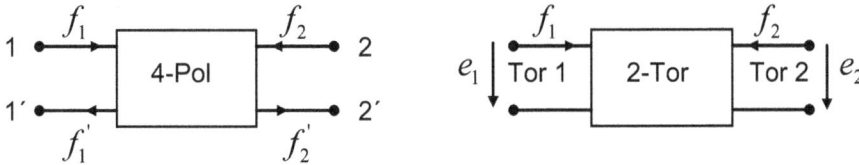

Abb. 4.6:   Darstellung eines Vierpols und eines Zweitors

4.3.2   Zweitore in Matrixform

Für die mathematische Formulierung der Netzwerkbauelemente in einem mechatronischen Netz ist eine möglichst einfache Beschreibung der Zweitorbauelemente erforderlich. Zu ihrer Herleitung soll im Folgenden das Beispiel eines verlustfreien, elektrischen Transformators herangezogen werden. Dabei wird vorerst bewusst nicht auf die magnetischen Zusammenhänge im Inneren des Transformators eingegangen. Ausgangspunkt sollen zunächst nur die zwei phänomenologischen Gleichungen zwischen der Ein- und Ausgangsspannung und dem Ein- und Ausgangstrom des Transformators sein. Für einen solchen Transformator sollen folgende Bedingungen mit dem Faktor T als Transformationsverhältnis erfüllt sein:

$$u_1 = T \cdot u_2$$
$$i_1 = \frac{1}{T} \cdot i_2 \qquad\qquad (4.1)$$

Weiterhin soll der Wirkungsgrad des Transformators $\eta = 1$ betragen, d.h. die Eingangsleistung $P_1 = u_1 \cdot i_1$ wird vollständig in die Ausgangsleistung $P_2 = u_2 \cdot i_2$ umgewandelt (Abb. 4.7).

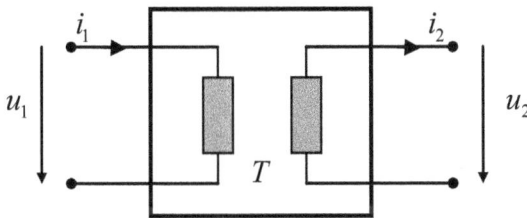

Abb. 4.7:   idealer Transformator mit 100% Wirkungsgrad

Durch Umordnen der beteiligten Variablen kann die folgende Vektorform gebildet werden:

$$\begin{bmatrix} u_1 \\ i_2 \end{bmatrix} = \begin{bmatrix} 0 & T \\ T & 0 \end{bmatrix} \cdot \begin{bmatrix} i_1 \\ u_2 \end{bmatrix} \qquad\qquad (4.2)$$

$$\overline{x} = Q \cdot \overline{y} \qquad\qquad (4.3)$$

Oft interessiert man sich nur für die innere Beschreibung Q des Zweitors, d.h. äußere Speicherbauelemente oder Energiewandlungsprozesse werden als externe Quellen des Zweitors betrachtet. Zur inneren Darstellung mittels Q-Matrix bietet sich die Belevitch-Form [21] der Zweitorbeschreibung (Gl. 4.3) an.

$$E \cdot \overline{x} - Q \cdot \overline{y} = O \tag{4.4}$$

$$[E, -Q] \cdot \begin{bmatrix} \overline{x} \\ \overline{y} \end{bmatrix} = O \tag{4.5}$$

Im Beispiel des elektrischen Transformators ist $\overline{x} = \begin{bmatrix} u_1 \\ i_2 \end{bmatrix}$ und $\overline{y} = \begin{bmatrix} i_1 \\ u_2 \end{bmatrix}$. Der Vektor $\begin{bmatrix} \overline{x} \\ \overline{y} \end{bmatrix}$

(s. Gl. 4.5) kann nun aus den unterschiedlichsten Kombinationen der jeweiligen Ein- und Ausgangsgröße des Transformators gebildet werden. Die nachfolgende Tab. 4.1 zeigt dazu alle sechs möglichen Belevitchformen.

Tab. 4.1:   sechs mögliche Belevitchformen der Zweitordarstellung

	1	2	3	4	5	6
$\overline{x}$	$\begin{bmatrix} f_1 \\ f_2 \end{bmatrix}$	$\begin{bmatrix} e_1 \\ e_2 \end{bmatrix}$	$\begin{bmatrix} e_1 \\ f_2 \end{bmatrix}$	$\begin{bmatrix} f_1 \\ e_2 \end{bmatrix}$	$\begin{bmatrix} e_1 \\ f_1 \end{bmatrix}$	$\begin{bmatrix} e_2 \\ f_2 \end{bmatrix}$
$\overline{y}$	$\begin{bmatrix} e_1 \\ e_2 \end{bmatrix}$	$\begin{bmatrix} f_1 \\ f_2 \end{bmatrix}$	$\begin{bmatrix} f_1 \\ e_2 \end{bmatrix}$	$\begin{bmatrix} e_1 \\ f_2 \end{bmatrix}$	$\begin{bmatrix} e_2 \\ (-)f_2 \end{bmatrix}$	$\begin{bmatrix} e_1 \\ (-)f_1 \end{bmatrix}$
Q	Y	Z	H	C	A	B

Wie leicht aus Spalte 3 der Tab. 4.1 zu entnehmen ist, entspricht die Matrix Q für das Beispiel des elektrischen Transformators gleich der Hybridmatrix H.

$$\overline{x} = H \cdot \overline{y} \tag{4.6}$$

$$\begin{bmatrix} u_1 \\ i_2 \end{bmatrix} = \begin{bmatrix} H_{11} & H_{12} \\ H_{21} & H_{22} \end{bmatrix} \cdot \begin{bmatrix} i_1 \\ u_2 \end{bmatrix} \tag{4.7}$$

Vergleicht man nun Gl. 4.2 und Gl. 4.7 miteinander, so können für die Matrixelemente von H zunächst die zwei folgenden Parameter abgelesen werden $H_{11} = H_{22} = 0$.

Betrachtet man zusätzlich die Stromrichtung von i_2 in Abb. 4.7 und f_2 in Abb. 4.6 so fällt auf, dass sie genau entgegengesetzt sind. Die jeweils korrekte Stromrichtung wird deshalb durch ein entsprechendes Pfeilsystem (Abb. 4.8) definiert. Für ein symmetrisches Pfeilsystem gelten die Matrizen: Q = Y, Q = Z, Q = H und Q = C, für das Kettenpfeilsystem die Matrizen Q = A und Q = B der jeweiligen Belevitch-Form. Die Wahl des konkreten Pfeilsystems richtet sich nach der späteren Verschaltung mehrerer Wandler untereinander.

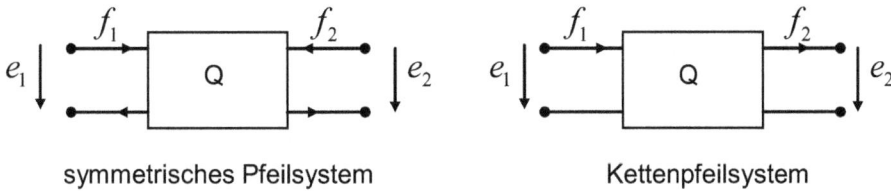

symmetrisches Pfeilsystem   Kettenpfeilsystem

Abb. 4.8:   mögliche Wandlerpfeilsysteme

Für das Beispiel des elektrischen Transformators in H-Form muss also die Stromrichtung von i_2 gegenüber der ursprünglichen Stromrichtung (Abb. 4.7) umgekehrt werden.

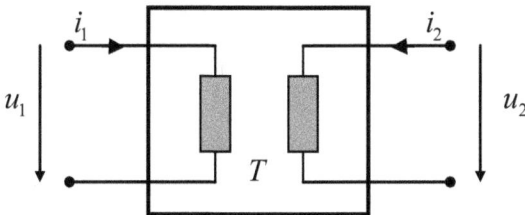

Abb. 4.9:   idealer Transformator mit symmetrischem Pfeilsystem

$$\begin{bmatrix} u_1 \\ i_2 \end{bmatrix} = \begin{bmatrix} 0 & H_{12} \\ -H_{21} & 0 \end{bmatrix} \cdot \begin{bmatrix} i_1 \\ u_2 \end{bmatrix}$$ (4.8)

Damit sind die H-Parameter des idealen Transformators als Zweitorbauelement vollständig bestimmt.

$$H_{11} = H_{22} = 0 ; \qquad H_{12} = -H_{21} = T$$ (4.9)

4.4   Eigenschaften mechatronischer Zweitore

Neben den allgemeinen Einschränkungen (Linearität, Zeitinvarianz) bei der Anwendung der Vierpoltheorie auf mechatronische Elementarwandler in Zweitorform, sollen noch weitere Eigenschaften der mechatronischen Zweitore untersucht werden. Diese sind insbesondere bei der Verkopplung der unterschiedlichen physikalischen Teilsysteme von besonderer Bedeutung.

4.4.1   Reziprozität

Eine Eigenschaft von außerordentlicher praktischer Bedeutung für die Netzwerkanalyse ist das Reziprozitätstheorem nach *TELLEGEN* [22]. Zunächst soll dieses Theorem für nur *ein* physikalisches Teilsystem abgeleitet werden, um es anschließend auf beliebige mechatroni-

sche Wandler zu erweitern. Ausgangspunkt für die Reziprozität sind spezielle Anschlussbedingungen des Zweitors (Abb. 4.10).

Def. 4.3:
Ein Zweitor ist reziprok, wenn beim Anlegen einer Potentialdifferenz an das Tor 1 oder das
Tor 2 durch jeweils das andere kurzgeschlossene Tor der gleiche Fluss fließt.

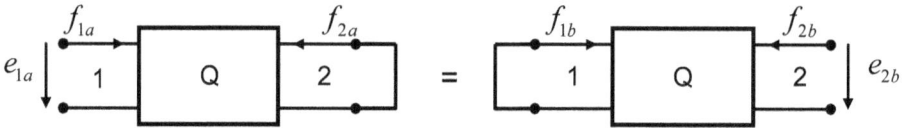

Abb. 4.10:   Zweitor im Vorwärtsbetrieb und Rückwärtsbetrieb

Gilt D 4.3, so folgt:

$$e_{1a} = e_{2b} \quad und \quad f_{2a} = f_{1b} \tag{4.10}$$

Setzt man D 4.3 in die Leitwertform aus Tab. 4.1 ein, und setzt den Kurzschlussstrom von
Vorwärts- und Rückwärtsbetrieb gleich so, ergibt sich ein einfacher Zusammenhang zwischen den Leitwertparametern Y_{12} und Y_{21}.

$$f_{2a} = Y_{21} \cdot e_{1a} + Y_{22} \cdot e_{2a} \qquad f_{1b} = Y_{11} \cdot e_{1b} + Y_{12} \cdot e_{2b} \tag{4.11}$$

$$f_{2a}\big|_{e_{2a}=0} = Y_{21} \cdot e_{1a} = f_{1b}\big|_{e_{1b}=0} = Y_{12} \cdot e_{2b} \tag{4.12}$$

Da die Potentialdifferenzen e_{1a} und e_{2b} gleich sind (Gl. 4.10), erhält man für die Y-Parameter
die Reziprozitätsbeziehung.

$$Y_{12} = Y_{21} \tag{4.13}$$

$$e_{2b} \cdot f_{2a} = e_{1a} \cdot f_{1b} \tag{4.14a}$$

Für die weiteren Zweitorgleichungen aus Tab. 4.1 ergeben sich ähnliche Beziehungen (Tab.
4.2).

Tab. 4.2:   Eigenschaften reziproker Zweitore

	1	2	3	4	5	6
Q	Y	Z	H	C	A	B
	$Y_{12} = Y_{21}$	$Z_{12} = Z_{21}$	$H_{12} = -H_{21}$	$C_{12} = -C_{21}$	$\det A = 1$	$\det B = 1$

Die Spalte 2 aus Tab. 4.2 zeigt eine duale Beziehung zu Gl. 4.13 und entspricht damit auch
der dualen Messanordnung (Abb. 4.11).

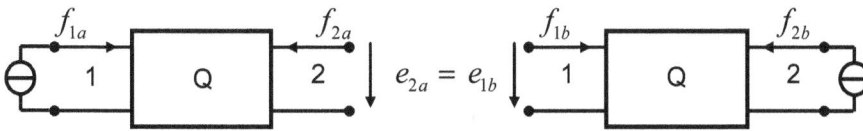

Abb. 4.11:   duale Messanordnung für reziproke Zweitore

Def. 4.4:
Speist man in das Tor 1 oder in das Tor 2 einen Fluss ein, so fällt über dem jeweils anderen Tor die gleiche Potentialdifferenz ab.

Man kann nun das Reziprozitätstheorem anstelle der betrachteten Kurzschluss- und Leerlaufbedingungen auf beliebige Abschlüsse an beiden Seiten des Zweitores erweitern, indem man die äußeren Impedanzen in das Innere der Tore verschiebt (Abb. 4.12).

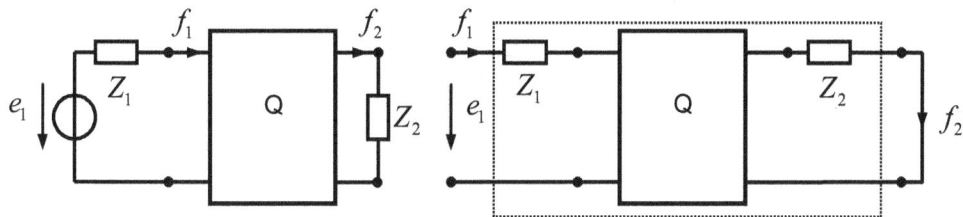

Abb. 4.12:   Zweitor mit beliebigen Impedanzen an Ein- und Ausgang

Damit lautet die vollständige Form des Reziprozitätstheorems:

$$e_{1b} \cdot f_{1a} + e_{2b} \cdot f_{2a} = e_{1a} \cdot f_{1b} + e_{2a} \cdot f_{2b} \tag{4.14b}$$

Die Definitionen und Ableitungen zur Umkehrbarkeit eines Zweitores erfolgten bisher nur für die Energieübertragung in *einem* physikalischen Teilgebiet. Welche Eigenschaften stellen sich nun bei der Kopplung *zweier* unterschiedlicher physikalischer Systeme ein? Dazu soll wieder der ideale elektrische Transformator als Beispiel betrachtet werden. Diesmal interessieren jedoch zusätzlich die inneren magnetischen Zusammenhänge des Transformators. Elektrisch betrachtet besteht ein Transformator aus zwei galvanisch getrennten Wicklungen auf der Primär- und der Sekundärseite (Abb. 4.13).

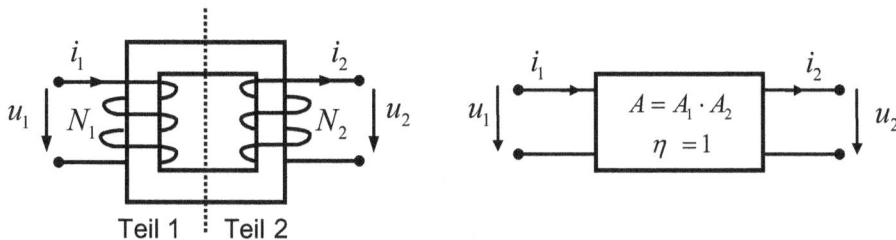

Abb. 4.13:   Transformator als Kettenschaltung zweiter Elementarwandler

Die Energiekopplung zwischen der elektrischen Primär- und der Sekundärseite erfolgt durch magnetische Kenngrößen. Somit kann der elektrische Transformator in zwei einzelne mechatronische Elementarwandler, verschaltet in Kettenform, zerlegt werden. Wandler 1 wandelt die elektrische in magnetische Energie und Wandler 2 die magnetische Energie wieder zurück in elektrische Energie.

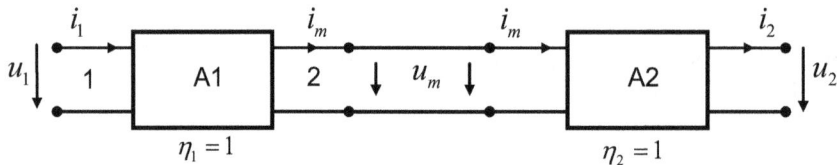

Abb. 4.14:   Kettenschaltung der Teilsysteme Teil1 und Teil2

Da der Gesamtwirkungsgrad des Transformators $\eta = 1$ beträgt, müssen die Teilwirkungsgrade η_1 und η_2 zwangsläufig auch gleich 1 betragen.

Betrachten wir zunächst das Teilsystem 1 mit der Windungszahl N_1. Einen Zusammenhang zwischen der elektrischen Spannung u_1 und der magnetischen Spannung u_{m1} liefert das Amperesche Gesetz.

$$u_{m1} = \int_{s1} \overline{H} \cdot d\overline{s} = N_1 \cdot i_1 \tag{4.15}$$

Aus $\eta_1 = 1$ folgt, dass die Eingangsleistung am Tor 1 der Ausgangsleistung am Tor 2 entspricht, also $P_1 = P_1'$ ist.

$$P_1 = u_1 \cdot i_1 = P_1' = u_{m1} \cdot i_m \tag{4.16}$$

$$u_1 = \frac{u_{m1}}{i_1} \cdot i_m = N_1 \cdot i_m \tag{4.17}$$

Die Gleichungen Gl. 4.15 und Gl. 4.17 können wieder in eine Normalform nach Tab. 4.2 umgeformt werden.

$$i_1 = \frac{1}{N_1} \cdot u_{m1} \tag{4.18}$$

$$i_m = \frac{1}{N_1} \cdot u_1 \tag{4.19}$$

Entgegen der schon eingeführten Kopplung der Potentialgrößen und der Flussgrößen untereinander (Gl. 4.1), liegt nun bei der Kopplung des elektrischen Systems mit dem magnetischen System eine wechselseitige Verkopplung vor. Die Flussgröße von Tor 1 ist mit der Potentialgröße von Tor 2, die Potentialgröße von Tor 1 mit der Flussgröße von Tor 2 verkoppelt. Diese Form der Kopplung wird als *gyratorische* Kopplung, der zugehörige Wandler als *Gyrator* bezeichnet.

$$\begin{bmatrix} i_1 \\ i_m \end{bmatrix} = \begin{bmatrix} 0 & \dfrac{1}{N_1} \\ \dfrac{1}{N_1} & 0 \end{bmatrix} \cdot \begin{bmatrix} u_1 \\ u_{m1} \end{bmatrix} \tag{4.20}$$

$$\overline{x} = Y \cdot \overline{y} \tag{4.21}$$

Aus Gl. 4.20 kann leicht der Zusammenhang $Y_{12} = Y_{21} = \dfrac{1}{N_1}$ entnommen werden. Somit ist auch der Gyrator bzw. das Teilsystem 1, die Kopplung elektrisch – magnetisch, ein reziprokes Zweitor (Gl. 4.13). Da das Gesamtsystem Transformator auch ein reziprokes Zweitor darstellt, muss aus der Berechnung

$$\det A_1 = \det A_2 = \det A = 1$$

folgen, dass es sich beim Teilsystem 2, der Kopplung magnetisch – elektrisch, auch um ein reziprokes Zweitor handeln muss. Existieren nun verlustbehaftete Bauelemente in Form von Widerständen an den Torklemmen, so können diese in das Zweitor integriert werden, ohne dass sich die Reziprozitätseigenschaft ändert (Abb. 4.12).

Im Übrigen kann aus der Kettenform beider Gyratoren A1 und A2 leicht der Transformationsfaktor $T = \dfrac{N_1}{N_2}$ berechnet werde.

Damit erhält man die folgende wichtige Aussage für domäneübergreifende Energiekopplungen.

Def. 4.5:
Ein mechatronischer Elementarwandler in Vierpolform, kann als domäneübergreifendes, *reziprokes* Zweitor betrachtet werden.

4.4.2 Umrechnungen mechatronischer Zweitore (Matrixformen)

Die Tab. 4.1 zeigte alle sechs Kombinationsmöglichkeiten der Matrix Q für die Zweitordarstellung. Als Eingangs- und Ausgangsgrößen sind jedoch immer nur die zwei Fluss- und die zwei Potentialgrößen beteiligt. Die einzelnen Matrizen Q sollten sich also ineinander umrechnen lassen.

Leitwertsform in Widerstandform

Die Umrechnungen von Leitwertsmatrix und Widerstandsmatrix gestalten sich sehr einfach. Setzen wir zunächst $Q = Y$. Die zugehörigen Ein-/Ausgangsbeziehungen lauten dann:

$$\overline{f} = Y \cdot \overline{e} \tag{4.22}$$

$$\overline{e} = Z \cdot \overline{f} \tag{4.23}$$

Um die Widerstandsform zu finden erweitern wir Gl. 4.22 mit der Widerstandsmatrix von links und ersetzen $\overline{e}$ durch Gl. 4.23.

$$Z \cdot \overline{f} = Z \cdot Y \cdot Z \cdot \overline{f} \tag{4.24}$$

Diese Gleichung ist nur dann erfüllt, wenn $Z \cdot Y$ gleich der Einheitsmatrix E ist.

$$Z \cdot Y = E \tag{4.25}$$

Damit beinhaltet Gl. 4.25 eine erste einfache Transformationsbeziehung.

$$Y = \begin{bmatrix} Y_{11} & Y_{12} \\ Y_{21} & Y_{22} \end{bmatrix} = Z^{-1} = \frac{1}{\det Z} \cdot \begin{bmatrix} Z_{22} & -Z_{12} \\ -Z_{21} & Z_{11} \end{bmatrix} \tag{4.26}$$

$$Z = \begin{bmatrix} Z_{11} & Z_{12} \\ Z_{21} & Z_{22} \end{bmatrix} = Y^{-1} = \frac{1}{\det Y} \cdot \begin{bmatrix} Y_{22} & -Y_{12} \\ -Y_{21} & Y_{11} \end{bmatrix} \tag{4.27}$$

Kommen wir nun zu der Frage, ob und unter welchen Bedingungen diese Transformation möglich ist. Ein unbestimmter Ausdruck ergibt sich immer dann, wenn die Determinanten von Z bzw. von Y gleich Null werden, d.h. die Determinanten der Ausgangsmatrix nicht verschwinden.

Die zweite Frage beschäftigt sich mit der *generellen* Existenz der Leitwerts- und Widerstandsmatrix. Dazu werden die jeweiligen Komponentenformen notiert.

$$\left. \begin{array}{l} f_1 = Y_{11} \cdot e_1 + Y_{12} \cdot e_2 \\ f_2 = Y_{21} \cdot e_1 + Y_{22} \cdot e_2 \end{array} \right\rangle \quad \overline{x} = Y \cdot \overline{y} \tag{4.28}$$

$$\left. \begin{array}{l} f_1 = Z_{11} \cdot e_1 + Z_{12} \cdot e_2 \\ f_2 = Z_{21} \cdot e_1 + Z_{22} \cdot e_2 \end{array} \right\rangle \quad \overline{x} = Z \cdot \overline{y} \tag{4.29}$$

Wie aus Gl. 4.28 und Gl. 4.29 ersichtlich, können die jeweiligen Matrixformen nur dann existieren, wenn die Variablen $\overline{y}$ frei wählbar sind, d.h. existiert ein beliebiger physikalischer Zusammenhang zwischen dem Ein- und Ausgangspotential e_1 und e_2, kann die Leitwertform Y nicht existieren.

Erinnern wir uns an das Beispiel des elektrischen Transformators. Hier gab es diesen Zusammenhang in der Form von $u_1 = T \cdot u_2$. Damit sind beide Potentialgrößen e_1 und e_2 nicht mehr frei wählbar und die Leitwertform eines idealen elektrischen Transformators existiert nicht! Der ideale Transformator kann nicht durch eine Y-Matrix abgebildet werden.

Hybridform in Leitwertsform

Die allgemeine Form der Hybridparameter

$$\begin{bmatrix} e_1 \\ f_2 \end{bmatrix} = \begin{bmatrix} H_{11} & H_{12} \\ H_{21} & H_{22} \end{bmatrix} \cdot \begin{bmatrix} f_1 \\ e_2 \end{bmatrix} \tag{4.30}$$

soll im Weiteren auf die Leitwertsform umgerechnet werden.

$$\begin{bmatrix} f_1 \\ f_2 \end{bmatrix} = \begin{bmatrix} Y_{11} & Y_{12} \\ Y_{21} & Y_{22} \end{bmatrix} \cdot \begin{bmatrix} e_1 \\ e_2 \end{bmatrix} \tag{4.31}$$

Notiert man die Matrixform von Gl. 4.30 in Komponentenschreibweise,

$$e_1 = H_{11} \cdot f_1 + H_{12} \cdot e_2 \tag{4.32a}$$

$$f_1 = H_{21} \cdot f_1 + H_{22} \cdot e_2 \tag{4.32b}$$

so muss Gl. 4.32a nur nach f_1 aufgelöst werden um die erste Umrechnungsbeziehung zu erhalten.

$$f_1 = -\frac{1}{H_{11}} \cdot e_1 - \frac{H_{12}}{H_{11}} \cdot e_2 \tag{4.33}$$

Ersetzt man nun f_1 in Gl. 4.32b durch die Transformationsform Gl. 4.33 findet man die zweite Umrechnungsbeziehung.

$$f_2 = \frac{H_{21}}{H_{11}} \cdot e_1 + \frac{\det H}{H_{11}} \cdot e_2 \tag{4.34}$$

Als Beispiel für die Transformation der Hybridform in die Leitwertsform soll wieder der ideale elektrische Transformator herangezogen werden. Wie leicht zu erkennen ist, ist eine Umrechnung der Hybridparameter in die Leitwertsparameter nicht möglich, da $H_{11} = 0$ ist. Die entsprechende Leitwertsform des idealen Transformators existiert also nicht.

Damit kann die folgende Regel für die Existenz von Zweitormatrixformen formuliert werden.

> **Def. 4.6:**
> Die jeweilige Belevitch-Form einer Zweitormatrix Q existiert nur dann, wenn die beiden Komponenten des Vektors $\overline{y}$ unabhängig voneinander frei wählbar sind.

Bsp. elektrischer Transformator

Für den elektrischen Transformator galt die folgende Transformationsbeziehung zwischen der Ein- und Ausgangsspannung des Transformators: $u_1 = T \cdot u_2$. Damit ist u_1 mit u_2 über den Faktor T linear verknüpft. Beide Komponenten des Vektors $\overline{y}$ sind nicht frei und unabhängig von einander wählbar und $Q = Y$ existiert nicht.

Eine ähnliche Betrachtung kann auf die zweite Transformatorbeziehung $i_1 = \dfrac{1}{T} \cdot i_2$ angewendet werden. Da die Ströme nicht unabhängig und frei wählbar sind existiert keine zugehörige Impedanzform $Q = Z$.

Existieren nun prinzipielle Restriktionen für mechatronische Wandler die eine generelle Überführbarkeit oder Transformation der Matrix Q unmöglich machen? Dazu schauen wir uns die Matrixformen A und B nochmals genauer an. Für eine generelle Existenz der Kettenparameter müssten die einzelnen Komponenten des Vektors $\overline{y}_1 = \begin{bmatrix} e_2 \\ -f_2 \end{bmatrix}$ und $\overline{y}_2 = \begin{bmatrix} e_1 \\ -f_1 \end{bmatrix}$ unabhängig und frei wählbar sein. Diese Bedingung ist in jedem Fall erfüllt, da ja die Komponenten von $\overline{y}_1$ und $\overline{y}_2$ laut Energieschema gerade die unabhängigen Toreingangs- und Torausgangsgrößen des mechatronischen Wandlers sind. Es existieren also *keine* umrechnungsbeschränkenden Randbedingungen für die Kettenparameter. Zur allgemeinen Klassifikation eines mechatronischen Wandlers ist es somit sinnvoll, ihn in eine Kettenform zu überführen. Nachfolgend sind die Transformationsbeziehungen ohne Herleitung aufgeführt (Anhang B1).

$$A_{11} = -\frac{\det H}{H_{21}} \quad A_{12} = -\frac{H_{11}}{H_{21}}$$

$$A_{21} = -\frac{H_{22}}{H_{21}} \quad A_{22} = -\frac{1}{H_{21}}$$

Bsp. idealer elektrischer Transformator

<u>Vor.:</u> $H_{11} = H_{22} = 0$ und $H_{12} = -H_{21} = T$ sowie $\det H = -H_{12} \cdot H_{21}$. Damit erhalten wir für

die Kettenmatrix $A = \begin{bmatrix} H_{12} & 0 \\ 0 & -\dfrac{1}{H_{21}} \end{bmatrix}$.

Def. 4.7:
Sind bei einem idealen Zweitor $(\eta = 1)$ die Kettenparameter $A_{12} = A_{21} = 0$, so besitzt dieses Zweitor transformatorische Eigenschaften (Transformator).

Abb. 4.15 zeigt das zugehörige mechatronische Schaltbild des idealen mechatronischen Transformators.

Äquivalente Betrachtungen können für die magnetische Kopplung (Abb. 4.14) angestellt werden. Die beiden magnetischen Teilsysteme waren über eine gyratorische Kopplung miteinander verbunden. Auch hier bestehen bei der Transformation in die Kettenparameter keine umrechnungsbeschränkenden Restriktionen.

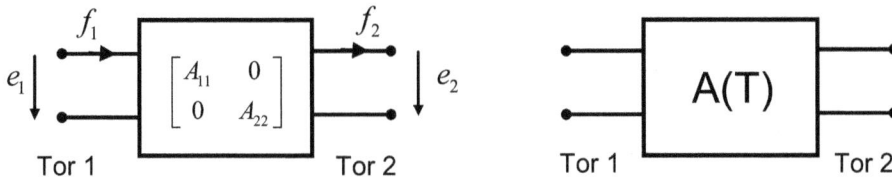

Abb. 4.15:   Schaltbild des idealen mechatronischen Transformators

Def. 4.8:
Sind bei einem idealen Zweitor $(\eta = 1)$ die Kettenparameter $A_{11} = A_{22} = 0$, so besitzt dieses Zweitor gyratorische Eigenschaften (Gyrator).

Abb. 4.16 zeigt das zugehörige mechatronische Schaltbild des idealen mechatronischen Gyrators.

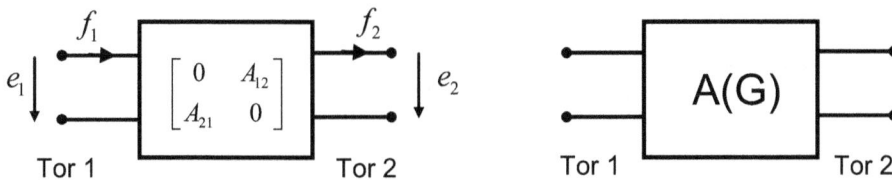

Abb. 4.16:   Schaltbild des idealen mechatronischen Gyrators

4.4.3   Übertragungseigenschaften eines Transformators A(T)

Wie bereits beschrieben, koppelt der Transformator als mechatronischer Elementarwandler zwei unterschiedliche physikalische Teilsysteme. Dabei ist er vollständig in ein mechatronisches Netzwerk integriert. Das bedeutet, dass sich an den Ein- und Ausgangsklemmen des Wandlers weitere aktive und passive Netzwerkbauelemente befinden. Da ein mechatronischer Wandler durch seinen inneren Aufbau nicht rückwirkungsfrei arbeiten kann, beeinflussen sich die an den äußeren Torklemmen des Wandlers angeschlossenen Bauelemente über den Wandler gegenseitig. Diese Beeinflussungen sollen in Folgenden näher untersucht werden.

Bei den bisher betrachteten mechatronischen Wandlern handelt es sich ausschließlich um reziproke Wandler. Es reicht daher aus, dass das Wandlerverhalten in einer Übertragungsrichtung (z.B. vom Ausgang auf den Eingang) näher zu untersuchen. Die reziproke Übertragungsrichtung verhält sich dann analog dazu.

Zunächst gehen wir davon aus, dass das am Wandlerausgang angeschlossene mechatronische Netzwerk durch eine einzige komplexe Summenimpedanz abgebildet werden kann. Die Summenimpedanz darf beliebig viele passive Speicherbauelemente, sowie verlustbehaftete Bauelemente beinhalten. Sie können sowohl in Reihen- oder Parallelschaltung kombiniert werden. Für die Untersuchung der Übertragungseigenschaften reicht es aus, sich auf die

Grundeigenschaften (Kapazität, Induktivität und Widerstand) zu beschränken. Abb. 4.17 zeigt den zu untersuchenden Fall.

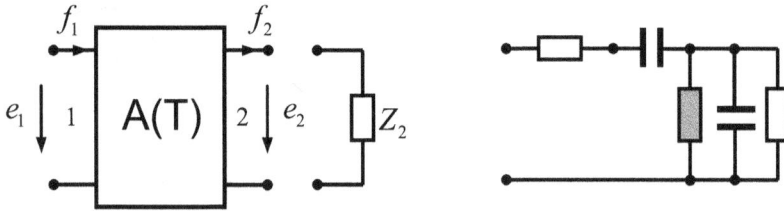

Abb. 4.17:   Ausgangsbeschaltung eines Transformators mit einem beliebigen Abschlussnetzwerk

Durch die reziproken Übertragungseigenschaften des Wandlers beeinflusst der komplexe Abschlusswiderstand Z_2, das Eingangsverhalten des Tores 1. Der Transformator A(T) und der Widerstand Z_2 können durch einen einzigen Ersatzwiderstand Z_1 an den Klemmen des Tores 1 ersetzt werden (Abb. 4.18).

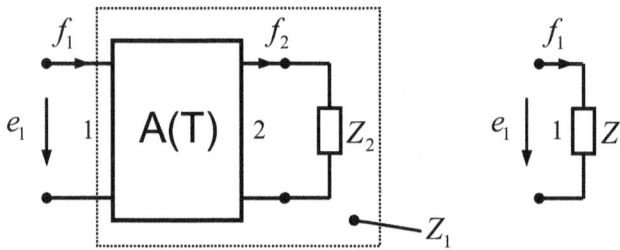

Abb. 4.18: Z_1 als Ersatzschaltung aus Transformator und Z_2

Der Ersatzwiderstand Z_1, wird über die transformatorischen Wandlergleichungen bestimmt.

$$\begin{bmatrix} e_1 \\ f_1 \end{bmatrix} = \begin{bmatrix} A_{11} & 0 \\ 0 & A_{22} \end{bmatrix} \cdot \begin{bmatrix} e_2 \\ f_2 \end{bmatrix} \tag{4.35}$$

Aus dem Quotienten von e_1 und f_1 kann der Ersatzwiderstand Z_1 berechnet werden.

$$Z_1 = \frac{e_1}{f_1} = \frac{A_{11}}{A_{22}} \cdot \frac{e_2}{f_2} = \frac{A_{11}}{A_{22}} \cdot Z_2 \tag{4.36}$$

Wie aus Gl. 4.36 leicht zu erkennen, setzt der Ersatzwiderstand Z_1 aus dem Abschlusswiderstand Z_2 und den Transformationsfaktor $\frac{A_{11}}{A_{22}}$ zusammen. Man spricht auch von einer Impedanztransformation.

In einem zweiten Schritt kann nun der allgemeinen Impedanz Z_2 ein konkretes Speicherbauelement oder ein reeller Widerstand zugeordnet werden.

Transformation eines kapazitiven Speichers

Zur Ermittlung der Übertragungseigenschaften eines kapazitiven Speichers wird Z_2 durch eine ideale Kapazität ersetzt. $Z_2 = \dfrac{1}{j\omega C_2}$

Eingesetzt in Gl. 4.36 ergibt sich für Z_1:

$$Z_1 = \frac{A_{11}}{A_{22}} \cdot \frac{1}{j\omega C_2} = \frac{1}{j\omega C_1} \quad ; \quad C_1 = \frac{A_{22}}{A_{11}} \cdot C_2 \tag{4.37}$$

Kapazitive Netzwerkanteile auf der Torseite 2, erscheinen mit dem Übertragungsfaktor $\dfrac{A_{22}}{A_{11}}$ auf der Torseite 1 auch als kapazitive Anteile (Abb. 4.19).

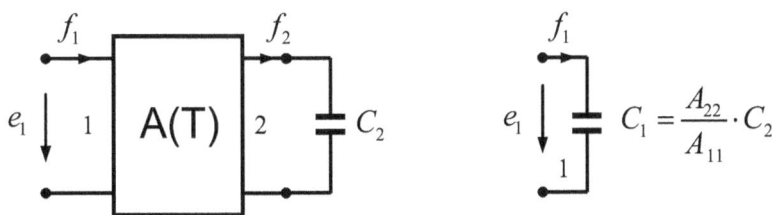

Abb. 4.19:   Transformation eines kapazitiven Speichers

Transformation eines induktiven Speichers.

Bei idealen induktiven Speichern ersetzen wir Z_2 durch $Z_2 = j\omega L_2$

Eingesetzt in Gl. 4.36 ergibt sich für Z_1:

$$Z_1 = \frac{A_{11}}{A_{22}} \cdot j\omega L_2 = j\omega L_1 \quad ; \quad L_1 = \frac{A_{11}}{A_{22}} \cdot L_2 \tag{4.38}$$

Induktive Netzwerkanteile auf der Torseite 2, erscheinen mit dem Übertragungsfaktor $\dfrac{A_{11}}{A_{22}}$ auf der Torseite 1 auch als induktive Anteile (Abb. 4.20).

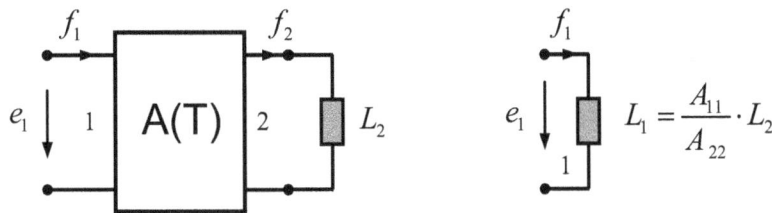

Abb. 4.20:   Transformation eines induktiven Speichers

Da ein reales Netzwerk nicht nur aus idealen Kapazitäten, Induktivitäten und Widerständen besteht (Abb. 4.17) interessieren in der Praxis natürlich auch beliebige andere Kombinationen dieser drei Grundbauelemente. Ihre Zusammenschaltung erfolgt durch Reihen- und Parallelschaltung.

Reihenschaltung von Impedanzen

Bei der Reihenschaltung von Impedanzen werden zwei Einzelimpedanzen Z_{21} und Z_{22} wie folgt verschaltet (Abb. 4.21).

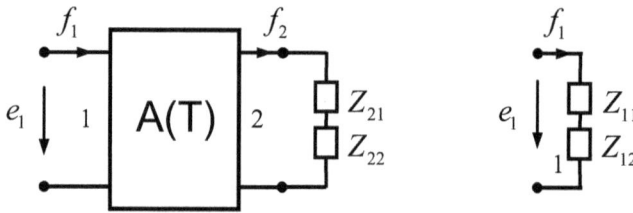

Abb. 4.21:   Transformation der Reihenschaltung von Einzelimpedanzen

Die Addition der Einzelimpedanzen wird wiederum in die Transformationsbeziehung Gl. 4.36 eingesetzt.

$$Z_1 = \frac{A_{11}}{A_{22}} Z_{21} + \frac{A_{11}}{A_{22}} Z_{22} = Z_{11} + Z_{12} \quad ; \quad Z_{11} = \frac{A_{11}}{A_{22}} Z_{21}, Z_{12} = \frac{A_{11}}{A_{22}} Z_{22} \tag{4.39}$$

Eine Reihenschaltung am Tor 2 bleibt somit eine Reihenschaltung auf der Torseite 1 des mechatronischen Transformators.

Parallelschaltung von Impedanzen

Eine weitere Kombinationsmöglichkeit zweier Impedanzen Z_{21} und Z_{22} ist die Parallelschaltung (Abb. 4.22).

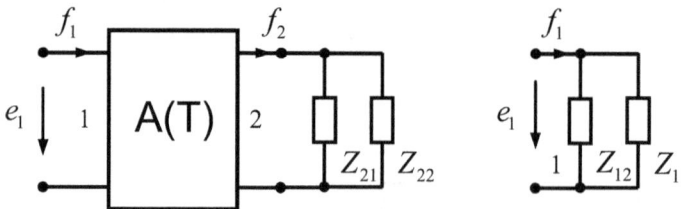

Abb. 4.22:   Transformation der Parallelschaltung von Einzelimpedanzen

Bei der Parallelschaltung ist es zweckmäßig mit den entsprechenden Leitwerten zu arbeiten.

$$Z_1 = \frac{A_{11}}{A_{22}} Z_2 = \frac{A_{11}}{A_{22}} \cdot \frac{1}{Y_{21} + Y_{22}} = \frac{1}{Y_{11} + Y_{12}} \quad ; \quad Z_{11} = \frac{A_{11}}{A_{22}} Z_{21} \, , \, Z_{12} = \frac{A_{11}}{A_{22}} Z_{22} \tag{4.40}$$

Eine Parallelschaltung am Tor 2 des Transformators wird auf eine Parallelschaltung der Tor-seite 1 des Transformators abgebildet.

Die Tab. 4.3 zeigt eine Übersicht aller Übertragungseigenschaften des mechatronischen Transformators.

Tab. 4.3:   Übertragungseigenschaften des mechatronischen Transformators

Tor	Z	R	L	C	$Z_1 + Z_2$	$Y_1 + Y_2$
1	$Z_1 = \frac{A_{11}}{A_{22}} Z_2$	$R_1 = \frac{A_{11}}{A_{22}} R_2$	$L_1 = \frac{A_{11}}{A_{22}} L_2$	$C_1 = \frac{A_{22}}{A_{11}} C_2$	$\frac{A_{11}}{A_{22}} Z_{21} + \frac{A_{11}}{A_{22}} Z_{22}$	$\frac{A_{22}}{A_{11}} Y_{21} + \frac{A_{22}}{A_{11}} Y_{22}$
2	Z_2	R_2	L_2	C_2	$Z_{21} + Z_{22}$	$Y_{21} + Y_{22}$

4.4.4   Übertragungseigenschaften eines Gyrators A(G)

Neben der transformatorischen Kopplung der Ein- und Ausgangsgrößen eines mechatronischen Wandlers existiert noch eine wechselseitige Verkopplung der jeweiligen Fluss- und Potentialgrößen – die gyratorische Kopplung (Def. 4.8). Der nächste Abschnitt beschäftigt sich mit den Übertragungseigenschaften eines idealen Gyrators.

Dazu lassen wir die Anschlussnetzwerke an den beiden Toren des Gyrators unverändert und ziehen einen Vergleich zum Transformator. Zur Vereinfachung werden jedoch wie zuvor beim Transformator nur komplexe Summenimpedanzen verwendet.

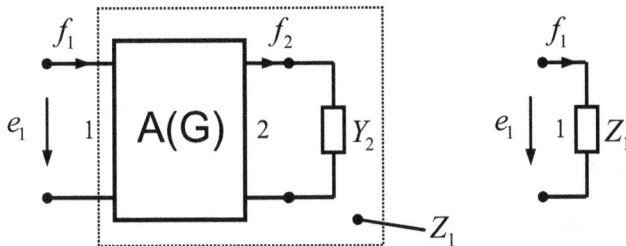

Abb. 4.23: Z_1 als Ersatzschaltung aus Gyrator und Y_2

Auch hier wird der Ersatzwiderstand Z_1 über die Wandlergleichungen bestimmt.

$$\begin{bmatrix} e_1 \\ f_1 \end{bmatrix} = \begin{bmatrix} 0 & A_{12} \\ A_{21} & 0 \end{bmatrix} \cdot \begin{bmatrix} e_2 \\ f_2 \end{bmatrix} \tag{4.41}$$

Aus dem Quotienten von e_1 und f_1 kann wiederum der Ersatzwiderstand Z_1 berechnet werden.

$$Z_1 = \frac{e_1}{f_1} = \frac{A_{12}}{A_{21}} \cdot \frac{f_2}{e_2} = \frac{A_{12}}{A_{21}} \cdot Y_2 \tag{4.42}$$

Im Gegensatz zum Transformator setzt sich der Ersatzwiderstand Z_1 nun aus dem Transformationsfaktor $\dfrac{A_{12}}{A_{21}}$ und der Abschlussadmittanz Y_2 zusammen. Man spricht in diesem Zusammenhang auch von einer Admittanztransformation.

Transformation eines kapazitiven Speichers

Zur Ermittlung der Übertragungseigenschaften eines kapazitiven Speichers wird Y_2 durch eine verlustfreie inverse Kapazität $Y_2 = j\omega C_2$ ersetzt. Eingesetzt in die Addimittanztransformation Gl. 4.42 ergibt sich für Z_1 :

$$Z_1 = \frac{A_{12}}{A_{21}} \cdot Y_2 = \frac{A_{12}}{A_{21}} \cdot j\omega C_2 = j\omega L_1 \quad ; \quad L_1 = \frac{A_{12}}{A_{21}} \cdot C_2 \tag{4.43}$$

Kapazitive Netzwerkanteile auf der Torseite 2 des Gyrators erscheinen mit dem Übertragungsfaktor $\dfrac{A_{12}}{A_{21}}$ auf der Torseite 1 als *induktive* Anteile (Abb. 4.24).

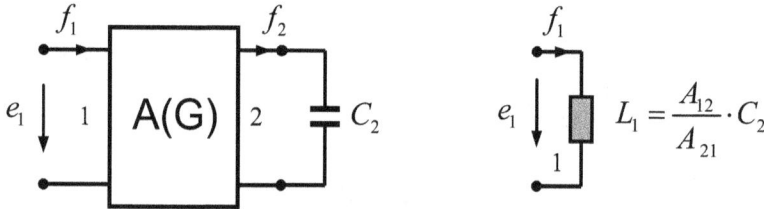

Abb. 4.24:   gyratorische Transformation eines kapazitiven Speichers

Transformation eines induktiven Speichers

Bei idealen induktiven Speichern ersetzen wir Y_2 durch $\dfrac{1}{Z_2} = \dfrac{1}{j\omega L_2}$. Eingesetzt in die Admittanztransformation GI. 4.42 ergibt sich für Z_1 :

$$Z_1 = \frac{A_{12}}{A_{21}} \cdot Y_2 = \frac{A_{12}}{A_{21}} \cdot \frac{1}{j\omega L_2} = \frac{1}{j\omega C_1} \quad ; \quad C_1 = \frac{A_{21}}{A_{11}} \cdot L_2 \tag{4.44}$$

Induktive Netzwerkanteile auf der Torseite 2, erscheinen mit dem Übertragungsfaktor $\dfrac{A_{21}}{A_{12}}$ auf der Torseite 1 als *kapazitive* Anteile (Abb. 4.25).

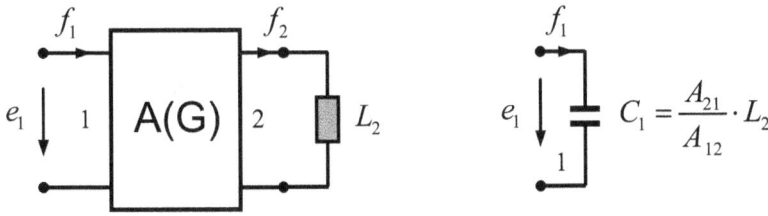

Abb. 4.25:   gyratorische Transformation eines induktiven Speichers

Reihenschaltung von Impedanzen

Bei der Reihenschaltung von Impedanzen werden die beiden Abschlussimpedanzen Z_{21} und Z_{22} nach Abb. 4.26 an der Torseite 2 des Gyrators angeschlossen.

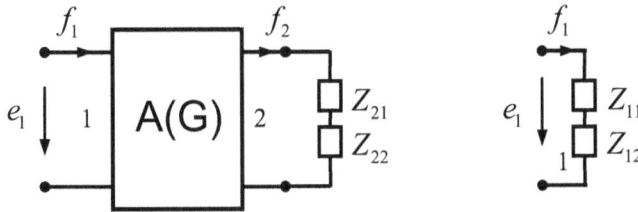

Abb. 4.26:   gyratorische Transformation der Reihenschaltung von Einzelimpedanzen

Die beiden Einzelimpedanzen werden addiert und deren Summenleitwert in die Admittanztransformation eingesetzt.

$$Z_1 = \frac{A_{12}}{A_{21}} Y_2 = \frac{A_{12}}{A_{21}} \cdot \frac{1}{Z_{21} + Z_{22}} = \frac{1}{Y_{11} + Y_{12}} \quad ; \quad Y_{11} = \frac{A_{21}}{A_{12}} Z_{21} \, , Y_{12} = \frac{A_{21}}{A_{12}} Z_{22} \qquad (4.45)$$

Eine *Reihenschaltung* am Ausgangstor eines Gyrators wird als *Parallelschaltung* auf die Eingangsseite des Gyrators transformiert.

Parallelschaltung von Impedanzen

Die letzte Kombinationsmöglichkeit zweier Impedanzen Z_{21} und Z_{22}, ist die Parallelschaltung nach (Abb. 4.27).

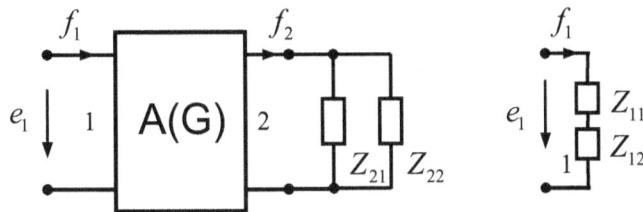

Abb. 4.27:   gyratorische Transformation der Parallelschaltung von Einzelimpedanzen

Bei der Parallelschaltung ist es wiederum zweckmäßig mit den Admittanzen zu arbeiten. Die Summenadmittanz kann dann sogar unmittelbar in die Admittanztransformation eingesetzt werden.

$$Z_1 = \frac{A_{12}}{A_{21}} Y_2 = \frac{A_{12}}{A_{21}} \cdot (Y_{21} + Y_{22}) = Z_{11} + Z_{12} \quad ; \quad Z_{11} = \frac{A_{12}}{A_{21}} Y_{21}, \ Z_{12} = \frac{A_{12}}{A_{21}} Y_{22} \tag{4.46}$$

Eine *Parallelschaltung* von Impedanzen am Ausgang eines Gyrators wird als *Reihenschaltung* auf die Eingangsseite des Gyrators transformiert.

Die Tab. 4.4 zeigt eine Übersicht der Übertragungseigenschaften des mechatronischen Gyrators.

Tab. 4.4:   Übertragungseigenschaften des mechatronischen Gyrators

Tor	Z	R	$L\,\vert\,C$	$C\,\vert\,L\,\vert$	$Z_1 + Z_2$	$Y_1 + Y_2$
1	$Z_1 = \dfrac{A_{12}}{A_{21}} Y_2$	$R_1 = \dfrac{A_{12}}{A_{21}} G_2$	$C_1 = \dfrac{A_{21}}{A_{12}} L_2$	$L_1 = \dfrac{A_{12}}{A_{21}} C_2$	$\dfrac{A_{12}}{A_{21}} \dfrac{1}{Y_{11} + Y_{12}}$	$\dfrac{A_{12}}{A_{21}}(Y_{21} + Y_{22})$
2	Z_2	R_2	L_2	C_2	$Z_{21} + Z_{22}$	$Y_{21} + Y_{22}$

Bsp. Lautsprecher

Ein elektrodynamischer Lautsprecher kann als mechatronischer Gyrator aufgefasst werden. Um einen akustischen Kurzschluss zu vermeiden, sei dieser in eine hinten geschlossene Box montiert. Das eingeschlossene Luftvolumen wirkt dabei wie eine hydraulische Kapazität und einem parallel geschalteten hydraulischen Widerstand. (s. Kap. 3.2). Wendet man die zuvor eingeführten Transformationsvorschriften für den Gyrator an, so ergibt sich die folgende Ersatzschaltung (Abb. 4.28).

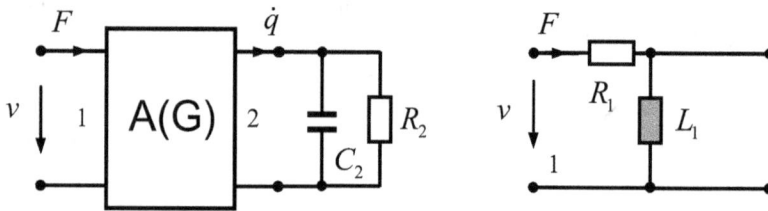

Abb. 4.28:   Ersatzschaltung eines elektrodynamischen Lautsprechers in einem geschlossenen Gehäuse

Eine Parallelschaltung wird zur Reihenschaltung und die Kapazität zu einer Induktivität. Das Ersatzschaltbild entspricht einem Hochpass 1. Ordnung. Ein elektrodynamischer Lautsprecher in einer geschlossenen Lautsprecherbox beschneidet also den Tieftonbereich mit einem DT_1 Verhalten.

4.4.5 Übertragungseigenschaften aktiver Bauelemente

Neben den schon zuvor behandelten passiven Bauelementen können sich auch aktive Bauelemente in Form von Fluss- und Potentialquellen in einem mechatronischen Netzwerk befinden. Die aktiven Quellen unterliegen genau wie die passiven Bauelemente den Transformationsbeziehungen eines Gyrators oder Transformators. Zu deren Analyse gehen wir nur
von idealen Quellen aus. Reale Quellen, in Form von Reihen- und Parallelschaltung mit
entsprechenden Innenwiderständen, können durch die schon zuvor behandelten Gesetzmäßigkeiten gelöst werden.

Untersuchen wir zunächst den Transformator. Die Komponentenschreibweise der Wandlergleichung (Gl. 4.35) gibt uns Auskunft über sein Übertragungsverhalten. Eine Potentialquelle
am Wandlertor 2 bleibt eine Potentialquelle am Wandlertor 1 und eine Flussquelle am Wandlertor 2 bleibt eine Flussquelle am Wandlertor 1 (Abb. 4.29).

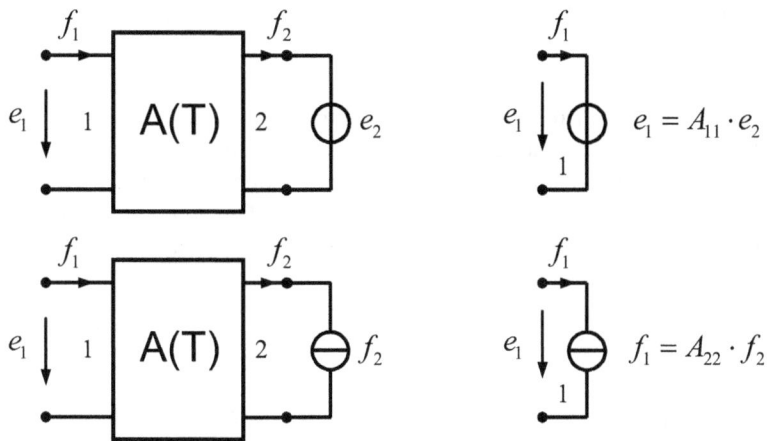

Abb. 4.29: Transformation von Fluss- und Potentialquellen

Beim Gyrator haben wir wiederum ein reziprokes Verhalten (Gl. 4.41). Damit wird aus einer
Potentialquelle am Ausgang, eine Flussquelle am Eingang und einer Flussquelle am Ausgang, eine Potentialquelle am Eingang (Abb. 4.30).

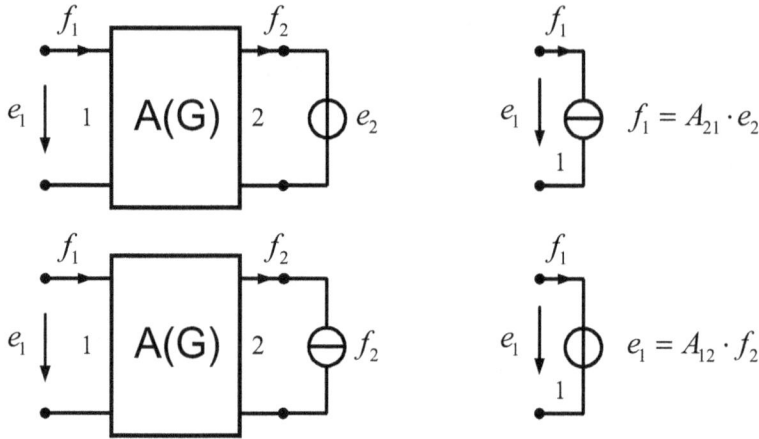

Abb. 4.30:   gyratorische Transformation von Fluss- und Potentialquellen

Bsp. Gravitationskraft

Oft wird in mechanischen Systemen die Gravitationskraft als Flussquelle eingeführt. Die Gravitation ist jedoch dem Energieschema der schweren Masse als Primärgröße zuzuordnen (s. Kap. 3.1.2). Damit stellt sich die Frage, warum das Gravitationspotential im System schwere Masse, als Gravitationskraft im System Impuls erscheint. Die Antwort ergibt sich leicht aus der Betrachtung der gyratorischen Kopplung beider Systeme (Abb. 4.31).

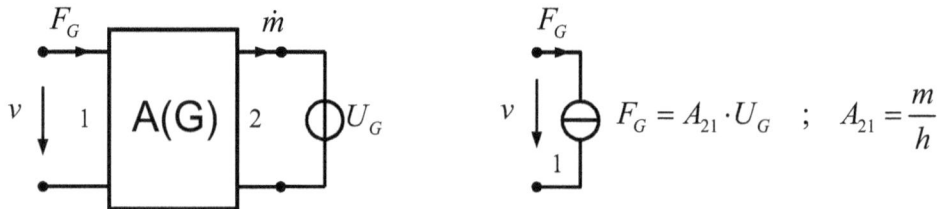

Abb. 4.31:   gyratorische Transformation des Schwerepotentials in eine Gewichtskraft

4.4.6   Isomorphe Netzwerke – Größenwertbeziehungen

Werden die bisher behandelten Transformationsregeln für Gyratoren und Transformatoren konsequent angewendet, kann ein beliebiges mechatronisches Netzwerk durch *ein* Netzwerk in einem einzigen physikalischen Teilsystem abgebildet werden. Beide Netzwerke verhalten sich dann bezüglich ihrer Ein- und Ausgangsgrößen identisch. Man spricht auch von Isomorphie. Als Beispiel dafür soll das Wandlermodell eines Gleichstrommotors dienen (Abb. 4.32).

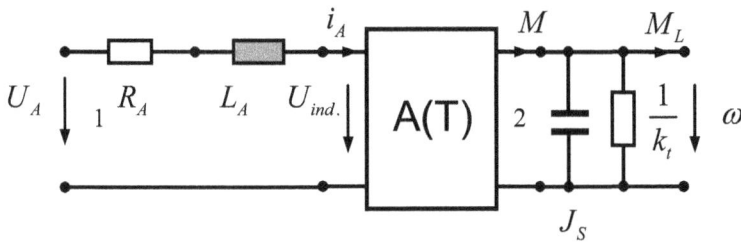

Abb. 4.32:   transformatorisches Modell eines Gleichstrommotors

Über die Transformationsregeln eines Transformators können die beiden mechanischen Bauelemente Massenträgheitsmoment J_S und Reibfaktor k_t auf die linke Seite des Wandlers (die
elektrische Seite) transformiert werden (Abb. 4.33).

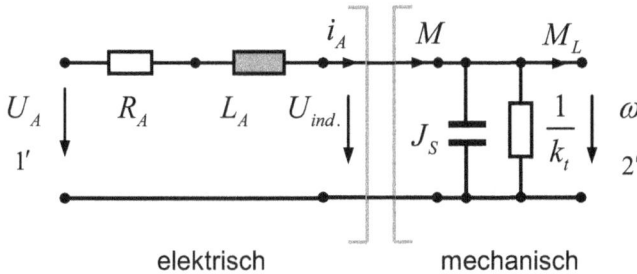

elektrisch   mechanisch

Abb. 4.33:   Netzwerk des Gleichstrommotors in einem Teilsystem

Beide Netzwerke verhalten sich bezüglich ihrer Anschlussklemmen 1 und 1' sowie 2 und 2'
absolut identisch. Dabei tritt jedoch ein Problem auf. Wie kann die elektrische Größe $U_{ind.}$
auf die mechanische Größe ω umgerechnet werden? Die gleiche Frage stellt sich bei der
Umrechung des Ankerstroms in das Drehmoment. Wie viel Ampere entsprechen einem New-
tonmeter?

Zur Beantwortung dieser Frage betrachten wir die Trennstelle elektrisch / mechanisch etwas
genauer. Die Kopplung erfolgte ursprünglich durch den mechatronischen Transformator. Für
diesen gelten die folgenden Ein- Ausgangsbeziehungen am Gleichstrommotor.

$$U_{ind.} = A_{11} \cdot \omega$$
$$i_A = A_{22} \cdot M \tag{4.47}$$

Nun kann jede physikalische Größe als Produkt aus dem Zahlenwert {.} (Maßzahl) und der
Maßeinheit [.] aufgefasst werden.

$$\{U_{ind.}\}[U_{ind.}] = \{A_{11}\}[A_{11}] \cdot \{\omega\}[\omega]$$
$$\{i_A\}[i_A] = \{A_{22}\}[A_{22}] \cdot \{M\}[M] \tag{4.48}$$

Ein Koeffizientenvergleich für Zahlenwert und Maßeinheit trennt die Gleichungen.

$$\{.\}: \quad \{U_{ind.}\} = \{A_{11}\} \cdot \{\omega\} \quad \{\omega\} = \frac{1}{\{A_{11}\}} \{U_{ind.}\}$$

$$[.]: \quad [U_{ind.}] = [A_{11}] \cdot [\omega] \quad [\omega] = \frac{1}{[A_{11}]} [U_{ind.}]$$

(4.49)

Bsp. Gleichstrommotor

geg.:   induzierte Spannung $U_{ind.} = 5 \cdot V$

               Kettenparameter $A_{11} = 10 \cdot Vs$

ges.:   a.)   Winkelgeschwindigkeit

Lsg.:   a.) $\omega = \dfrac{1}{10} \cdot 5 \cdot \dfrac{1}{Vs} \cdot V = \dfrac{5}{10} \cdot \dfrac{1}{s}$

$$\{.\}: \quad \{i_A\} = \{A_{22}\} \cdot \{M\} \quad \{M\} = \frac{1}{\{A_{22}\}} \{i_A\}$$

$$[.]: \quad [i_A] = [A_{22}] \cdot [M] \quad [M] = \frac{1}{[A_{22}]} [i_A]$$

(4.50)

Bsp. Gleichstrommotor

geg.:   Ankerstrom $i_A = 3 \cdot A$

               Kettenparameter $A_{22} = 6 \cdot \dfrac{A}{Nm}$

ges.:   a.)   Drehmoment

Lsg.:   a.) $M = \dfrac{1}{6} \cdot 3 \cdot \dfrac{Nm}{A} \cdot A = \dfrac{3}{6} \cdot Nm$

Die Zuordnung der jeweiligen Fluss- und Potentialgrößen im isomorphen Netzwerk (Abb. 4.33) ist also eineindeutig.

Diese Tatsache kann für einen weiteren Aspekt genutzt werden. Liegt ein mechatronisches Netzwerk in nur *einem* physikalischen Teilgebiet vor, kann es über einen fiktiven Wandler z.B. in ein elektrisches Netzwerk transformiert werden. Dabei ist es unerheblich, ob es sich um einen Transformator oder einen Gyrator handelt. Beide Netzwerke, das Ausgangsnetzwerk und das transformierte elektrische Netzwerk, bleiben isomorph. Es ändert sich lediglich die innere topologische Struktur. Somit stehen auch für das gewählte physikalische Teilgebiet die Netzwerksimulationsmethoden der Elektrotechnik zur Verfügung.

Bsp. transformatorische Isomorphie eines Feder-Masse-Dämpfer Schwingers (Abb. 4.34).

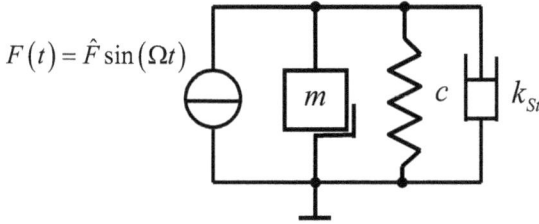

Abb. 4.34: mechanisches System eines krafterregten Feder-Masse Schwingers

In einem ersten Schritt soll die Transformation über einen fiktiven reziproken Transformator erfolgen. Formuliert man ihn als Hybridmodell gilt: $T = H_{12} = -H_{21}$ mit T beliebig.

Eingesetzt in die Kettenform, erhält der fiktive Transformator die folgenden Parameter:

$$A(T) = \begin{bmatrix} T & 0 \\ 0 & \dfrac{1}{T} \end{bmatrix}$$

Damit können nun alle vier mechanischen Bauelemente auf die elektrische Eingangsseite des fiktiven Transformators übertragen werden.

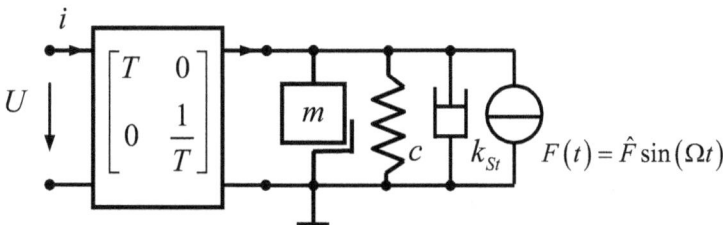

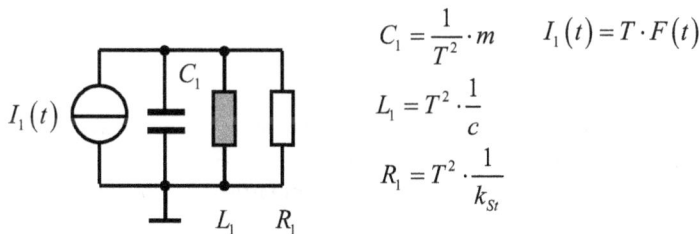

$$C_1 = \frac{1}{T^2} \cdot m \qquad I_1(t) = T \cdot F(t)$$

$$L_1 = T^2 \cdot \frac{1}{c}$$

$$R_1 = T^2 \cdot \frac{1}{k_{St}}$$

Abb. 4.35: transformiertes mechanisches System (transformatorische Realisierung)

Da es unerheblich war, ob es sich bei dem fiktiven Wandler um einen Transformator oder einen Gyrator handelt, kann die Umformung auch über einen Gyrator erfolgen.

$G = Y_{12} = Y_{21}$ mit G beliebig. Eingesetzt in die Kettenform, erhält der fiktive Gyrator die folgenden Parameter:

$$A(G) = \begin{bmatrix} 0 & -\dfrac{1}{G} \\ -G & 0 \end{bmatrix}$$

Damit können wiederum die mechanischen Bauelemente auf die elektrische Eingangsseite des fiktiven Gyrators übertragen werden (Abb. 4.36).

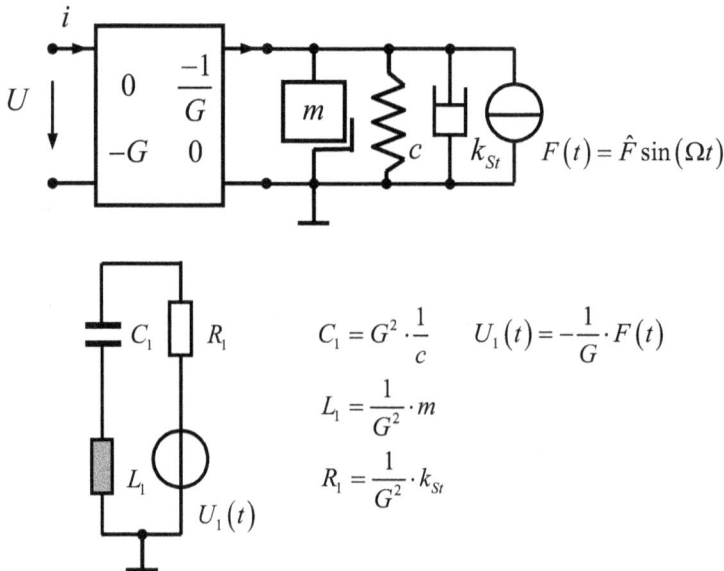

Abb. 4.36:   transformiertes mechanisches System (gyratorische Realisierung)

In Anbetracht der *beiden* prinzipiell möglichen Transformationsbeziehungen ist die Frage nach der *korrekten* Analogie (FU oder FI Analogie) zukünftig hinfällig.

Def. 4.9
Jedes mechatronische Netzwerk kann über einen fiktiven Wandler (Transformator oder Gyrator) von einem physikalischen Teilgebiet in ein anderes physikalisches Teilgebiet transformiert werden. Die Umrechung erfolgt über die jeweiligen Größenwertbeziehungen.

4.4.7   Kombinationen von Zweitoren

Dieser Abschnitt befasst sich damit, nach welchen Gesetzmäßigkeiten einzelne Zweitore untereinander kombiniert werden können. Die Kombination betrifft sowohl die Verschaltung mehrerer mechatronischer Wandler untereinander als auch deren Verschaltung mit passiven

Netzwerkbauelementen. Dazu unterscheidet man zwei prinzipielle Verschaltungsweisen – die Gegenkopplung und die Kettenschaltung.

Bei der Gegenkopplung werden die entsprechenden Wandlermatrizen der einzelnen Zweitore addiert, bei der Kettenschaltung multipliziert.

Gegenkopplungen mit Zweitoren

Die Tabelle Tab. 4.5 zeigt die unterschiedlichen Gegenkoppelschaltungen zweier mechatronischer Zweitore. Der Name der Gegenkopplung beschreibt die Eingangs- und die Ausgangsverschaltung der einzelnen Wandler.

Tab. 4.5: mögliche Zweitorgegenkopplungen

Gegenkopplung	Schaltbild	Gleichung
Parallel – Parallel		$Y = Y_A + Y_B$
Reihe – Reihe		$Z = Z_A + Z_B$
Reihe – Parallel		$H = H_A + H_B$
Parallel – Reihe		$C = C_A + C_B$

Die relativ einfachen Schaltungskombinationen nach Tab. 4.5 gelten jedoch nur unter der strikten Einhaltung der Torbedingungen für Zweitore. Um diese für jede Gegenkopplungs-form zu überprüfen, sei auf [23] und [24] verwiesen. Nachfolgend eine kurze Zusammenfas-sung der Ergebnisse.

Parallelschaltung

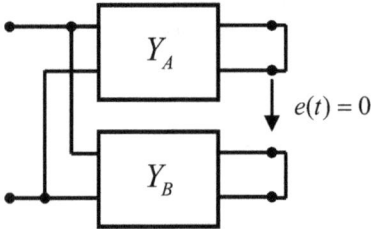

Für die Parallelschaltung muss die Bedingung $e(t) = 0$ erfüllt sein. Das bedeutet eine korrekte Verschaltung von erdgebundenen Zweitoren.

Reihenschaltung

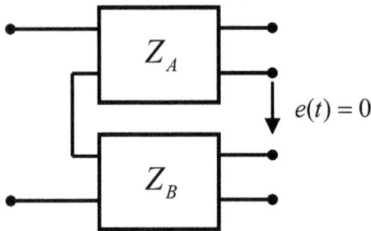

Für die Reihenschaltung muss die Bedingung $e(t) = 0$ erfüllt sein. Diese Bedingung ist nicht immer ohne Weiteres realisierbar. Eine einfache Möglichkeit besteht jedoch in einem Aus-gangskurzschluss der beiden Zweitore nach Tab. 4.5.

Reihe-Parallelschaltung

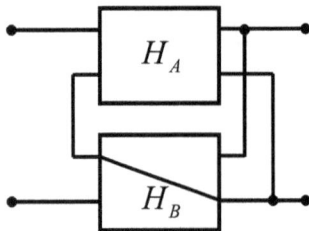

Die Torbedingungen bei der Reihe-Parallelschaltung werden dann erfüllt, wenn eines der beiden Zweitore eine Kurzschlussverbindung aufweist.

Parallel-Reihenschaltung

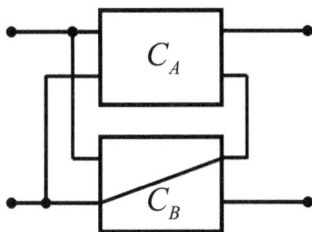

Eine Parallel-Reihenschaltung entspricht der Reihen-Parallelschaltung mit vertauschten To-ren. Auch hier wird die Torbedingung nur durch eine Kurzschlussverbindung in einem Tor eingehalten.

Bsp. MEMS-Resonatoren

MEMS Bauelemente (micro-electro-mechanical systems) vereinen elektronische und mikro-mechanische Baugruppen auf einem Silizium Chip. Weit verbreitete Anwendungen sind Beschleunigungssensoren oder Resonatoren. Da Silizium keine piezoelektrischen Eigen-schaften besitzt, wird dabei ein elektrostatisches Wandlerprinzip eingesetzt. Zwischen den beiden elektrostatischen Wandlern befindet sich beim MEMS-Resonator ein mechanischer Schwingkreis (Abb. 4.37). Die Elektrodenflächen bilden dabei eine parasitäre Kapazität C_p.

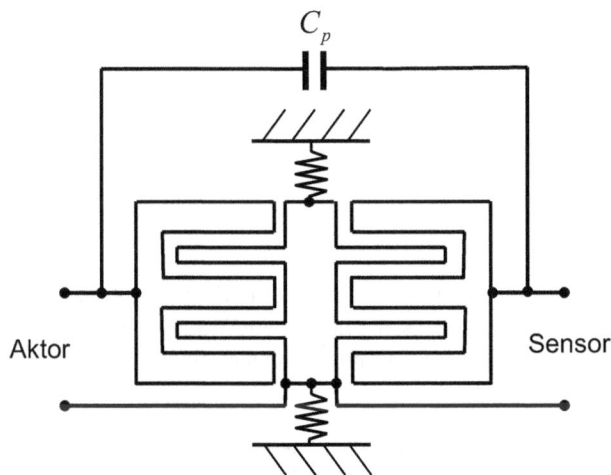

Abb. 4.37:   Prinzipaufbau eines MEMS – Resonators

Dieser elektromechanische Aufbau, bestehend aus zwei elektrostatischen Wandlern, einem mechanischen Resonator und einer parasitären Kapazität kann in einem mechatronischen Netzwerk abgebildet werden (Abb. 4.38). Fasst man die beiden Wandler A_1 und A_2, sowie alle mechanischen Bauelemente in einem einzigen Wandler Y_B zusammen, so ergibt sich eine

Parallel-Parallelschaltung. Y_A enthält die parasitäre Kapazität und Y_B die beiden Wandler sowie die Mechanik (Abb. 4.39).

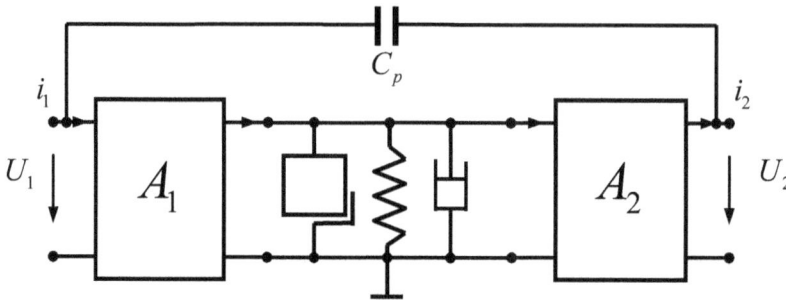

Abb. 4.38: mechatronisches Netzwerk des MEMS – Resonators

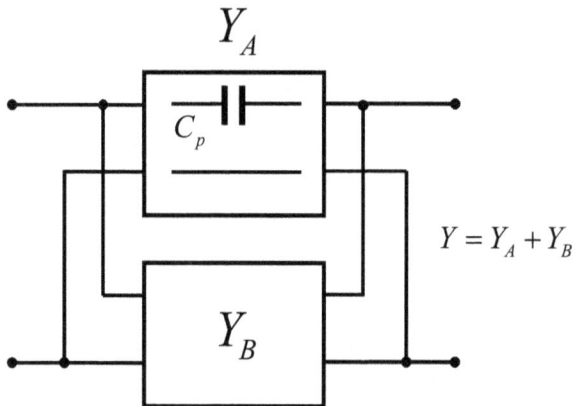

$$Y = Y_A + Y_B$$

Abb. 4.39: Ersatzschaltung des MEMS – Resonators

Kettenschaltung von Zweitoren

Verbindet man das Ausgangstor eines mechatronischen Wandlers mit dem Eingangstor eines weiteren Wandlers, so spricht man von einer Kettenschaltung. Beide Wandler liegen in Reihe. Diese Verschaltung ist insbesondere immer dann zu finden, wenn es einen Systemgrenzen überschreitenden Energiefluss gibt (Abb. 4.40).

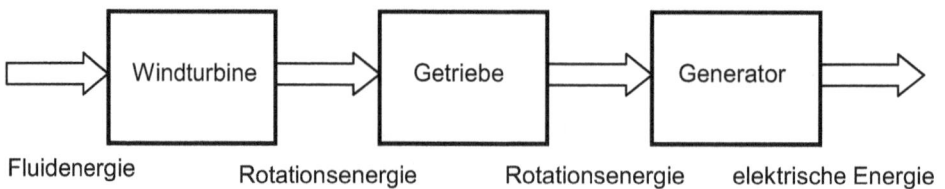

Fluidenergie   Rotationsenergie   Rotationsenergie   elektrische Energie

Abb. 4.40: Energiefluss eines Windkraftrades

Dabei sind die einzelnen Wandler immer so verschaltet, dass die Ausgangsgrößen des vorhergehenden Wandlers immer die Eingangsgrößen des nachfolgenden Wandlers sind. Dazu verwendet man zweckmäßigerweise das Kettenpfeilsystem.

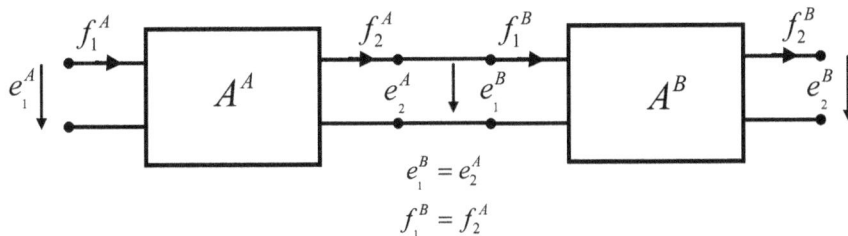

Abb. 4.41:   Kettenschaltung zweier mechatronischer Wandler

Zweitor A: $\begin{bmatrix} e_1^A \\ f_1^A \end{bmatrix} = A^A \begin{bmatrix} e_2^A \\ f_2^A \end{bmatrix}$ Zweitor B: $\begin{bmatrix} e_1^B \\ f_1^B \end{bmatrix} = A^B \begin{bmatrix} e_2^B \\ f_2^B \end{bmatrix}$

Mit der Übergangsbedingung aus Abb. 4.41 kann Zweitorgleichung A in die Zweitorgleichung B eingesetzt werden.

$$\begin{bmatrix} e_1^A \\ f_1^A \end{bmatrix} = A^A \cdot A^B \begin{bmatrix} e_2^B \\ f_2^B \end{bmatrix} = A \cdot \begin{bmatrix} e_2^B \\ f_2^B \end{bmatrix} \tag{4.51}$$

Die Gesamtkettenmatrix A ist somit das Produkt beider Einzelmatrizen A^A und A^B. Bei der Matrizenmultiplikation ist darauf zu achten, dass das Kommutativgesetz *nicht* gilt. Die Multiplikationsreihenfolge ergibt sich aus dem Energiefluss.

Eine besondere Anwendung der Kettenschaltung von Zweitoren ergibt sich unter der Verwendung von Elementarzweitoren (s. Anhang C). Dazu betrachten wir das folgende Beispiel eines RC-Tiefpasses.

Bsp. RC-Tiefpass als Kettenschaltung von Elementarzweitoren.

Für ein RC-Tiefpassfilter noch Abb. 4.42 soll die Spannungsübertragungsfunktion $G(j\omega) = \dfrac{U_2}{U_1}$ bestimmt werden.

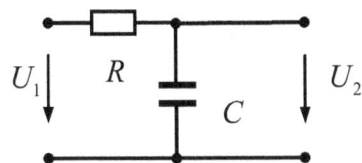

Abb. 4.42:   RC-Tiefpassfilter

Dazu zulegen wir das Tiefpassfilter in zwei Elementarzweitore in Kettenschaltung Abb. 4.43.

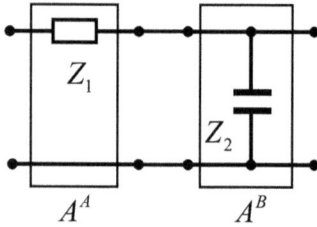

Abb. 4.43:   zwei Elementarzweitore in Kettenschaltung

Die Kettenparameter für das Zweitor A^A werden zunächst über die Leitwertsparameter bestimmt.

$$Y_{11} = \left.\frac{f_1}{e_1}\right|_{e_2=0} = \frac{1}{Z} \qquad\qquad Y_{12} = \left.\frac{f_1}{e_2}\right|_{e_1=0} = -\frac{1}{Z}$$

Da das Elementarzweitor A^A symmetrisch ist gilt:

$$\begin{matrix} Y_{11} = Y_{22} \\ Y_{12} = Y_{21} \end{matrix} \qquad\qquad Y = \begin{bmatrix} \dfrac{1}{Z} & -\dfrac{1}{Z} \\ -\dfrac{1}{Z} & \dfrac{1}{Z} \end{bmatrix}$$

In einem weiteren Schritt wird die Leitwertsform in die Kettenform umgerechnet.

$$A^A = \begin{bmatrix} 1 & Z \\ 0 & 1 \end{bmatrix}$$

Für das Elementarzweitor A^B benutzt man die gleiche Herangehensweise.

$$Z_{11} = \left.\frac{e_1}{f_1}\right|_{f_2=0} = Z \qquad\qquad Z_{12} = \left.\frac{e_1}{f_2}\right|_{f_1=0} = Z$$

$$\begin{matrix} Z_{11} = Z_{22} \\ Z_{12} = Z_{21} \end{matrix} \qquad\qquad Z = \begin{bmatrix} Z & Z \\ Z & Z \end{bmatrix}$$

Zum Schluss wird die Impedanzform noch in die Kettenform umgerechnet.

$$A^B = \begin{bmatrix} 1 & 0 \\ \dfrac{1}{Z} & 1 \end{bmatrix}$$

Da für die Kettenschaltung beide Teilmatrizen multipliziert werden müssen, ergibt sich für die Gesamtmatrix

$$A = A^A \cdot A^B \begin{bmatrix} 1 + \dfrac{Z_1}{Z_2} & Z_1 \\ \dfrac{1}{Z_2} & 1 \end{bmatrix}.$$

Die Spannungsübertragungsfunktion kann leicht direkt aus der Komponentenform abgelesen werden. Dazu ist der Ausgangsstrom $i_2 = 0$ zu setzen.

$$U_1 = A_{11} \cdot U_2 \qquad\qquad A_{11} = 1 + \frac{Z_1}{Z_2} = 1 + j\omega RC$$

$$G(j\omega) = \frac{U_2}{U_1} = \frac{1}{A_{11}} = \frac{1}{1 + j\omega RC}$$

4.4.8 Ersatzschaltungen mechatronischer Wandler

Bisher haben wir für die mechatronischen Elementarwandler (Def. 4.2) nur die Matrizengleichungen der Belevitch-Form verwendet. Im Sinne einer einheitlichen verallgemeinerten Netzwerkdarstellung ist es jedoch erforderlich, die Matrizengleichungen durch Netzwerkbauelemente zu ersetzen. Da jedoch ein mechatronischer Wandler die Energieart zwischen seinem Eingangstor und dem Ausgangstor ändert, reichen die drei passiven Bauelemente zur Beschreibung nicht mehr aus. Es müssen noch zusätzlich gesteuerte Quellen (siehe Kapitel 2.1.4) verwendet werden. Bei der Verwendung von aktiven Quellen ist in Folgenden besonders darauf zu achten, dass die Reziprozitätsbedingungen (Tab. 4.2) nicht mehr gelten.

$$\begin{aligned} Y_{12} &\neq Y_{21} \\ H_{12} &\neq -H_{21} \end{aligned} \qquad\qquad (4.52)$$

Ersatzschaltung für die Leitwertsform Y

Das Ersatzschaltbild kann unmittelbar aus den Zweitorgleichungen abgelesen werden.

$$\begin{bmatrix} f_1 \\ f_2 \end{bmatrix} = \begin{bmatrix} Y_{11} & Y_{12} \\ Y_{21} & Y_{22} \end{bmatrix} \cdot \begin{bmatrix} e_1 \\ e_2 \end{bmatrix} \qquad\qquad (4.53)$$

Nach dem verallgemeinerten Knotenpunktsatz setzt sich der Gesamtfluss f_1 im Knoten A aus den Teilflüssen $Y_{11} \cdot e_1$ und $Y_{12} \cdot e_2$ zusammen. Der Teilfluss $Y_{11} \cdot e_1$ folgt unmittelbar aus dem Ohmschen Gesetzt und für den zweiten Teilfluss muss eine gesteuerte Flussquelle eingesetzt werden. Für das Tor 2 verfährt man ähnlich. Somit ist das Eingangstor vom Ausgangstor galvanisch entkoppelt. Der Energiefluss zwischen den unterschiedlichen physikalischen

Teilsystemen erfolgt nur noch durch die beiden gesteuerten Quellen. Sind die Parameter $Y_{11} = Y_{22} = 0$ sprechen wir von einem idealen Gyrator (Gl. 4.20).

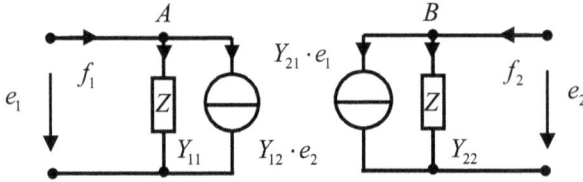

Abb. 4.44:   Ersatzschaltung für die Leitwertsform Y

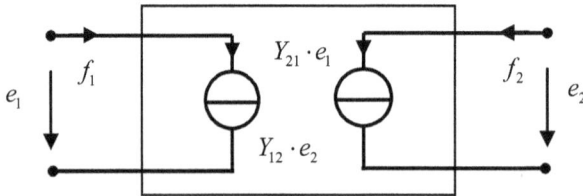

Abb. 4.45:   Ersatzschaltung für einen idealen Gyrator

Untersuchen wir nun die beiden Parameter Y_{12} und Y_{21} der gesteuerten Flussquellen. Dazu bilden wir den Wirkungsgrad η für den idealen Gyrator als mechatronisches Zweitor.

$$\eta = \frac{P_2}{P_1} = \frac{e_2 \cdot f_2}{e_1 \cdot f_1} = \frac{Y_{21}}{Y_{12}} \tag{4.54}$$

Da bei einem idealen Wandler der Wirkungsgrad $\eta = 1$ ist, müssen die beiden Leitwertsparameter der gesteuerten Quellen zwangsläufig gleich sein.

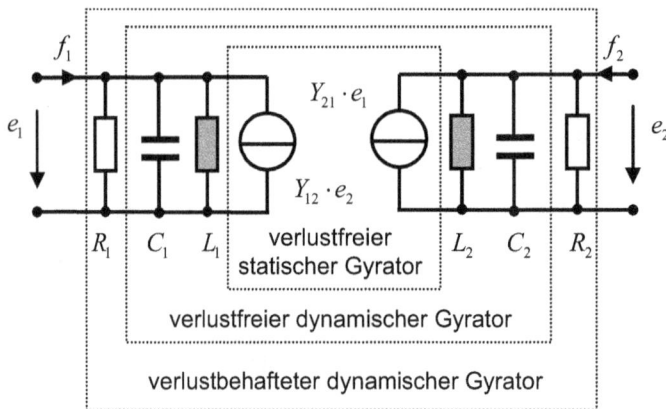

Abb. 4.46:   Der Gyrator als idealer und realer mechatronischer Wandler

Verluste wie sie in realen Wandlern auftreten, können somit nur über die Leitwertsparameter Y_{11} und Y_{22} als passive Bauelemente abgebildet werden. Die Gruppe der passiven Bauelemente besteht aus den zwei Speicherbauelementen Kapazität und Induktivität sowie den Widerstand als dissipatives Bauelement. Nur dieses Bauelement ist in der Lage die Energieart zu ändern. Die beiden anderen Bauelemente dienen lediglich als Energiespeicher. Damit müssen die beiden Leitwerkparameter Y_{11} und Y_{22} nochmals differenziert betrachtet werden (Abb. 4.46).

Ersatzschaltung für die Hybridform H

Das Ersatzschaltbild für die Hybridform kann wiederum unmittelbar aus den Zweitorgleichungen abgelesen werden.

$$\begin{bmatrix} e_1 \\ f_2 \end{bmatrix} = \begin{bmatrix} H_{11} & H_{12} \\ H_{21} & H_{22} \end{bmatrix} \cdot \begin{bmatrix} f_1 \\ e_2 \end{bmatrix} \qquad (4.55)$$

Die erste Gleichung beschreibt dabei eine Masche im Eingangstor, die zweite Gleichung den Knoten B im Ausgangstor.

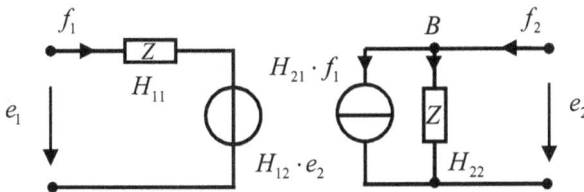

Abb. 4.47:   Ersatzschaltung für die Hybridform H

Die galvanische Entkopplung zwischen den beiden Toren wird durch eine spannungsgesteuerte Spannungsquelle $H_{11} \cdot e_2$ und eine stromgesteuerte Stromquelle $H_{21} \cdot f_1$ realisiert. Handelt es sich um einen idealen Transformator, $\eta = 1$ sind die beiden Parameter $H_{11} = H_{22} = 0$. Das Schaltbild kann auf Abb. 4.48 reduziert werden.

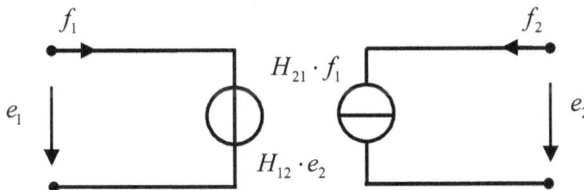

Abb. 4.48:   Ersatzschaltung für einen idealen Transformator

Auch hier kann der Zusammenhang zwischen den Parametern H_{12} und H_{21} über den Wirkungsgrad hergestellt werden.

$$\eta = \frac{P_2}{P_1} = \frac{e_2 \cdot f_2}{e_1 \cdot f_1} = \frac{H_{21}}{H_{12}} \qquad (4.56)$$

Ist der Wirkungsgrad $\eta = 1$ (idealer Transformator) folgt aus Gl. 4.56 $H_{21} = H_{12}$. Erinnern wir uns nun an das Reziprozitätstheorem Tab. 4.2. Dort galt für reziproke Zweitore die Bedingung $H_{21} = -H_{12}$. Allerdings galt das Reziprozitättheorem nur für quellfreie, lineare RLC-Netzwerke. Dieser Fall liegt bei der Verwendung von aktiven Quellen jedoch nicht vor. Dennoch verhält sich der mechatronische Transformator reziprok. Wie $f_2 = H_{21} \cdot f_1$ zeigt, gibt das Vorzeichen nur die Flussrichtung an. Unter Verwendung eines symmetrischen Pfeilsystems werden beide Flüsse f_1 und f_2 als positiv angesehen. Würde man jedoch eine galvanische Kopplung herstellen, wirken sie direkt entgegengesetzt (Abb. 4.49).

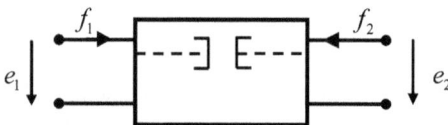

Abb. 4.49:   entgegengesetzte Flussrichtungen

In einem weiteren Schritt werden auch beim Transformator alle Speicher- und alle verlustbehaftete Bauelemente in den idealen mechatronischen Transformator integriert. So kann das Schaltbild vom verlustfreien statischen Transformator bis hin zum realen verlustbehafteten dynamischen Transformator erweitert werden.

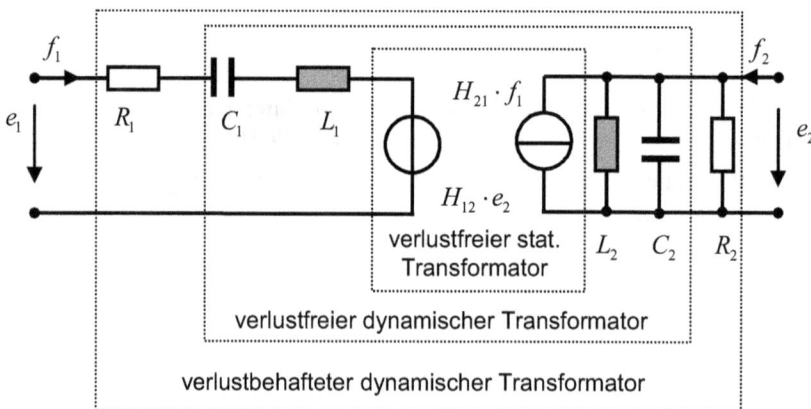

Abb. 4.50:   Der Transformator als idealer und realer mechatronischer Wandler

4.4.9   Der optimale Wirkungsgrad mechatronischer Wandler

Ein in der Praxis sehr häufig auftretendes Problem ist die Wirkungsgradbestimmung eines oder mehrerer mechatronischer Wandler. Ohne eine genaue Kenntnis der inneren Zusammenhänge eines Wandlers, sowie seiner äußeren Anschlussbedingungen werden Wirkungsgradoptimierungen mehr oder weniger nur zufälligen Charakter haben. Der nachfolgende Abschnitt zeigt Schritt für Schritt den Weg zu einem mathematischen Modell zur Bestimmung des optimalen Wirkungsgrades, unter Berücksichtigung der Torabschlüsse.

Eingangs- und Ausgangsimpedanz bei realen Transformatoren und Gyratoren

Die Impedanztransformation eines idealen Transformators bzw. Gyrators wurde schon im Abschnitt Übertragungseigenschaften behandelt. Nun sollen diese Überlegungen auf reale verlustbehaftete Wandler übertragen werden. Da sowohl der Transformator als auch der Gyrator mittels der Kettenmatrix A beschrieben werden kann, reicht es aus die Ableitungen anhand der Kettenmatrix zu vollziehen. Wir stellen uns als erstes die Frage, welche Impedanz wir messen würden, wenn der Ausgang bzw. der Eingang eines Wandlers mit einer Abschlussimpedanz versehen ist (Abb. 4.51).

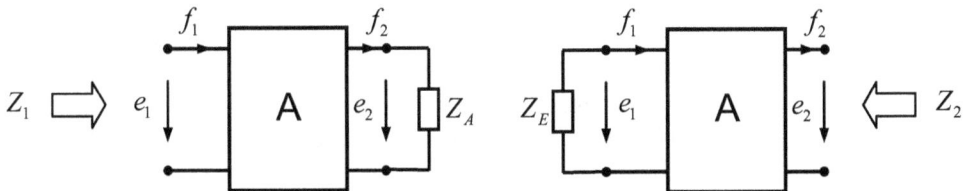

Abb. 4.51:   Torbeschaltungen mit Abschlussimpedanzen

Die Eingangsimpedanz Z_1 ergibt sich aus den beiden Torparametern e_1 und f_1, wobei die Torparameter aus den Wandlergleichungen bestimmt werden.

$$Z_1 = \frac{A_{11}e_2 + A_{12}f_2}{A_{21}e_2 + A_{22}f_2} \tag{4.57}$$

Setzt man nun die Ausgangsimpedanz in Gl. 4.57 ein, erhält man die Eingangsimpedanz des Wandlers unter der Berücksichtigung der Ausgangsimpedanz.

$$Z_1 = \frac{Z_A A_{11} + A_{12}}{Z_A A_{21} + A_{22}} \tag{4.58}$$

Die Umrechung in die anderen Belevitchformen kann, sofern sie existieren, über die Transformationsbeziehungen (s. Anhang B1) erfolgen.

$$Z_1 = Z_{11} - \frac{Z_{12}Z_{21}}{Z_{22} + Z_A}$$

$$Y_1 = Y_{11} - \frac{Y_{12}Y_{21}}{Y_{22} + Y_A} \tag{4.59}$$

$$Z_1 = H_{11} - \frac{H_{12}H_{21}Z_A}{1 + H_{22}Z_A}$$

Gehen wir wiederum davon aus, dass es sich bei den untersuchten Wandlern um reziproke Wandler handelt, so kann die Ausgangstransformation auf äquivalente Weise hergeleitet werden.

$$Z_1 = \frac{Z_E A_{22} + A_{12}}{Z_E A_{21} + A_{11}}$$

$$Z_1 = Z_{22} - \frac{Z_{12} Z_{21}}{Z_{11} + Z_E}$$

$$Y_1 = Y_{22} - \frac{Y_{12} Y_{21}}{Y_{11} + Y_E}$$

$$Z_1 = \frac{1}{\det H}\left[H_{11} - \frac{H_{12} H_{21} Z_E}{\det H + H_{22} Z_E} \right]$$

(4.60)

Optimale Leistungsanpassung an den Wandlereingang

Für einen optimalen Gesamtwirkungsgrad eines Wandlers sollte die gesamte zur Verfügung stehende Eingangsleistung vollständig an den Wandler übertragen werden (Abb. 4.52).

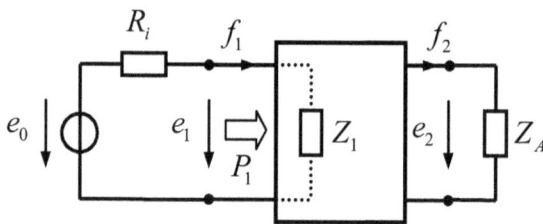

Abb. 4.52:   Leistungsanpassung an den Wandlereingang

Die von der Quelle an das Eingangstor übertragene Leistung P_1 kann wiederum aus den beiden Variablen e_1 und f_1 ermittelt werden.

$$P_1 = e_1 f_1 = \frac{e_0 Z_1}{Z_1 + R_i} \cdot \frac{e_0}{Z_1 + R_i} = \frac{e_0^2 Z_1}{\left(Z_1 + R_i\right)^2}$$

(4.61)

Dabei müssen wir noch zwischen der tatsächlich übertragenen Leistung P_1 und der maximal möglich Leitung P_{max} unterscheiden. P_{max} wird durch die optimale Anpassung bestimmt.

$$P_{max} = e_1 f_1$$

(4.62)

Das Eingangspotential e_1 ergibt sich aus der Spannungsteilerregel.

$$e_1 = \frac{Z_1}{Z_1 + R_i} \cdot e_0$$

(4.63)

Nehmen wir nun das Ergebnis einer optimalen Anpassung vorweg, $Z_1 = R_i$ und setzen dieses Ergebnis in die Gl. 4.63 ein, so erhalten wir

$$e_1 = \frac{R_i}{2R_i} \cdot e_0 = \frac{1}{2} e_0 \,. \tag{4.64}$$

Eine ähnliche Überlegung gilt für den Fluss f_1.

$$f_1 = \frac{e_0}{R_i + Z_1} = \frac{e_0}{2R_i} \tag{4.65}$$

Damit kann die maximal mögliche Leistung am Eingangstor des Wandlers ermittelt werden.

$$P_{max} = e_1 f_1 = \frac{e_0^2}{4R_i} \tag{4.66}$$

Für den Eingangswirkungsgrad bilden wir nun den Quotienten aus beiden Leistungen.

$$\eta_1 = \frac{P_1}{P_{max}} = \frac{4Z_1 R_i}{\left(Z_1 + R_i\right)^2} \tag{4.67}$$

Die Abb. 4.52 zeigt den Eingangswirkungsgrad über dem Verhältnis der beiden Widerstände. Der maximale Eingangswirkungsgrad wird gerade bei $Z_1 = R_i$ erreicht, d.h. der Innenwiderstand der Quelle sollte genau der Toreingangsimpedanz entsprechen.

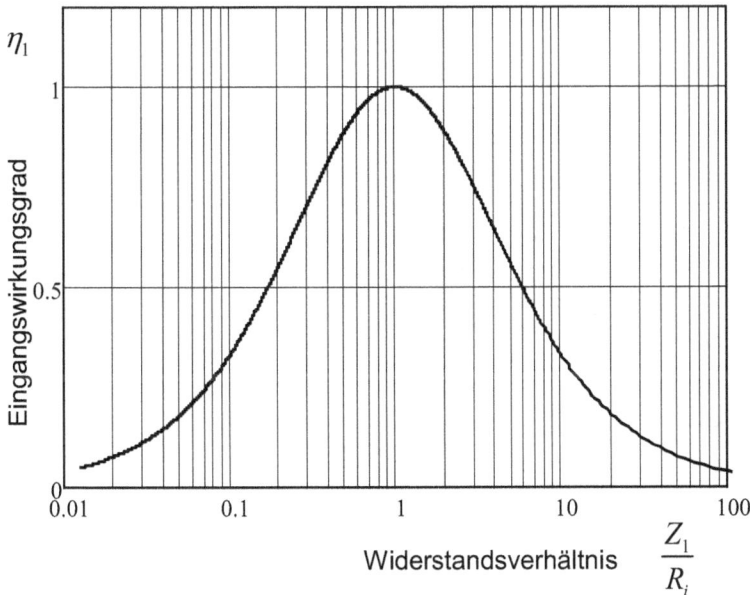

Abb. 4.53: Eingangswirkungsgrad der Leistungsübertragung in Abhängigkeit der Eingangsanpassung

Der Gesamtwirkungsgrad eines mechatronischen Transformators

Da ein mechatronischer Wandler in Matrixschreibweise vollständig durch die beiden Torabschlussimpedanzen sowie seine Matrixelemente beschrieben werden kann, muss sich der Gesamtwirkungsgrad des Wandlers auch durch diese sechs Parameter bestimmen lassen. Dazu definieren wir den Gesamtwirkungsgrad des Wandlers durch den Quotienten aus der Toreingangsleistung und der Torausgangsleistung (Abb. 4.54) an einem Abschlusswiderstand.

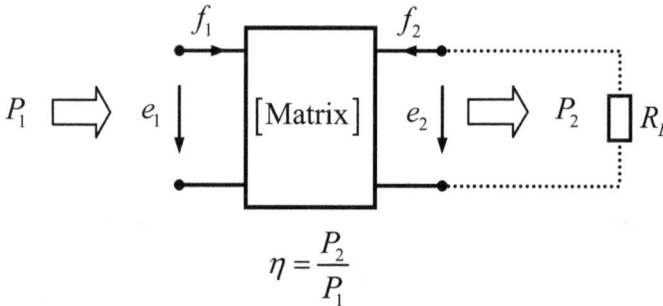

$$\eta = \frac{P_2}{P_1}$$

Abb. 4.54:   Gesamtwirkungsgrad (effectiv power gain) eines mechatronischen Wandlers

In der Zweitortheorie der Elektrotechnik wird dieser Quotient auch als Leistungsverstärkung V_P oder effektiver Leistungsgewinn (effectiv power gain G) bezeichnet. Dazu wird das Eingangstor des Wandlers durch eine reale Quelle gespeist und das Ausgangstor des Wandlers mit einem Abschlusswiderstand beschaltet (Abb. 4.55).

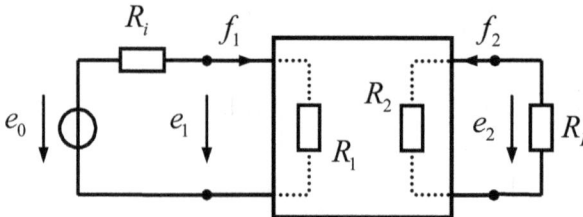

Abb. 4.55:   Ersatzschaltung zur Darstellung der Leistungsverstärkung

Durch die Transformationsbeziehungen eines Wandlers existieren an den jeweiligen Wandlertoren die entsprechenden Innenwiderstände R_1 und R_2. Am Eingangstor wird die Eingangsleistung P_1 über den Innenwiderstand R_1 definiert.

$$P_1 = \frac{e_1^2}{R_1} \tag{4.68}$$

Am Ausgangstor können wir die Ausgangsleistung über dem Lastwiderstand bestimmen.

$$P_2 = \frac{e_2^2}{R_L} \tag{4.69}$$

Für die Leistungsverstärkung bzw. den Wirkungsgrad ergibt sich damit:

$$V_P = \eta = \frac{e_2^2}{e_1^2} \cdot \frac{R_1}{R_L} \tag{4.70}$$

Da die Leistungsverstärkung unabhängig von e_1 und e_2 ist, werden diese Größen im Weiteren eliminiert und durch die Matrixparameter ersetzt. In einem ersten Schritt führen wir die Spannungsverstärkung V_e ein.

$$V_e = \frac{e_2}{e_1} \tag{4.71}$$

Die Potentialdifferenz e_2 erhalten wir aus der jeweiligen Komponentenschreibweise des Wandlers. Nehmen wir für den Transformator die Hybridform so folgt:

$$\begin{aligned} e_1 &= H_{11} \cdot f_1 + H_{12} \cdot e_2 \\ e_2 &= -f_2 \cdot R_L \end{aligned} \tag{4.72}$$

$$V_e = \frac{1}{H_{12} - \dfrac{H_{11} \cdot f_1}{R_L \cdot f_2}}$$

Das Verhältnis der beiden Flüsse wird aus der zweiten Hybridgleichung gewonnen.

$$\begin{aligned} f_2 &= H_{21} \cdot f_1 + H_{22} \cdot e_2 \\ \frac{f_1}{f_2} &= \frac{1 + H_{22} R_L}{H_{21}} \end{aligned} \tag{4.73}$$

Setzt man Gl. 4.73 in die Spannungsverstärkung Gl. 4.72 ein, so wird die Spannungsverstärkung des Transformators nur noch durch den Lastwiderstand und die Wandlerparameter bestimmt.

$$V_e = \frac{1}{H_{12} - H_{11} \left(\dfrac{1 + H_{22} R_L}{R_L H_{21}} \right)} = -\frac{H_{21} R_L}{H_{11} + R_L \cdot \det H} \tag{4.74}$$

Da die Spannungsverstärkung quadratisch in die Leistungsverstärkung eingeht

$$\eta = V_e^2 \frac{R_1}{R_L} = \frac{R_1}{R_L} \cdot \left(\frac{H_{21} R_L}{H_{11} + R_L \cdot \det H} \right)^2 \tag{4.75}$$

ist der Wirkungsgrad immer positiv.

Wie im letzten Abschnitt schon gezeigt, muss für eine optimale Leistungsanpassung die Bedingung $R_i = R_1$ und $R_L = R_2$ erfüllt sein. Die Eingangsimpedanz R_i entnehmen wir Gl. 4.59

$$R_1 = Z_1 = H_{11} - \frac{H_{12}H_{21}R_L}{1+H_{22}R_L} = \frac{H_{11} + \det H \cdot R_2}{1+H_{22}R_2} \qquad (4.76)$$

Die Ausgangsimpedanz R_2 wird über Gl. 4.60 bestimmt.

$$R_2 = \frac{1}{\det H}\left(H_{11} - \frac{H_{12}H_{21}R_1}{\det H + H_{22}R_1}\right) = \frac{H_{11} + R_1}{\det H + H_{22}R_1} \qquad (4.77)$$

Setzen wir beide Gleichungen ineinander ein, so lassen sie sich eindeutig nach den beiden Innenwiderständen auflösen.

$$R_1 = \det H \cdot R_2$$
$$R_2^2 = \frac{H_{11}}{H_{22}\det H} \qquad (4.78)$$

In einem letzten Schritt müssen nur noch die beiden Widerstände R_1 und R_L im Gesamtwirkungsgrad durch die gerade abgeleitete Form ersetzt werden. Damit erhält man den maximalen Wirkungsgrad eines mechatronischen Transformators bei optimaler Leistungsanpassung an beiden Torklemmen.

$$\eta_{\max} = \left(\frac{H_{21}}{\sqrt{H_{11}H_{22}} + \sqrt{\det H}}\right)^2 \qquad (4.79)$$

Bsp. idealer Transformator

$$\eta = 1; \quad H_{11} = H_{22} = 0; \quad H_{12} = -H_{21}; \quad \det H = H_{12}^2$$

$$\eta_{\max} = \left(\frac{-H_{12}}{\sqrt{H_{12}^2}}\right)^2 = 1$$

5   Wandlerprinzipien

Lernziele Wandlerprinzipien
- Grundprinzipien elektromechanischer Wandler
- Grundprinzipien elektrischer Wandler
- Grundprinzipien elektroakustischer Wandler
- Grundprinzipien mechanischer Wandler
- Grundprinzipien elektrothermischer Wandler
- Reziprozitätsformen

Nachdem sich das Kapitel 4 mit den Grundlagen der mechatronischen Wandler aus allgemeiner Sicht des Energieflusskreises genähert hat, sollen im folgenden Kapitel einige physikalische Wandlerprinzipien genauer betrachtet werden. Die Vielzahl der physikalischen Effekte macht es jedoch unmöglich, alle existierenden Wandlermechanismen aufzuführen. Deshalb werden exemplarisch nur einige wichtige Wirkprinzipien näher erläutert. Die damit eingeführte Systematik sollte es dem Leser jedoch möglich machen, sein Wissen auf neuartige Wandlerprinzipien zu adaptieren.

Ein realer technischer Wandler verknüpft zunächst formal zwei unabhängige Energieflusskreise (Abb. 5.1).

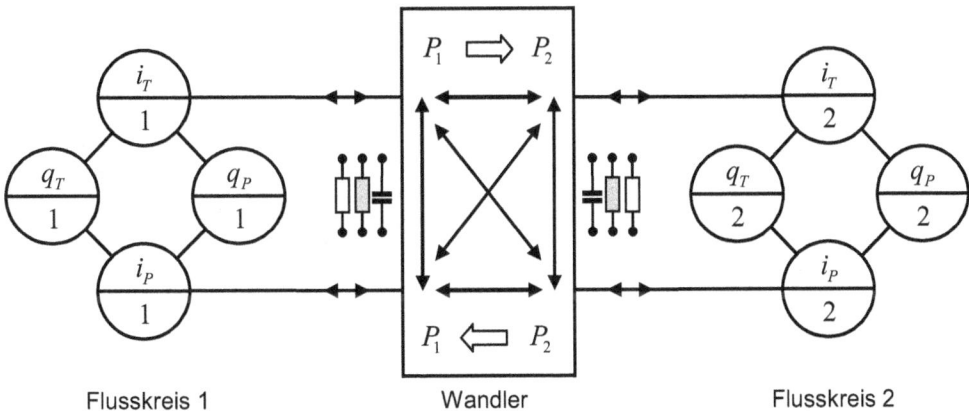

Abb. 5.1:   mögliche Verkopplungsvarianten eines mechatronischen Wandlers

Wie in Abb. 5.1 deutlich wird, sind dabei immer mehrere Verknüpfungsvarianten möglich. Werden sowohl die beiden Flussvariablen i_{P1} und i_{P2} sowie die beiden Potentialdifferenzen

i_{T1} und i_{T2} miteinander gekoppelt, so sprechen wir von einem transformatorischen Wandlerprinzip. Werden jeweils die Fluss- und Potentialgrößen wechselseitig miteinander verbunden, so sprechen wir von einem gyratorischen Wandlerprinzip.

Existieren keine direkten Kopplungen zwischen den Eingangs- bzw. Ausgangsgrößen untereinander, so handelt es sich um einen idealen Wandler mit einem Wandlerwirkungsgrad von $\eta = 1$ bzw. die Wandlereingangsleistung P_1 entspricht der Wandlerausgangsleistung P_2. Da jedoch alle realen physikalischen Wandlereffekte feldgebunden stattfinden, kommen zum idealen Wandler zusätzliche Bauelemente dazu. Ein Feld breitet sich immer in einem Medium aus (Festkörper, Fluid). Dazu sind alle felderzeugenden Baugruppen stets Masse behaftet. Das führt auf beiden Seiten des Wandlers zu Energiespeichern in Form von P-Speichern (Kapazitäten) und T-Speichern (Induktivitäten) sowie einer direkten Kopplung der Eingangs- und Ausgangsgrößen untereinander (ideale dynamisch Wandler). Weiterhin existieren immer dissipative Einflüsse in Form von Energieverlusten im Wandler. Das führt auf zusätzliche Widerstände an den Wandlertoren. Wir sprechen in diesem Zusammenhang von realen dynamischen Wandlern.

Tab. 5.1:   mögliche Wandlerformen

Prinzip	Kopplung	Signalfluss
Transformator	$i_{T1} \sim i_{T2}$ $i_{P1} \sim i_{P2}$	i_{T1}, i_{T2}, i_{P1}, i_{P2}; H_{12}, H_{11}, H_{22}, H_{21}
Gyrator	$i_{T1} \sim i_{P2}$ $i_{P1} \sim i_{T2}$	i_{T1}, i_{T2}, i_{P1}, i_{P2}; Y_{12}, Y_{11}, Y_{22}, Y_{21}

Tab. 5.2: Einteilung der Wandler

Bezeichnung	Kopplungen		Parameter
idealer Wandler (verlustfrei)	keine Kopplung	i_{T1} und i_{P1}	$H_{11} = H_{22} = 0$
	zwischen	i_{T2} und i_{P2}	$Y_{11} = Y_{22} = 0$
idealer dynamischer Wandler (verlustfrei)	Energiespeicher	i_{T1} und i_{P1}	$H_{11} \neq 0; \quad H_{22} \neq 0$
	zwischen	i_{T2} und i_{P2}	$Y_{11} \neq 0; \quad Y_{22} \neq 0$
realer dynamischer Wandler (verlustbehaftet)	Energiespeicher und Dissipation	i_{T1} und i_{P1}	$H_{11} \neq 0; \quad H_{22} \neq 0$
	zwischen	i_{T2} und i_{P2}	$Y_{11} \neq 0; \quad Y_{22} \neq 0$

Den Matrixparametern der Hybrid- und Leitwertsmatrix kann dazu jeweils eine konkrete praktische Bedeutung zugewiesen werden.

H_{12} und H_{21}; $\quad Y_{12}$ und Y_{21} $\qquad\qquad$ Koppelfaktoren

H_{11} $\quad$ Kurzschluss-Eingangsimpedanz bei $\quad i_{T2} = 0$

H_{22} $\quad$ Leerlauf-Ausgangsadmittanz bei $\quad i_{P1} = 0$

Y_{11} $\quad$ Kurzschluss-Eingangsadmittanz bei $\quad i_{T2} = 0$

Y_{22} $\quad$ Kurzschluss-Ausgangsadmittanz bei $\quad i_{T1} = 0$

5.1 Elektromechanische Wandler

Das Grundprinzip eines jeden Wandlers ist das Energiestromprinzip. Die in einem Gesamtsystem transportierte Energie wird in ihrer Energieform gewandelt. Bei den elektromechanischen Wandlern ist die Wechselwirkung aller beteiligten Feldgrößen jedes einzelnen physikalischen Teilgebietes für den Energiewandlungsprozess verantwortlich. (Abb. 5.2).

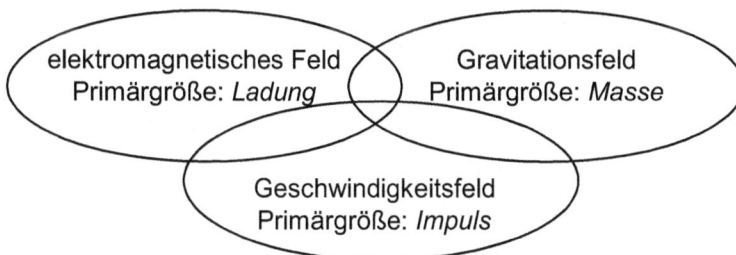

Abb. 5.2: Wechselwirkung der physikalischen Einzelfelder

In der Modellvorstellung der mechatronischen Netzwerke ersetzen wir die räumlich verteilten Feldgrößen durch konzentrierte Ersatzelemente (mechatronische Bauelemente). Das ursprüngliche Wechselwirkungsprinzip der Feldgrößen wird auf die Wechselwirkung von 2n Polen reduziert (Abb. 5.3).

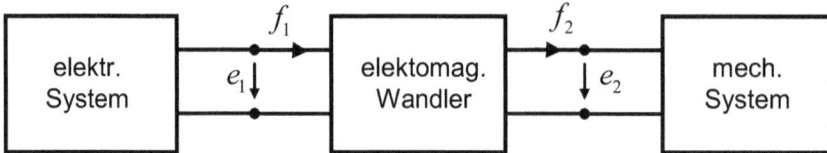

Abb. 5.3:   Wechselwirkung aus der Basis von 2n-Polen

Prinzipiell sind zwei physikalische Grundprinzipien bei der Wechselwirkung zu unterscheiden. Feldkräfte an Grenzflächen führen auf das Reluktanzprinzip und damit auf elektromagnetische Wandler und Volumenkräfte an den beteiligten Massen führen, bedingt durch die Lorentz-Kraft, auf elektrodynamische Wandler (Abb. 5.4).

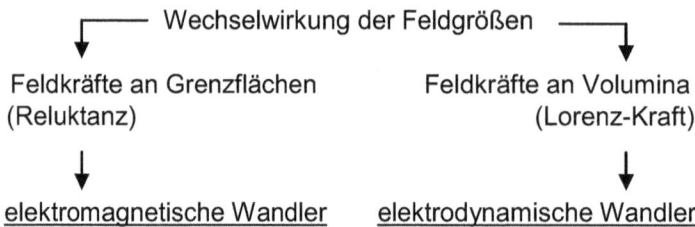

Abb. 5.4:   Einteilung der Wandler nach der Wechselwirkung der Feldgrößen

5.1.1   Elektrodynamische Wandler

Die Lorentzkraft ist eine Kraft, die ein elektromagnetisches Feld auf eine elektrische Ladung ausübt. Da die elektrische Ladung stets massebehaftet ist, treten dabei das elektrische- und das Gravitationsfeld unmittelbar miteinander in Wechselwirkung. Wird die Ladung zusätzlich bewegt, erfolgt noch eine Kopplung des elektromagnetischen Feldes mit dem Geschwindigkeitsfeldes des Impulses.

Die Kraftwirkung einer ruhenden elektrischen Ladung wird durch die Coulombkraft F_E beschrieben (siehe Elektrostatik).

$$\overline{F}_E = \overline{E} \cdot Q \tag{5.1}$$

Den Kraftanteil einer bewegten elektrischen Ladung mit der Geschwindigkeit $\overline{v}$ in einem Magnetfeld mit der magnetischen Flussdichte $\overline{B}$, beschreibt die magnetische Kraft $\overline{F}_B$. Die Summe beider Kraftwirkungen ergibt als Gesamtkraft die Lorentz-Kraft.

$$\bar{F}_L = \bar{F}_E + \bar{F}_B = Q\left(\bar{E} + \bar{v} \times \bar{B}\right) \tag{5.2}$$

Für den elektrodynamischen Wandler ist die Lorentzkraft an einem elektrischen Leiter von besonderer Bedeutung. Dabei spielt es keine Rolle, ob ein elektrischer Leiter in einem Magnetfeld von einem Strom durchflossen, oder ob der elektrische Leiter mechanisch durch ein Magnetfeld bewegt wird. Für die Lorentzkraft ist es unerheblich welcher Mechanismus die Bewegung der elektrischen Ladung erzeugt. Aus Gründen der Übersichtlichkeit wollen wir dennoch beide Mechanismen zunächst trennen.

1. Kraftwirkung eines stromdurchflossenen Leiters

In einem elektrischen Leiter wird durch eine äußere Spannungsquelle ein Elektronenfluss verursacht. Zusätzlich befindet sich der elektrische Leiter in einem Magnetfeld. Aufgrund der Lorentzkraft erfährt der elektrische Leiter eine Volumenkraftdichte (Abb. 5.5).

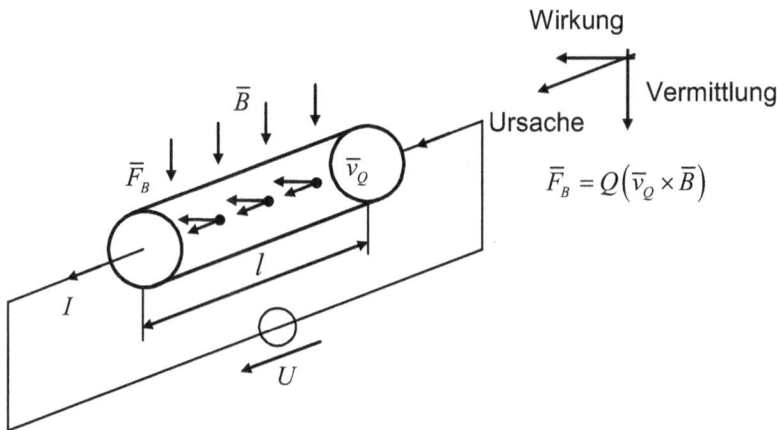

Abb. 5.5:   Kraftwirkung auf einen stromdurchflossenen Leiter

Ein relativ einfacher Zusammenhang ergibt sich immer dann, wenn das Magnetfeld senkrecht zur Längsrichtung des elektrischen Leiters ausgerichtet ist ($\bar{v}_Q \perp \bar{B}$).

$$F_B = Q \cdot v_Q \cdot B \tag{5.3}$$

Die Elektronengeschwindigkeit wird aus $v_Q = \dfrac{l}{t}$ bestimmt und die Ladung durch den elektri-

schen Strom ersetzt $\dfrac{dQ}{dt} = I$.

$$F_B = I \cdot l \cdot B \tag{5.4}$$

2. Bewegung eines elektrischen Leiters im Magnetfeld

Ein elektrischer Leiter wird quer zu seiner Stromrichtung mit der Geschwindigkeit $\overline{v}$ durch ein Magnetfeld bewegt. Die Kraftwirkung induziert einen Elektronenfluss, welcher sich in einem geschlossenen Stromkreis als Induktionsspannung bemerkbar macht (Abb. 5.6). Der geschlossene Stromkreis bewirkt wiederum einen elektrischen Strom, welcher seinerseits eine Gegenkraft erzeugt. Die magnetische Kraft und die Coulombkraft stehen somit im Gleichgewicht.

$$\overline{F}_B + \overline{F}_E = 0 \tag{5.5}$$

$$Q\overline{E} = -Q\left(\overline{v} \times \overline{B}\right) \tag{5.6}$$

$$U_{ind.} = -l \cdot v \cdot B \qquad \left(\overline{v} \perp \overline{B}\right) \tag{5.7}$$

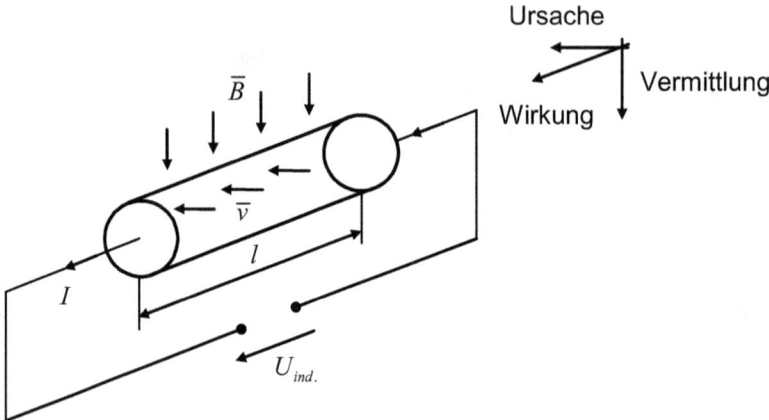

Abb. 5.6:   induzierte Spannung eines bewegten Leiters

Das negative Vorzeichen in Gl. 5.7 zeigt an, dass der Induktionsstrom der Ursache, der Induktionsspannung entgegenwirkt (*Lenzsche* Regel).

Elektrodynamische Rotationswandler

Ausgehend von der gerade skizzierten Kraftwirkung lassen sich unterschiedliche Konstruktionsprinzipien ableiten. Ein sehr verbreitetes Prinzip ist der Gleichstrommotor (Abb. 5.7).

Bei einem Gleichstrommotor ist die Leiterschleife, bestehend aus N-Wicklungen (Anker), konstruktionsbedingt immer so in einem homogenen Magnetfeld orientiert, dass die magnetische Flussdichte immer senkrecht zum Stromfluss durch diese Leihschleife wirkt. Somit erzeugt die magnetische Kraft F_B am stromdurchflossenen Leiter, über den Abstand R zur Drehachse, ein Drehmoment $\overline{M}$.

$$\bar{M} = \bar{r} \times \bar{F} \qquad \left(\bar{r} = R \cdot \bar{e}_y \; ; \bar{F} = F_B i_A \, l \, B \cdot \bar{e}_x \right)$$

$$\bar{M} = -2R i_A \, l \, B \cdot \bar{e}_z$$

(5.8)

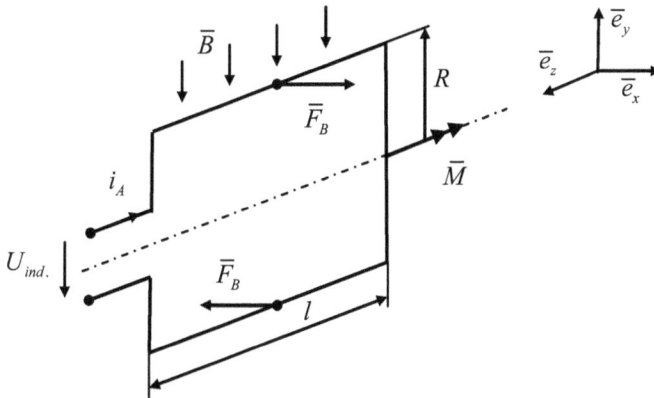

Abb. 5.7:   Leiterschleife eines Gleichstrommotors

Der Faktor $2Rl$ beschreibt dabei die Rechteckfläche A, die von einer Leiterschleife vollständig umschlossen wird. Damit ist das Motordrehmoment proportional zum Ankerstrom.

$$M = B \, A \cdot i_A$$

(5.9)

(Flussgröße M ~ Flussgröße i_A.)

Wie schon am einfach bewegten Leiter beschrieben, verursacht die Bewegung der Leiterschleife im Magnetfeld wiederum einen Stromfluss und damit eine Gegenkraft F_E. Das führte auf eine induzierte Spannung. Die Spannung ist laut Energieschema (s. Kapitel 3.4) über die Zeitableitung mit dem magnetischen Fluss verknüpft.

$$U_{ind.} = \frac{d}{dt} \Phi = \frac{d}{dt} \left(B \cdot A \right)$$

(5.10)

Ersetzen wir nun die Rechteckfläche die von der Leiterschleife umschlossen wird durch die Geometrie der Leiterschleife, so erhalten wir den Zusammenhang zwischen den Potentialdifferenzen.

$$U_{ind.} = \frac{d}{dt} \left(B \cdot 2Rl \right) = 2Bl \cdot v = 2Bl \cdot R\omega$$

(5.11)

(Potentialdifferenz $U_{ind.}$ ~ Potentialdifferenz ω)

Mit den beiden Proportionalitätsbeziehungen Gl. 5.9 und Gl. 5.11 kann nun der ideale Gleichstrommotor als mechatronischer Wandler in Zweitorform mit einem symmetrischen Pfeilsystem dargestellt werden.

$$\begin{bmatrix} U_{ind.} \\ M \end{bmatrix} = \begin{bmatrix} 0 & BA \\ -BA & 0 \end{bmatrix} \cdot \begin{bmatrix} i_A \\ \omega \end{bmatrix} \tag{5.12}$$

Anmerkung: i_A wirkt entgegen zu M

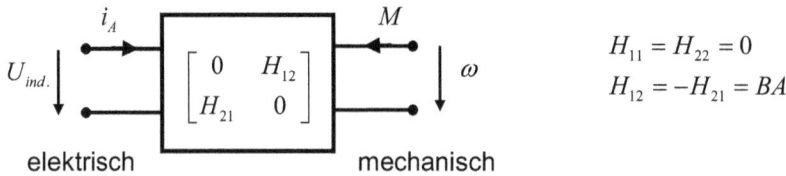

Abb. 5.8:   Zweitordarstellung eines idealen Gleichstrommotors

Die Umrechnung der H-Parameter in die A-Parameter verdeutlicht nochmals das physikalische Wandlerverhalten des Gleichstrommotors.

$$A = \begin{bmatrix} H_{12} & 0 \\ 0 & -\dfrac{1}{H_{21}} \end{bmatrix} = \begin{bmatrix} BA & 0 \\ 0 & \dfrac{1}{BA} \end{bmatrix} = A(T) \tag{5.13}$$

Der Gleichstrommotor verhält sich bezüglich seiner Ein- und Ausgangsgrößen wie ein mechatronischer Transformator.

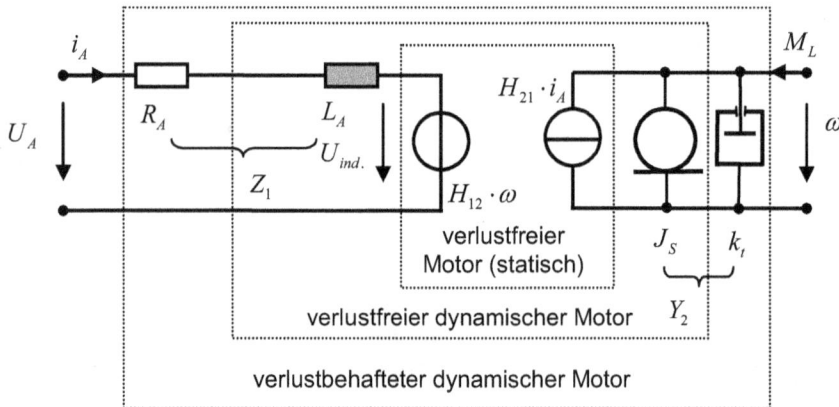

Abb. 5.9:   mechatronisches Ersatzschaltbild eines verlustbehafteten Gleichstrommotors

Zur Bestimmung der Wandlergleichungen reicht im Allgemeinen das Auffinden eines physikalischen Sachverhaltes aus. Die zweite Wandlergleichung kann jedoch auch über den Wirkungsgrad gewonnen werden. Setzen wir einen idealen Wandler voraus ($\eta = 1$), so müssen die Wandlereingangsleistung und die Wandlerausgangsleistung stets gleich sein.

$$P_{el} = P_{mech}$$
$$U_{ind.} \cdot i_A = \omega \cdot M \tag{5.14}$$

Damit ergibt sich unter Einbeziehung von Gl. 5.9 die zweite Wandlergleichung Gl. 5.11.

Das mechatronische Ersatzschaltbild des verlustbehafteten Gleichstrommotors ($\eta < 1$) gewinnen wir durch die Berücksichtigung aller Impedanzen auf der elektrischen und mechanischen Seite des Motors (Abb. 5.9).

$$Z_1 = R_A + Z_L \qquad Y_2 = Y_J + Y_k \qquad H_{12} = -H_{21} = B \cdot A$$
$$H_{11} = Z_1 \qquad\qquad H_{22} = Y_2$$

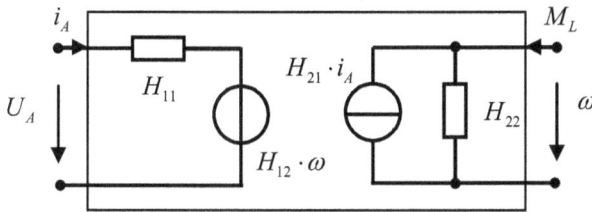

Abb. 5.10: verlustbehafteter Gleichstrommotor als mechatronischer Transformator in Hybridform

$$\begin{bmatrix} U_{A.} \\ M_L \end{bmatrix} = \begin{bmatrix} R_A + Z_L & BA \\ -BA & Y_J + Y_k \end{bmatrix} \cdot \begin{bmatrix} i_A \\ \omega \end{bmatrix} \tag{5.15}$$

Der elektrodynamische Linearwandler

Ein weiteres Konstruktionsprinzip, basierend auf der Lorenzkraft, ist der elektrodynamische Linearwandler. Technische Realisierungen finden sich bei elektrodynamischen Schwingerregern (Shakern) oder elektrodynamischen Lautsprechern. Beide Wandler basieren auf einem ähnlichen Konstruktionsprinzip (Abb. 5.11).

Ein beweglicher elektrischer Leiter in Form einer Tauchspule bewegt sich im Luftspalt eines Permanentmagneten. Um ein Anstoßen der Schwingspule im Luftspalt zu verhindern, ist sie mit einer Membran- oder Tellerfeder elastisch in ihrer Translationsrichtung gelagert. Weiterhin ist der Magnetkreis meist so ausgebildet, dass sich die Tauchspule über ihren gesamten Bewegungsbereich in einem homogenen Magnetfeld befindet. Konstruktionsbedingt liegen auch beim elektrodynamischen Linearwandler relativ einfache geometrische Verhältnisse vor. Die magnetische Flussdichte B_0, die Stromrichtung von i_W sowie die Wandlerkraft F_W bilden ein Rechtssystem.

Alle drei Größen stehen orthogonal aufeinander. Die magnetische Kraft F_B ergibt sich aus

$$F_B = B_0 \cdot l \cdot i_W \tag{5.16}$$

wobei l die Leiterläge der Tauchspule kennzeichnet. Gl. 5.16 zeigt einen proportionalen Zusammenhang zwischen der magnetischen Kraft und den elektrischen Wandlerstrom. Die zweite Wandlergleichung erhalten wir wiederum durch das Induktionsgesetz.

$$U_{ind.} = B_0 \cdot l \cdot \Delta v \tag{5.17}$$

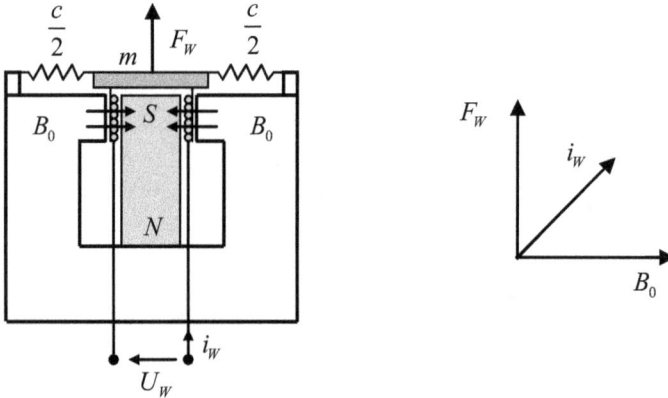

Abb. 5.11: Prinzipaufbau eines elektrodynamischen Linearwandlers

Damit kann der verlustfreie elektrodynamische Linearwandler in H-Parameterform formuliert werden.

$$\begin{bmatrix} U_{ind.} \\ F_B \end{bmatrix} = \begin{bmatrix} 0 & B_0 l \\ -B_0 l & 0 \end{bmatrix} \cdot \begin{bmatrix} i_W \\ \Delta v \end{bmatrix} \tag{5.18}$$

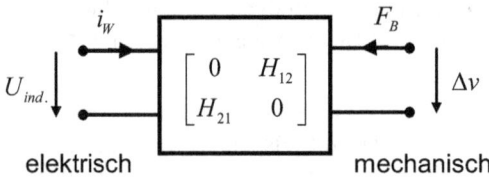

$$H_{11} = H_{22} = 0$$
$$H_{12} = -H_{21} = B_0 l$$

Abb. 5.12: Zweitordarstellung eines idealen Linearwandlers

Die Umrechnung in die Kettenparameter A verdeutlicht das transformatorische Wandlerprinzip.

$$A = \begin{bmatrix} H_{12} & 0 \\ 0 & -\dfrac{1}{H_{21}} \end{bmatrix} = \begin{bmatrix} B_0 l & 0 \\ 0 & \dfrac{1}{B_0 l} \end{bmatrix} = A(T) \tag{5.19}$$

Für den realen verlustbehafteten Wandler nach (Abb. 5.13) müssen noch die Bauelemente der elektrischen und mechanischen Seite berücksichtigt werden. So besitzt die Tauchspule neben ihrer Induktivität L einen ohmschen Widerstand R und eine Masse. Die mechanische Aufhängung der Tauchspule sowie der eigentliche Schwingkopf besitzen ebenfalls eine nicht zu vernachlässigende Masse. Die Summe dieser Massen soll in einer Gesamtmasse m Berücksichtigung finden. Für die Membran oder Tellerfeder wird die Gesamtsteifigkeit c angesetzt. Mögliche mechanische Reibverluste durch verdrängte Luft sowie Materialdämpfung in der Feder werden in einer stokesschen Reibungskonstante zusammengefasst.

Damit lässt sich das mechatronische Ersatzschaltbild eines idealen elektrodynamischen Linearwandlers zu einem Ersatzschaltbild des realen Wandlers vervollständigen.

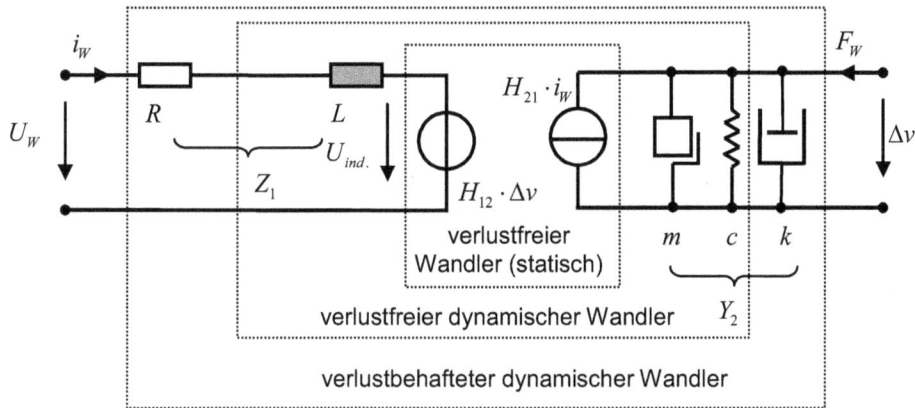

Abb. 5.13:   mechatronisches Ersatzschaltbild eines verlustbehafteten Linearwandlers

$$Z_1 = R + Z_L \qquad Y_2 = Y_m + Y_k + Y_c \qquad H_{12} = -H_{21} = B_0 \cdot l$$
$$H_{11} = Z_1 \qquad\qquad H_{22} = Y_2$$

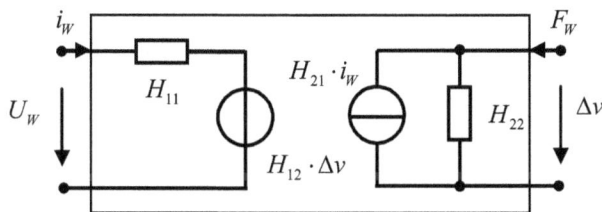

Abb. 5.14:   verlustbehafteter Linearwandler als mechatronischer Transformator in Hybridform

5.1.2   Elektromagnetische Wandler

Elektromagnetische Wandler basieren auf Kraftwirkungen an Grenzflächen. Im Allgemeinen werden dazu magnetische Kreise konstruiert, bei denen die magnetische Feldstärke variiert werden kann. Technisch kann das durch einen variablen Luftspalt oder über eine variable

Grenzflächengeometrie realisiert werden. Ursache für die Kraftwirkung an den Grenzflächen ist die magnetische Coulombkraft. Häufig wird diese Kraft auch als Reluktanzkraft bezeichnet und mit der Änderung eines magnetischen Widerstandes begründet. Diese Begründung bedient sich jedoch eines historischen Irrtums, der bedauerlicherweise bis heute noch in vielen Lehrbüchern anzufinden ist. Ursprünglich wurde der Begriff des Widerstandes, im Zusammenhang mit dem Elektromagnetismus, streng für die reibungsbehaftete Energiedissipation eingeführt. Ähnlichkeiten zwischen dem ohmschen Gesetz der Elektrotechnik, der Akustik und den magnetischen Kreisen [25] führten auf den Begriff des *magnetischen Widerstandes*. Um jedoch diesen Begriff deutlich vom dissipativen Widerstand abzuheben, schlug *O. Heaviside* 1894 den Begriff der Reluktanz vor [26]. Leider ist diese Differenzierung später wieder in Vergessenheit geraten. Im strengen physikalischen Sinne der mechatronischen Netzwerke basiert die Reluktanz auf der Feldänderung eines magnetischen Kondensators.

Reluktanzwandler

Um das Funktionsprinzip des Reluktanzwandlers genauer zu analysieren, betrachten wir zunächst das Modell eines einfachen magnetischen Plattenkondensators (Abb. 5.15). Dazu sollen sich zwei Polplatten mit der Fläche A im Abstand s gegenüberstehen. Die Platten seien jeweils mit den magnetischen Ladungen Q_m^+ und Q_m^- geladen, d.h. über dem Kondensator existiert eine magnetische Spannung U_m. Weiterhin nehmen wir an, dass sich zwischen den Platten Luft (μ_0) befindet.

Um die im Kondensator gespeicherte Energie zu bestimmen, benötigen wir zunächst die magnetische Kapazität des Kondensators. Unter Annahme einer homogenen Feldverteilung im Luftspalt beträgt die Kapazität

$$C_m = \frac{\mu_0}{s} A \,. \tag{5.20}$$

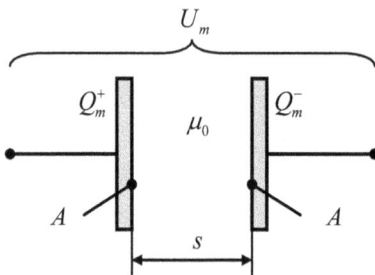

Abb. 5.15:   Modell eines magnetischen Plattenkondensators

Damit erhalten wir die im Luftspalt enthaltene Feldenergie zu

$$E_P^P = \frac{C_m}{2} U_m^2 .$$

(5.21)

Die magnetische Spannung gewinnen wir aus der magnetischen Feldstärke im Luftspalt.

$$U_m = \int_0^s \overline{H} d\overline{s} = \frac{1}{\mu_0} \int_0^s \overline{B} d\overline{s} = \frac{1}{\mu_0} Bs$$

(5.22)

Unter Berücksichtigung der Kapazitätsgleichung Gl. 5.20 kann nun die Gesamtenergie im P-Speicher, als Funktion der Geometrie des Kondensators und der magnetischen Feldstärke im Luftspalt, dargestellt werden.

$$E_P^P = \frac{A \cdot B^2}{2\mu_0} \cdot s$$

(5.23)

Wie die Gleichung zeigt Gl. 5.23, ist die im magnetischen Plattenkondensator gespeicherte Feldenergie linear vom Plattenabstand und der Polplattenfläche abhängig.

Vergrößern wir nun den Plattenabstand, ausgehend von einer konstanten Ausgangslänge s_0 um den Weg Δs.

$$E_P^P = \frac{A \cdot B^2}{2\mu_0} \left(s_0 + \Delta s \right) = \underbrace{\frac{A \cdot B^2 s_0}{2\mu_0}}_{E_0} + \underbrace{\frac{A \cdot B^2}{2\mu_0} \cdot \Delta s}_{\Delta E}$$

(5.24)

Die Energie kann nun in einen konstanten Anteil E_0 und einen variablen Anteil ΔE zerlegt werden. Um eine der beiden Polplatten um den Weg Δs auszulenken ist eine äußere Kraft F_m notwendig. Diese Kraft kann aus dem variablen Energieanteil ΔE durch eine virtuelle Verrückung gewonnen werden.

$$F_m = \frac{\Delta E}{\Delta s} = \frac{A}{2\mu_0} B^2$$

(5.25)

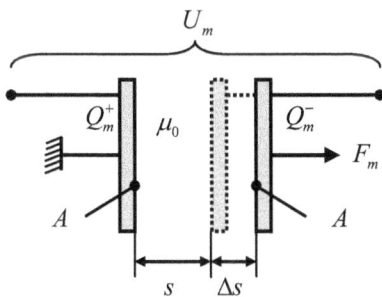

Abb. 5.16:   Plattenkondensator mit ausgelenkter Polplatte

Die Reluktanzkraft F_m ist proportional zum Quadrat der magnetischen Flussdichte $\left(F_m \sim B^2\right)$. Dieses Verhalten ist typisch für Kraftwirkungen an Feldgrenzflächen.

Eine technische Umsetzung des Reluktanzwandlers kann durch die Konstruktion eines magnetischen Kreises, bestehend aus einem Permanentmagnet und einem beweglichen Eisenanker, realisiert werden (Abb. 5.17). Da jeder der beiden Luftspalte s einen eigenen magnetischen Kondensator mit der Kapazität C_m darstellt, müssen für die Betrachtung des Gesamtsystems beide Einzelkapazitäten zusammengefasst werden. Die Gesamtkapazität C'_m entspricht durch die Reihenschaltung der halben Einzelkapazität. Somit ist unter der Voraussetzung der gleichen magnetischen Spannung, die gespeicherte Energie nur noch halb so groß. Bezüglich der Gesamtkapazität wird jedoch nur der halbe Weg zurückgelegt. Damit herrschen wieder die gleichen Verhältnisse wie bei der Betrachtung nur eines magnetischen Kondensators.

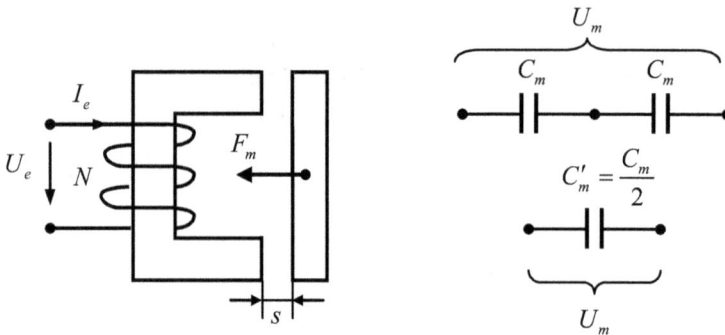

Abb. 5.17:   technischen Realisierung eines Reluktanzwandlers

Zur weiteren Untersuchung vernachlässigen wir den magnetischen Spannungsabfall im Eisenkreis.

$$U_m = N \cdot I_e = \frac{1}{\mu_0} B \cdot s \tag{5.26}$$

Die magnetische Flussdichte aus Gl. 5.26 kann nun in das Kraftgesetz Gl. 5.25 eingesetzt werden.

$$F_m = \frac{1}{2} A \mu_0 N^2 \left(\frac{I_e}{s}\right)^2 \tag{5.27}$$

Zwischen der Reluktanzkraft F_m und dem elektrischen Erregerstrom I_e besteht wiederum eine quadratische Abhängigkeit (Abb. 5.18).

Um jedoch zu einem linearen Wandlerverhalten zu kommen, muss die Kraftkennlinie im Wandlerarbeitspunkt AP linearisiert werden. Dazu existieren prinzipiell zwei Möglichkeiten.

1. Die Einspeisung eines konstanten Gleichstromes I_0.

2. Die Erzeugung eines konstanten Gleichflusses Φ_0 durch einen Permanentmagneten.

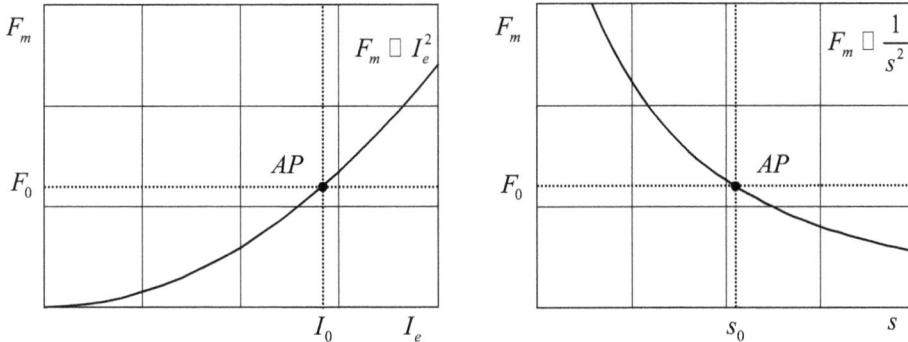

Abb. 5.18:   nichtlineare Abhängigkeiten der Reluktanzkraft

Variante1:   konstanter Gleichstromes I_0

Der Gesamtstrom I_e setzt sich aus einem konstanten Anteil I_0 sowie einem veränderlichen Anteil i zusammen. Das Gleiche gilt für den Weg s.

$$I_e = I_0 + i$$
$$s = s_0 + \Delta s$$

(5.28)

$$F_m = \frac{1}{2} A\mu_0 N^2 \left(\frac{I_0 + i}{s + \Delta s} \right)^2$$

(5.29)

Die Linearisierung erfolgt durch eine Potenzreihenentwicklung im Arbeitspunkt AP. Dabei werden Summanden höherer Ordnung vernachlässigt.

$$i^2 \approx 0; \quad \Delta s^2 \approx 0; \quad i \cdot s \approx 0; \quad i^2 \Delta s \approx 0; \quad i \Delta s^2 \approx 0;$$

Für die Reluktanzkraft werden nur noch die linearen Anteile betrachtet. Alle Terme höherer Ordnung bilden einen Fehlerterm.

$$F_m^{(AP)} \approx \underbrace{\frac{\mu_0 AN^2 I_0^2}{2s_0^2}}_{F_0} + \underbrace{\frac{\mu_0 AN^2 I_0}{s_0^2} \cdot i}_{F_W} - \underbrace{\frac{\mu_0 AN^2 I_0^2}{s_0^3} \cdot \Delta s}_{F_c}$$

(5.30)

Wie Gl. 5.30 zeigt, setzt sich die Reluktanzkraft im Arbeitspunkt AP aus drei Kraftanteilen zusammen. Dem konstanten Kraftvektor F_0, der eigentlichen linearen Wandlerkraft F_W, sowie einer negativen Kraftkomponente F_c, die sich aus einer virtuellen Steifigkeit ergibt.

$$F_0 = \frac{\mu_0 A N^2 I_0^2}{2 s_0^2} \tag{5.31a}$$

$$F_c = -\frac{\mu_0 A N^2 I_0^2}{s_0^3} \cdot \Delta s = -c_\Phi \Delta s \tag{5.31b}$$

$$F_W = \frac{\mu_0 A N^2 I_0}{s_0^2} \cdot i \tag{5.31c}$$

Variante 2:   konstanter Gleichfluss Φ_0 durch Permanentmagnet

Dazu wird der konstante Strom I_0 in einen konstanten Fluss Φ_0 überführt.

$$U_m = \int_0^{s_0} \overline{H}\, d\overline{s} = \frac{1}{\mu_0} \int_0^{s_0} \overline{B}\, d\overline{s} = \frac{1}{\mu_0} B s_0 = \frac{1}{\mu_0} \frac{\Phi_0}{A} s_0 = I_0 N$$

$$I_0 = \frac{\Phi_0 s_0}{\mu_0 A \cdot N} \tag{5.32}$$

Eingesetzt in Gl. 5.31a bis Gl. 5.31c

$$F_0 = \frac{\Phi_0^2}{2 \mu_0 A} \tag{5.33a}$$

$$F_c = -\frac{\Phi_0^2}{\mu_0 s_0 A} \cdot \Delta s = -c_\Phi \Delta s \tag{5.33b}$$

$$F_W = \frac{N \Phi_0}{s_0} \cdot i \tag{5.33c}$$

Die Gleichung Gl. 5.33c beinhaltet schon eine lineare Wandlergleichung für den mechatronischer Wandler. Die zweite Wandlergleichung gewinnen wir aus der Leistungsbilanz $\eta = 1$.

$$P_{el} = P_{mech} \tag{5.34}$$

$$U_e = \frac{N \Phi_0}{s_0} \Delta v$$

Beide Wandlergleichungen ergeben den verlustfreien statischen Reluktanzwandler in Hybridform.

$$\begin{bmatrix} U_e \\ F_W \end{bmatrix} = \begin{bmatrix} 0 & \dfrac{N\Phi_0}{s_0} \\ -\dfrac{N\Phi_0}{s_0} & 0 \end{bmatrix} \cdot \begin{bmatrix} i \\ \Delta v \end{bmatrix} \qquad (5.35)$$

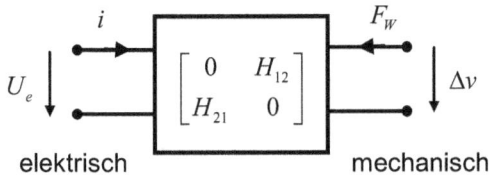

$$H_{11} = H_{22} = 0$$

$$H_{12} = -H_{21} = \frac{N\Phi_0}{s_0}$$

Abb. 5.19: Zweitordarstellung eines idealen Reluktanzwandlers

Die Umrechnung in die Kettenparameter A verdeutlicht wiederum das transformatorische Wandlerprinzip.

$$A = \begin{bmatrix} H_{12} & 0 \\ 0 & -\dfrac{1}{H_{21}} \end{bmatrix} = \begin{bmatrix} \dfrac{N\Phi_0}{s_0} & 0 \\ 0 & \dfrac{s_0}{N\Phi_0} \end{bmatrix} = A(T) \qquad (5.36)$$

Für eine reale technische Realisierung muss weiterhin die konstante Kraftamplitude F_0 aufgebracht werden. Außerdem ist das Gesamtschaltbild um die virtuelle Steifigkeit c_{Φ_0} sowie die ohmschen Verluste der Erregerspule und ihrer Induktivität zu ergänzen.

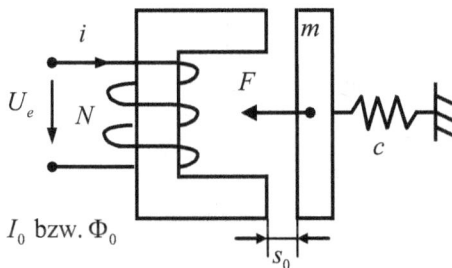

Abb. 5.20: Prinzipaufbau eines Reluktanzwandlers

$$\begin{bmatrix} U_e \\ F_W \end{bmatrix} = \begin{bmatrix} Z_1 & \dfrac{N\Phi_0}{s_0} \\ -\dfrac{N\Phi_0}{s_0} & Y_2 \end{bmatrix} \cdot \begin{bmatrix} i \\ \Delta v \end{bmatrix} \tag{5.37}$$

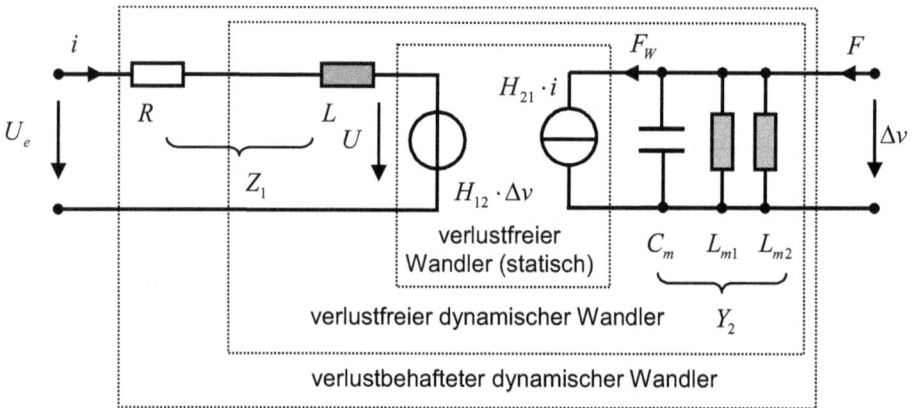

$$L = \frac{s_0}{B_0 A \cdot N} \qquad\qquad C_m = m; \quad L_{m1} = \frac{1}{c}; \quad L_{m2} = -\frac{\mu_0 s_0 A}{\Phi_0^2}$$

$$H_{11} = Z_1 = R + Z_L \qquad\qquad H_{22} = Y_2 = Y_m + Y_{Lm1} + Y_{Lm2}$$

Abb. 5.21:   mechatronisches Ersatzschaltbild eines verlustbehafteten Reluktanzwandlers

5.2   Elektrische Wandler

Bei den im letzten Abschnitt beschriebenen magnetischen Wandlern (elektrodynamische Wandler und elektromagnetische Wandler) waren das magnetische System und das mechanische System direkt miteinander verbunden. Das elektrische System diente lediglich zur Ansteuerung des magnetischen Systems. Im Gegensatz dazu, ist bei den elektrischen Wandlern das elektrische System direkt mit dem mechanischen System verbunden. Auch hier lassen sich prinzipiell zwei Wandlermechanismen unterscheiden. Eine elektromechanische Kopplung durch anisotrope dielektrische Festkörpereigenschaften führt auf die Klasse der piezoelektrischen Wandler und eine elektromechanische Kopplung an den Grenzflächen elektrostatischer Felder auf die Klasse der elektrostatischen Wandler.

5.2.1   Piezoelektrische Wandler

Die Entdeckung des piezoelektrischen Effektes geht auf die Brüder *Pierre* und *Jacques Curie* zurück. Im Jahre 1880 gelang ihnen der erste experimentelle Nachweis dazu. Ihre Kenntnisse auf dem Gebiet der Pyroelektrizität, sowie die Beschäftigung mit den der Pyroelektrizität zugrundeliegenden Kristallstrukturen veranlasste sie gezielt nach dem piezoelektrischen

Effekt zu suchen (griech. piezin – drücken). Untersuchte Kristallstrukturen wie Quarz, Turmalin, Topos oder Seignettesalz zeigten dabei die größten piezoelektrischen Effekte. *Gabriel Lippmann* sagte aufgrund von thermodynamischen Überlegungen den inversen piezoelektrischen Effekt voraus. 1881 gelang es den Gebrüdern *Curie* auch dieser experimentelle Nachweis, bei dem elektrostatische Felder piezoelektrische Werkstoffe verformen können. Beide Effekte waren bei den damals untersuchten Kristallstrukturen jedoch sehr klein und damit ohne praktische Bedeutung. Erst eine gezielte Materialforschung führte auf höhere Auslenkungen. Moderne Materialien sind heute Barium-Titanat $BaTiO_3$ oder Blei-Zirkonat-Titanat (PZT).

Bei isotropen Werkstoffen treten im Normalfall keine elektromechanischen Kopplungen auf. Dazu sei ein isotroper Körper bezüglich seiner mechanischen und elektrischen Größen gegenübergestellt (Abb. 5.22).

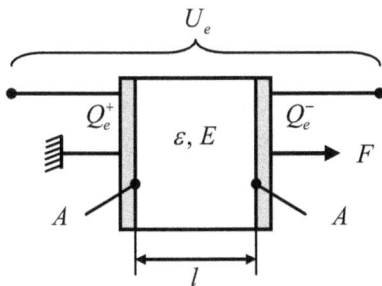

Abb. 5.22:   isotroper homogener Körper unter elektrischer und mechanischer Belastung

mechanisch   elektrisch

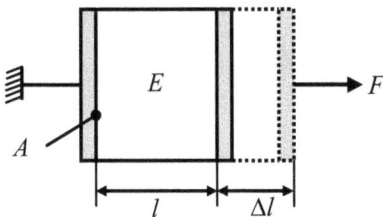

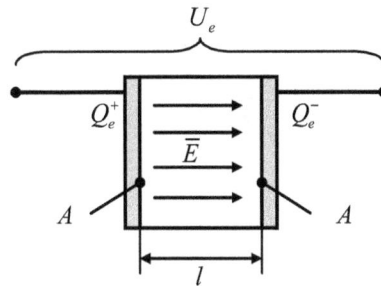

Dehnung: $\varepsilon = \dfrac{1}{E}\sigma$ elekt. Flussdichte: $D = \varepsilon \cdot E$

$\varepsilon = \dfrac{\Delta l}{l}$ $D = \dfrac{Q}{A}$

$\sigma = \dfrac{F}{A}$ $E = \dfrac{U_e}{l}$

$$\frac{\Delta l}{l} = \frac{1}{E} \cdot \frac{F}{A} \qquad\qquad \frac{Q}{A} = \varepsilon \cdot \frac{U_e}{l}$$

$$\frac{\Delta l}{F} = \frac{q_T}{i_P} = \frac{l}{EA} =: L_m \qquad\qquad \frac{Q}{U_e} = \frac{q_P}{i_T} = \frac{\varepsilon A}{l} =: C_{el.}$$

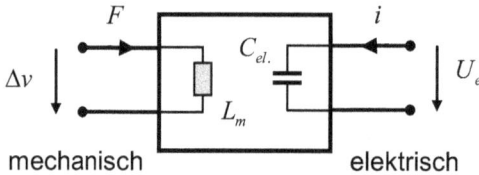

keine Kopplung zwischen dem mechanischen und elektrischen System

Einige anisotrope Werkstoffe besitzen jedoch eine ausgeprägte Kopplung der beteiligten Torgrößen. Dazu sei ein Quarzkristall (SiO_2) näher betrachtet (Abb. 5.23).

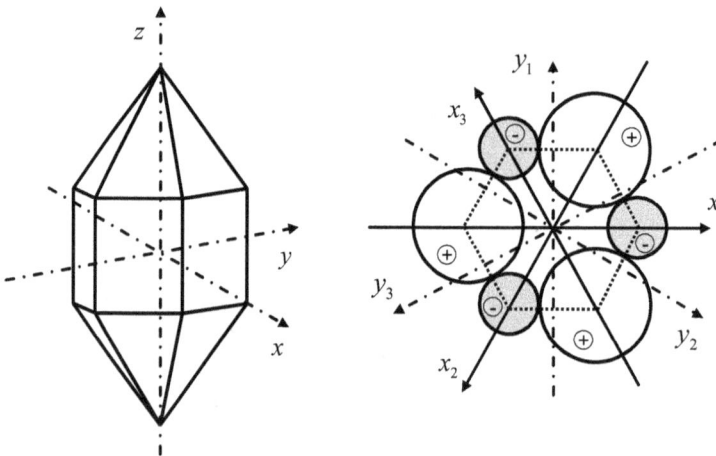

Abb. 5.23:   räumliche Darstellung eines Quarzkristalls mit seinen Achsen

Bei einem Quarzkristall werden drei polare Achsen x_1, x_2, x_3 sowie vier nichtpolare Achsen y_1, y_2, y_3, z unterschieden. Die z-Achse wird auch als optische Achse bezeichnet. Legen wir nun einen Schnitt in die xy-Ebene (Abb. 5.23) erkennen wir die Kristallstruktur.

Zu SiO_2 (Quarz) gehören immer zwei Sauerstoffionen und ein Siliziumion. Nach außen ist also eine solche Gitteranordnung elektrisch neutral (gemeinsamer Ladungsschwerpunkt). Für den direkten piezoelektrischen Effekt gibt es nun drei mögliche Belastungsvarianten.

Erfolgt eine Kraftwirkung in Richtung einer polaren Achse (x_i-Achse), so spricht man vom Longitudinaleffekt. Bei einer Belastung senkrecht zur polaren Achse (y_i-Achse), spricht man von einem Transversaleffekt. Wird der Kristall in seiner optischen Achse belastet, tritt kein piezoelektrischer Effekt auf. Die an den Polplatten messbare Ladung ergibt sich aus der Deformation des Kristallgitters. (Abb. 5.24) Dabei verschiebt sich der ursprünglich gemeinsame Ladungsschwerpunkt in Richtung der Polplatten.

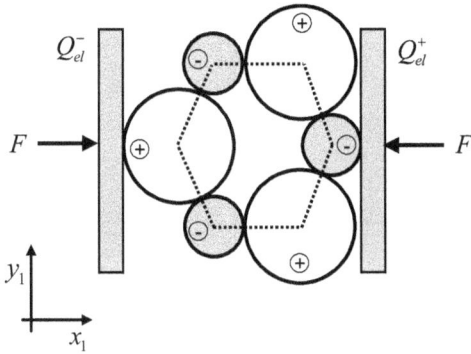

Abb. 5.24:   Kristallgitter belastet in polarer Richtung

Zur mathematischen Beschreibung des piezoelektrischen Effektes haben sich einige veränderte Variablenbezeichnungen durchgesetzt.

$$\varepsilon = \frac{\Delta l}{l} = S \qquad \text{Dehnung}$$

$$\sigma = \frac{F}{A} = T \qquad \text{Spannung}$$

$$\begin{aligned} \sigma &= E \cdot \varepsilon \\ T &= c \cdot S \end{aligned} \qquad \text{Hooksches Gesetz}$$

Die nun auftretende Kopplung zwischen dem mechanischen und dem elektrischen System, wird in jeweils einem Kopplungsterm bei der elektrischen Flussdichte und der mechanischen Spannung berücksichtigt.

$$\begin{aligned} D &= \varepsilon^S E + e \cdot S \\ T &= c^E S + e \cdot E \end{aligned} \qquad \begin{bmatrix} T \\ D \end{bmatrix} = \begin{bmatrix} c^E & e \\ e & \varepsilon^S \end{bmatrix} \cdot \begin{bmatrix} S \\ E \end{bmatrix} \qquad (5.38)$$

ε^S Permittivität für $S = 0$ (mechanisch fest gebremst)

ε relative Dielektrizitätskonstante, Permittivitätszahl

c^E Elastizitätsmodul für $E = 0$ (elektrischer Kurzschluss)

e piezoelektrische Kraftkonstante

Tatsächlich entspricht diese Tensorform 1 (Gl. 5.38) einem mechatronischen Wandler in Hybridform.

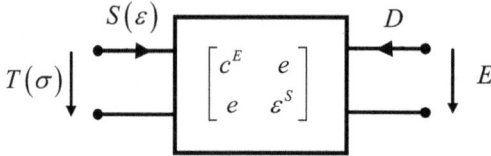

$$\begin{matrix} S(\varepsilon) & & D \\ T(\sigma) & \begin{bmatrix} c^E & e \\ e & \varepsilon^S \end{bmatrix} & E \end{matrix}$$

Abb. 5.25:   Hybriddarstellung in Tensorform 1

Die elektromechanische Kopplung erfolgt durch die piezoelektrische Kraftkonstante e. Durch entsprechende Kurzschlüsse können die Eingangsimpedanz c^E und die Ausgangsadmittanz ε^S bestimmt werden.

Des Weiteren hat sich eine zweite Tensorform etabliert.

$$\begin{bmatrix} S \\ D \end{bmatrix} = \begin{bmatrix} s^E & d \\ d & \varepsilon^T \end{bmatrix} \cdot \begin{bmatrix} T \\ E \end{bmatrix} \tag{5.39}$$

s^E Elektrische Nachgiebigkeit bei $E = 0$ (elektrischer Kurzschluss)

ε^T Permittivität für $T = 0$ (mechanischer Leerlauf)

d piezoelektrische Ladungskonstante

Auch diese Tensorform entspricht einem mechatronischen Wandler in Hybridform. Allerdings sind hier die mechanischen Fluss- und Potentialgrößen getauscht.

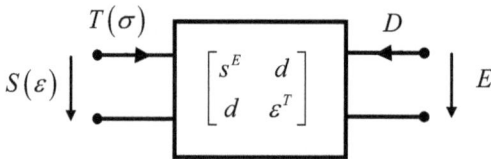

$$\begin{matrix} T(\sigma) & & D \\ S(\varepsilon) & \begin{bmatrix} s^E & d \\ d & \varepsilon^T \end{bmatrix} & E \end{matrix}$$

Abb. 5.26:   Hybriddarstellung in der Tensorform 2

Da, wie einführend schon erläutert, der piezoelektrische Effekt von der Belastungsrichtung abhängt, sind die beiden Kopplungskonstanten e und d auch jeweils von der Belastungsrichtung abhängig.

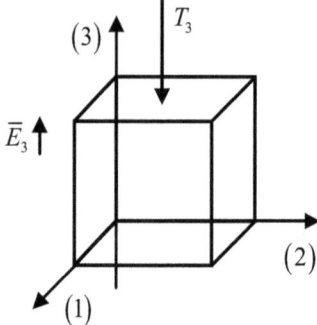

Längseffekt

Index 1: elektrische Richtungskomponente
Index 2: mechanische Richtungskomponente

$e_{33} > 0$
$d_{33} > 0$

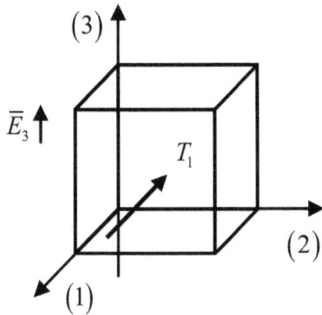

Quereffekt

$e_{31} < 0$

$d_{31} < 0$

Um zu einem mechatronischen Wandler im Sinne des eingeführten Energieflussprinzips zu kommen, soll die Tensorform 1 für den piezoelektrischen Längseffekt entsprechend umgeformt werden.

$$D = \varepsilon^S E + e \cdot S \qquad (5.40)$$

Unter der Annahme einer homogenen Feldverteilung (Plattenkondensator) und einer einfachen Geometrie (einachsiger Spannungszustand) können die folgenden Substitutionen durchgeführt werden. $D = \dfrac{Q}{A}; E = \dfrac{U}{l}; S = \dfrac{\Delta l}{l}$

$$Q = \frac{\varepsilon^S A}{l} U + \frac{e A}{l} \Delta l \qquad \left| \frac{d}{dt} \right.$$

$$i = \underbrace{j\omega C_e \cdot U}_{i_c} + \underbrace{\frac{e A}{l} \cdot \Delta v}_{i_w} \quad ; \qquad C_e = \frac{\varepsilon^S A}{l} \qquad (5.41)$$

Gl. 5.41 entspricht der ersten Wandlergleichung $(i \sim \Delta v)$. Die Flussgröße ist proportional zur Potentialdifferenz. Damit liegt eine gyratorische Kopplung vor. Die zweite Wandlergleichung erhalten wir aus der zweiten Gleichung der Tensorform 1.

$$T = c^E S + e \cdot E$$

Auch hier setzen wir die homogene Feldverteilung der elektrischen Feldstärke sowie den einachsigen Spannungszustand voraus. $T = \dfrac{F}{A}; E = \dfrac{U}{l}; S = \dfrac{\Delta l}{l}$

$$F = \underbrace{\frac{c^E A}{l} \cdot \Delta l}_{c_m} + \underbrace{\frac{e A}{l} \cdot U}_{F_w}$$

$$F = \frac{1}{j\omega L_m} \cdot \Delta v + \frac{e A}{l} \cdot U \; ; \qquad L_m = \frac{l}{\varepsilon^E A} \qquad (5.42)$$

Wie schon in der Wandlergleichung 1, existiert eine gyratorische Kopplung$(\ F \sim U)$, die Flussgröße ist proportional zur Potentialdifferenz.

$$\begin{bmatrix} i \\ F \end{bmatrix} = \begin{bmatrix} j\omega C_e & \dfrac{eA}{l} \\[2mm] \dfrac{eA}{l} & \dfrac{1}{j\omega L_m} \end{bmatrix} \cdot \begin{bmatrix} U \\ \Delta v \end{bmatrix} \tag{5.43}$$

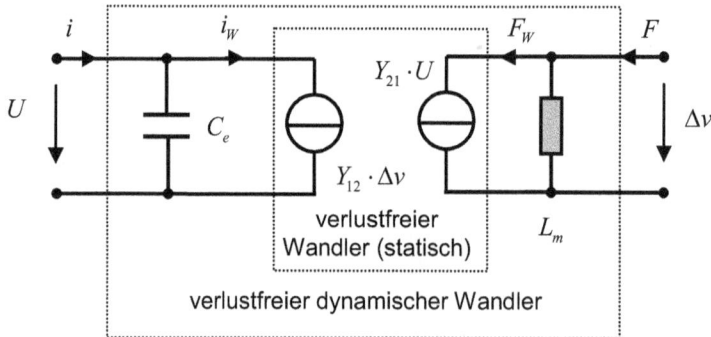

$$C_e = \frac{\varepsilon^S A}{l}; \quad L_m = \frac{l}{\varepsilon^E A}; \quad Y_{12} = Y_{21} = \frac{e A}{l}$$

Abb. 5.27:   Piezoelektrischer Longitudinalwandler in Gyratorform

5.2.2   Elektrostatische Wandler

Das physikalische Funktionsprinzip eines elektrostatischen Wandler, basiert ähnlich wie bei den Reluktanzwandlern, auf Feldkräften an Grenzflächen. Dazu befinden sich zwei oder mehrere elektrisch leitende Flächen in einem elektrostatischen Feld. Die Ableitung der Wandlergleichungen können, wie beim Reluktanzwandler, über die virtuelle Verrückung einer der beteiligten Polplatten erfolgen. Es kann jedoch auch gleich direkt das entsprechende Kraftgesetz herangezogen werden. In diesem Fall gilt das Coulombsche Kraftgesetz für die Kraftwirkung zwischen zwei elektrischen Ladungen.

$$F_e \sim \frac{Q_e^1 \cdot Q_e^2}{r^2} \tag{5.44}$$

Betrachten wir eine Ladungsteilmenge, so wirkt auf diese Teilladung eine Kraft, die proportional zur Feldstärke an diesem Ort ist. Die Teilladung am Ort x kann auch durch ihre entsprechende Raumladungsdichte $\rho(x)$ ausgedrückt werden.

$$dF = E(x) dQ = E(x)\rho(x) dV \tag{5.45}$$

Die Gesamtkraft auf eine Polplatte wird nun leicht über die Integration der elektrischen Feldstärke im Plattenkondensator gewonnen. Dabei gehen wir davon aus, dass das elektrische Feld außerhalb des Kondensators auf Null geht bzw. innerhalb des Kondensators konstant E_0 ist.

$$F_e = \int\limits_{(V)} E(x)\rho(x)dV = \int E(x)\rho(x)A\,dx = \int E(x)\varepsilon_0 \frac{dE}{dx}A\,dx$$

$$F_e = \varepsilon_0 A \int\limits_0^{E_0} E(x)\,dx = \frac{\varepsilon_0 A}{2s^2}\cdot U_e^2$$

(5.46)

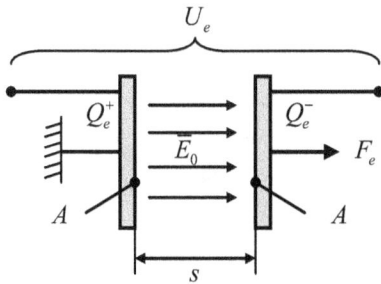

Abb. 5.28:   Prinzipaufbau eines elektrostatischen Wandlers

Wie schon beim Reluktanzwandler existiert ein quadratischer Zusammenhang zwischen der Ein- und Ausgangsgröße. Allerdings ist beim elektrostatischen Wandler die Flussgröße mit der Potentialdifferenz verknüpft $\left(F \sim U_e^2\right)$. Es handelt sich hierbei um eine gyratorische Kopplung.

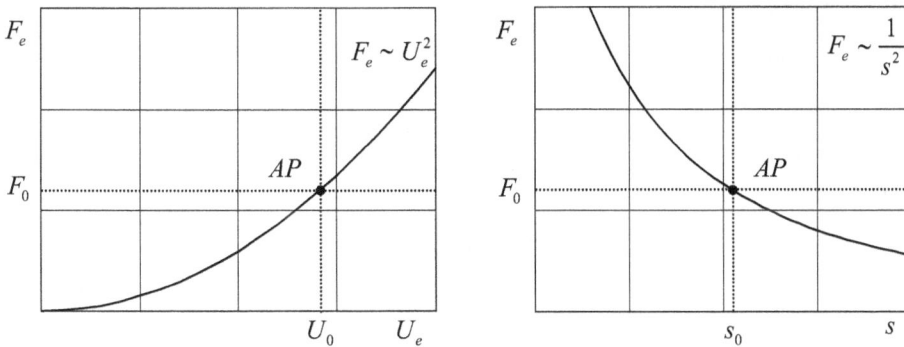

Abb. 5.29:   nichtlineare Abhängigkeit der elektrostatischen Kraft

Um auch hier zu einem linearen mechatronischen Wandler zu kommen, wird die nichtlineare Wandlerkennlinie im Arbeitspunkt des Wandlers linearisiert. Das kann z.B. durch das Anlegen einer konstanten Gleichspannung U_0 erfolgen.

$$F_e = \frac{1}{2}\varepsilon_0 A \frac{(U_0 + U_W)^2}{(s_0 + \Delta s)^2} \qquad \begin{aligned} U_e &= U_0 + U_W \\ s &= s_0 + \Delta s \end{aligned} \tag{5.47}$$

Nach einer Reihenentwicklung werden wiederum alle Summanden höherer Ordnung vernachlässigt. $U_W^2 \approx 0; \quad \Delta s^2 \approx 0; \quad U_W \cdot s \approx 0; \quad U_W^2 \Delta s \approx 0; \quad U_W \Delta s^2 \approx 0;$

$$F_e \approx \underbrace{\frac{\varepsilon_0 A U_0^2}{2 s_0^2}}_{F_0} - \underbrace{\frac{\varepsilon_0 A U_0}{s_0^3} \cdot \Delta s}_{F_c} + \underbrace{\frac{\varepsilon_0 A U_0}{s_0^2} \cdot U_W}_{F_W} \tag{5.48}$$

Die Wandlerkraft besitzt damit noch drei Anteile. Einen konstanten Kraftterm F_0 welcher durch eine entsprechende Konstruktion kompensiert werden muss, einen Kraftterm F_c welcher einer negativen Federsteifigkeit entspricht und dem linearen Wandleranteil F_W. Ersetzen wir $\frac{\varepsilon_0 A}{s_0}$ durch eine Kapazität C_0 im Arbeitspunkt, können die Einzelkräfte wie folgt vereinfacht werden.

$$F_0 = \frac{C_0}{2 s_0} U_0^2 \tag{5.49a}$$

$$F_c = -\frac{1}{j\omega L_m}\Delta v \qquad L_m = \frac{s_0}{Y_{21}} \qquad Y_{21} = \frac{C_0 U_0}{s_0} \tag{5.49b}$$

$$F_W = Y_{21} \cdot U_W \tag{5.49c}$$

Die zweite gyratorische Wandlergleichung erhalten wir wiederum aus der Wirkungsgradbeziehung $\eta = 1$.

$$\begin{aligned} F_w \Delta v &= i_w U_W \\ i_w &= Y_{21} \Delta v \end{aligned} \qquad \begin{bmatrix} i_W \\ F_W \end{bmatrix} = \begin{bmatrix} 0 & Y_{12} \\ Y_{21} & 0 \end{bmatrix} \cdot \begin{bmatrix} U_W \\ \Delta v \end{bmatrix} \qquad Y_{21} = Y_{12} \tag{5.50}$$

Um die konstante Linearisierungskraft F_0 zu kompensieren, wird eine Polplattenseite des Kondensators meist elastisch gelagert. Mit einer entsprechenden Federsteifigkeit c ergibt sich dann ein Kräftegleichgewichtszustand mit dem Weg s_0 (Abb. 5.30).

Mit der externen Federstreitigkeit c, der negativen virtuellen Feldsteifigkeit $\frac{1}{L_m}$, der elektrischen Kapazität C_0 und der Masse der bewegten Polplatte m, kann das dynamische Netzwerkmodell des elektrostatischen Linearwandlers vervollständigt werden.

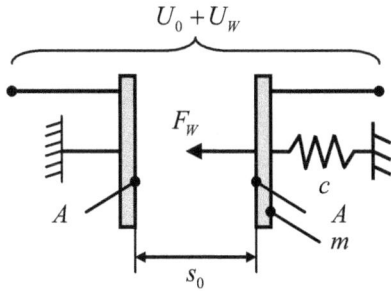

Abb. 5.30:   elastische Lagerung der beweglichen Polplatte

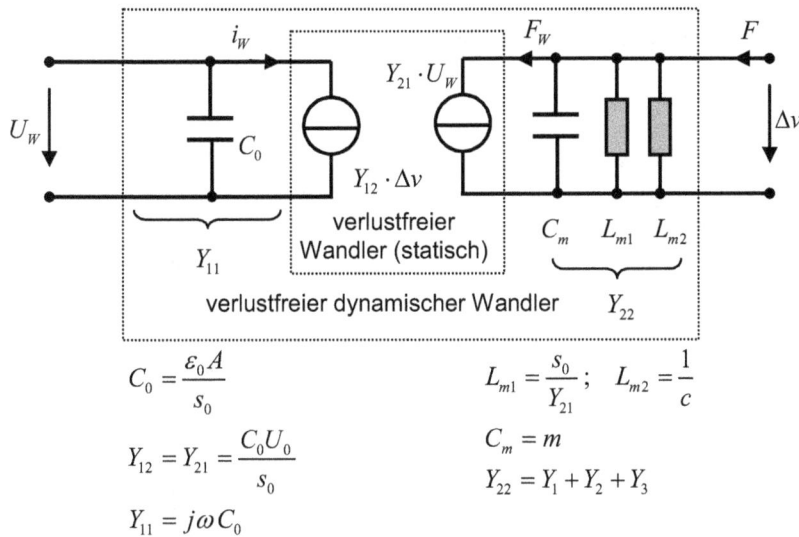

$$C_0 = \frac{\varepsilon_0 A}{s_0}$$

$$L_{m1} = \frac{s_0}{Y_{21}}; \quad L_{m2} = \frac{1}{c}$$

$$Y_{12} = Y_{21} = \frac{C_0 U_0}{s_0}$$

$$C_m = m$$

$$Y_{22} = Y_1 + Y_2 + Y_3$$

$$Y_{11} = j\omega C_0$$

Abb. 5.31:   elektrostatischer Wandler in Gyratorform

5.3   Fluidmechanische Wandler

Die Entwicklung der Pumpen und Turbinen ist eng mit der Entwicklung der Kraft- und Arbeitsmaschinen verbunden. Erste wissenschaftliche Herangehensweisen gehen schon auf Archimedes (287 bis 212 v. u. Z.) zurück. Die mehr als 2000 Jahre während Entwicklungsspanne hat ein fast unüberschaubares Feld an technischen Lösungen geschaffen. Die Spanne geht von den hydraulischen Maschinen bis hin zu den thermischen Maschinen. Sie berücksichtigt sowohl das Durchströmungsverhalten (radial, diagonal, axial) als auch die unterschiedlichen Antriebsprinzipien. Es können an dieser Stelle keinesfalls alle diese Wandler in ihrer mechatronischen Darstellung behandelt werden. Hier ist vielmehr ingenieurtechnisches Handwerkszeug gefragt, das vorhandene Wissen auf den jeweiligen Anwendungsfall zu adaptieren. Nachfolgend sei eine Wandlerableitung am Beispiel eines Radialverdichters näher betrachtet.

Radialturbine

Die Radialturbine gehört zur Kategorie der thermischen Kraftmaschinen. Zu deren Dimensionierung und Auslegung werden oft einfache eindimensionale Ansätze verwendet. Sie basieren auf der eindimensionalen Stromfadentheorie und der damit verbundenen Eulerschen Maschinengleichung.

$$\Delta p = \rho_F \left(u_2 \cdot c_{2u} - u_1 \cdot c_{1u} \right) \qquad (5.51)$$

Die Abb. 5.32 verdeutlicht den Zusammenhang zwischen der Turbinengeometrie und den Geschwindigkeiten in der Turbine näher. Während es sich bei den Geschwindigkeiten $\overline{u}$ um reine Umfangsgeschwindigkeiten, bedingt durch die Laufradgeometrie, handelt, bezeichnen die Größen $\overline{c}$ und $\overline{w}$ die Absolut- bzw. die Relativgeschwindigkeit des bewegten Fluides. Anhand von Abb. 5.33 können die einzelnen Geschwindigkeitskomponenten den Schaufeleintritts- und Schaufelaustrittswinkeln zugeordnet werden.

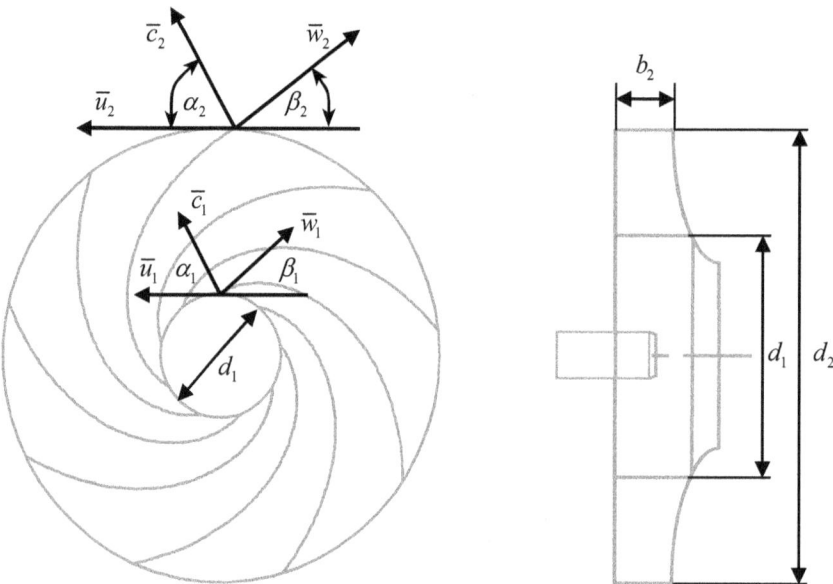

Abb. 5.32:   Laufradgeometrie mit seinen Geschwindigkeiten

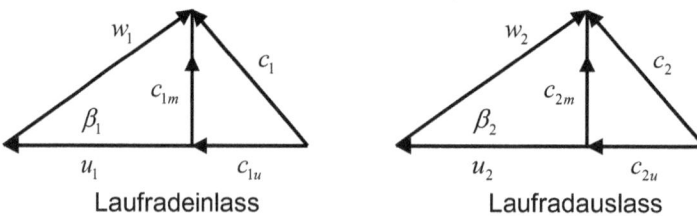

Abb. 5.33:   Geschwindigkeitsdreiecke am Laufrad

Die Konstruktion einer Radialturbine erfolgt nun meist so, dass die Umfangskomponente c_{1u} zu Null wird (Abb. 5.33). Damit reduziert sich die Turbinengleichung zu

$$\frac{\Delta p}{\rho_F} = u_2 \cdot c_{2u} = Y_{th\infty} \,.$$
(5.52)

Die spezifische Förderarbeit $Y_{th\infty}$ ergibt sich dabei aus dem jeweiligen thermodynamischen Ersatzprozess. Unter der Annahme eines polytropen Ersatzprozesses gilt

$$Y_p = \frac{n}{n-1} R_F T_E \left[\left(\frac{p_A}{p_E} \right)^{\frac{n-1}{n}} - 1 \right].$$
(5.53)

Für eine detaillierte Herleitung sei auf [27] verwiesen. Die Ableitungen der Wandlergleichungen sollen weiterhin für ein ideales Betriebsverhalten erfolgen. Alle Effekte der Minderleistung, der endlichen Schaufelanzahl und Schaufeldicke sowie des hydraulischen Wirkungsgrades bleiben an dieser Stelle unberücksichtigt. Auch hier sei auf [27] verwiesen.

Anhand der Strömungsgeometrie kann in der Turbinengleichung die c_{2u} Komponente ermittelt werden.

$$c_{2u} = u_2 - \frac{c_{2m}}{\tan \beta_2}$$

$$Y_{th\infty} = u_2^2 - \frac{u_2 c_{2m}}{\tan \beta_2} \qquad \dot{V} = A_2 c_{2m}$$
(5.55)

$$Y_{th\infty} = u_2^2 - \frac{u_2 \dot{V}}{A_2 \tan \beta_2}$$

Diese quadratische Gleichung für die Umfangsgeschwindigkeit wird nach u_2 aufgelöst.

$$u_2 = \pi d_2 n = \frac{\dot{V}}{2 A_2 \tan \beta_2} + \frac{1}{2 A_2 \tan \beta_2} \cdot \sqrt{4 Y_{th\infty} A_2^2 \tan^2 \beta_2 + \dot{V}^2}$$
(5.56)

Ersetzt man $2\pi d_2 n$ durch ωd_2 ergibt sich mit Gl. 5.56 ein nichtlinearer Zusammenhang zwischen der Winkelgeschwindigkeit und dem Volumenstrom. Zur Linearisierung wird Gl. 5.56 im Arbeitspunkt $\dot{V}_0$ durch eine Potenzreihe entwickelt. Dabei beschränken wir uns nur auf die linearen Glieder.

$$\omega = (\omega_0 + \Delta\omega) = \underbrace{\frac{1}{d_2 A_2 \tan \beta_2} \cdot \dot{V}_0}_{\Delta\omega} + \underbrace{\frac{1}{d_2 A_2 \tan \beta_2} \cdot \sqrt{4 Y_{th\infty} A_2^2 \tan^2 \beta_2}}_{\omega_0}$$
(5.57)

Damit liegt eine der beiden Wandlergleichungen in gyratorischer Form vor $\left(\dot{V}_0 \sim \Delta\omega \right)$.

Die zweite Wandlergleichung kann wiederum aus dem Wirkungsgrad $\eta = 1$ ermittelt werden.

$$M \cdot \Delta\omega = \dot{V}_0 \Delta p$$

$$M = d_2 A_2 \tan \beta_2 \cdot \Delta p \tag{5.58}$$

Beide Wandlergleichungen ergeben den idealen fluidmechanischen Wandler einer Radialturbine in Admittanzform.

$$\begin{bmatrix} M \\ \dot{V}_0 \end{bmatrix} = \begin{bmatrix} 0 & Y_{12} \\ Y_{21} & 0 \end{bmatrix} \cdot \begin{bmatrix} \Delta\omega \\ \Delta p \end{bmatrix} \qquad Y_{21} = Y_{12} = d_2 A_2 \tan \beta_2 \tag{5.59}$$

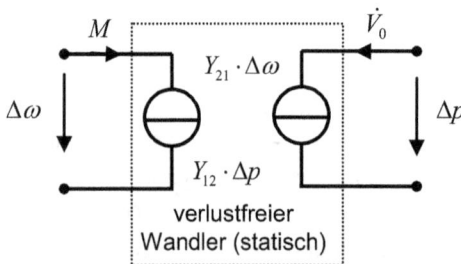

Abb. 5.34:   Radialturbine als idealer mechatronischer Wandler in Gyratorform

5.4   Impulswandler

Bei der Berechnung mechanischer Systeme im Schwerefeld der Erde wird meist eine Gewichtskraft eingeführt. Nun existiert im Energieflusskreis für die schwere Masse als Primärgröße allerdings keine Kraftvariable (s. Abb. 3.35). Die Flussgröße Kraft ist dem Energieflusskreis für den Impuls als Erhaltungsgröße zugeordnet (s. Abb. 3.20). Es muss also eine Kopplung zwischen den beiden Systemen existieren. Im Abschnitt *Energiewandlungsprozesse zwischen beiden mechanischen Flusskreisen*, Kapitel 3, wurde schon kurz darauf eingegangen. Betrachten wir dazu einen Punkt h_0 über der Erdoberfläche. In diesem Punkt existiert eine konstante Gravitationsfeldstärke $\overline{g}_0$. Bringen wir nun eine schwere Masse m_S an den Punkt h_0, so können wir dort eine Kraft $\overline{F}_G$ z.B. über eine Balkenwaage messen.

$$\overline{F}_G = m_S \, \overline{g}_0 \tag{5.60}$$

Im Impulsflusskreis ist die Flussgröße $\overline{F}_p$ als Ableitung der Primärgröße $\overline{p}$ definiert.

$$\overline{F}_p = \frac{d}{dt} \overline{p} = \frac{d}{dt} \left(m_T \, \Delta\overline{v} \right) \tag{5.61}$$

Unter der Voraussetzung der Massenkonstanz von m_T kann ein Kräftegleichgewicht zwischen $\overline{F}_G$ und $\overline{F}_p$ z.B. durch eine Federauslenkung hergestellt werden. Gehen wir weiterhin davon aus, dass $\dfrac{d}{dt}(\Delta \overline{v}) = \overline{g}_0$ entspricht, müssen die träge Masse und die schwere Masse gleich sein.

$$m_T = m_S = m \tag{5.62}$$

Somit kann der Impulssatz der Mechanik auch als

$$\overline{F}_p = m\,\overline{g}_0 \cdot \frac{h_0}{h_0} = \frac{m}{h_0} \cdot \overline{g}h_0 = \frac{m}{h_0} \cdot \overline{U}_G \tag{5.63}$$

formuliert werden. Die Kraft im Impulsflusskreis ist im Punkt h_0 proportional zur Gravitationsspannung im Punkt h_0, $\left(\overline{F}_p \sim \overline{U}_G\right)$. Die zweite Wandlergleichung wird über den Wirkungsgrad gewonnen.

$$F_p \Delta v = \dot{m} U_G \; ; \quad \dot{m} = \frac{m}{h} \cdot \Delta v \tag{5.64}$$

Der Massenstrom ist proportional zur Geschwindigkeitsdifferenz $(\dot{m} \sim \Delta v)$.

$$\begin{bmatrix} F_p \\ \dot{m} \end{bmatrix} = \begin{bmatrix} 0 & Y_{12} \\ Y_{21} & 0 \end{bmatrix} \cdot \begin{bmatrix} \Delta v \\ U_G \end{bmatrix} \qquad Y_{21} = Y_{12} = \frac{m}{h} \tag{5.65}$$

Es existiert eine gyratorische Kopplung zwischen den beiden mechanischen Flusskreisen Impuls und schwere Masse. Betrachten wir dazu zusätzlich Abb. 5.35.

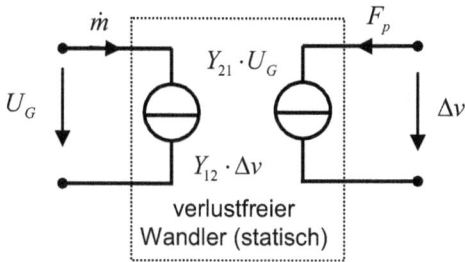

Abb. 5.35:   Gravitationsspannungsquelle am Impulswandler

Am Eingang des Impulswandlers sei eine ideale Gravitationsspannungsquelle angeschlossen. Begeben wir uns nun auf die Ausgangseite des Wandlers und schauen in den Wandler, so sehen wir eine Stromquelle mit dem Strom

$$Y_{21} U_G = \frac{m}{h} \cdot gh = m \cdot g = F_G . \tag{5.66}$$

Die Gravitationsspannung wird also über den Impulswandler (Gyrator) in eine Gewichtskraft umgeformt.

5.5 Elektrothermische Wandler

Bei den elektrothermischen Wandlern wird das elektrische Feld über unterschiedliche Materialgesetze mit dem Temperaturfeld verknüpft. Voraussetzung dafür ist ein leitfähiger Festkörper, der einem Temperaturgradienten ausgesetzt ist. Die dabei auftretenden Effekte beschreiben den wechselseitigen Einfluss des Temperaturfeldes mit den elektrischen Größen im Festkörper. Konstruiert man einen elektrischen Stromkreis aus zwei unterschiedlichen Leitermaterialien und bringt die Übergangsstellen auf eine unterschiedliche Temperatur, so stellt sich ein elektrischer Strom ein (Abb. 5.36). Bei einem offenen Stromkreis kann darin eine Thermospannung gemessen werden (*Seebeck-Effekt*).

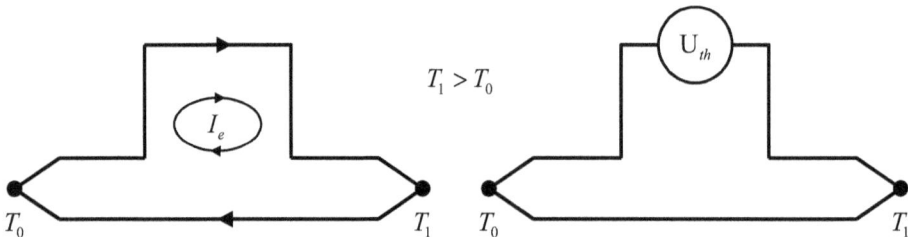

Abb. 5.36: Seebeck-Effekt, verursacht durch eine Temperaturdifferenz

Eine Umkehrung dieses Effektes stellt der *Peltier-Effekt* dar. Hierbei stellt sich aufgrund eines Stromflusses im Festkörper ein Temperaturgradient ein.

Ganz allgemein können diese Beziehungen über die *Onsager-Relation* [28] zusammengefasst werden. Das *Onsagersche* Reziprozitätsgesetz beschreibt den prinzipiellen Zusammenhang zwischen den Flüssen und ihren Ursachen in einem thermodynamischen System außerhalb seines Gleichgewichtszustandes. Zu einem gleichen Ergebnis kommt auch die Boltzmannsche Transportgleichung für Metall und Halbleiter unter Vernachlässigung der freien Enthalpie.

$$\bar{J} = L_{11}\bar{E} + L_{12}\nabla T \qquad \bar{J} - \text{elektrische Stromdichte}$$
$$\dot{\bar{q}} = L_{21}\bar{E} + L_{22}\nabla T \qquad \dot{\bar{q}} - \text{Wärmestromdichte}$$

$$(5.67)$$

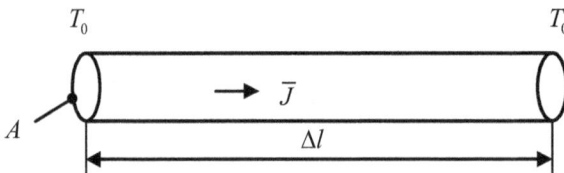

Abb. 5.37: elektrischer Leiter bei konstanter Temperatur

Zur detaillierten Betrachtung untersuchen wir einen homogenen elektrischen Leiter mit konstantem Querschnitt und konstanter Temperatur $\nabla T = \overline{0}$. Diese Annahme führt bei Gl. 5.67 auf das ohmsche Gesetz.

$$\overline{J} = L_{11}\overline{E} = \sigma \cdot \overline{E} \qquad L_{11} = \sigma \tag{5.68}$$

In einer zweiten Annahme betreiben wir diesen Leiter im elektrischen Leerlauf ($\overline{J} = \overline{0}$) sowie einer Temperaturdifferenz zwischen den beiden Leiterenden.

$$\overline{0} = L_{11}\overline{E} + L_{12}\nabla T$$
$$\overline{E} = -\frac{L_{12}}{L_{11}}\nabla T = S \cdot \nabla T \tag{5.69}$$

Der Term $S \cdot \nabla T$ kompensiert das elektrische Feld im Leiter. Liegt wiederum eine homogene Feldanordnung sowie isotropes Material vor, kann die elektrisch Feldstärke durch die elektrische Spannung und der Temperaturgradient durch eine Temperaturdifferenz pro Länge ersetzt werden. Gl. 5.70 beschreibt dieses Verhalten – den *Seebeck-Effekt*.

$$\frac{U}{\Delta l} = S \cdot \frac{\Delta T}{\Delta l} \qquad S = \frac{U_{th}}{\Delta T} \qquad S - \text{Seebeckkoeffizient} \tag{5.70}$$

Setzen wir nun die elektrische Feldstärke aus Gl. 5.69 in die *Onsager-Relation* ein, folgt daraus das *Fouriersche Gesetz* der Wärmeleitung.

$$\dot{\vec{q}} = \left(L_{22} - \frac{L_{12}L_{21}}{L_{11}} \right)\nabla T = \underbrace{\frac{1}{L_{11}}\det L}_{-\lambda} \cdot \nabla T \tag{5.71}$$
$$\dot{\vec{q}} = -\lambda \cdot \nabla T$$

Das *Fouriersche* Gesetz in der *Onsager-Relation* dient auch gleichzeitig zur Herleitung des *Peltier-Effektes*. Dazu wird wiederum eine konstante Temperatur sowie eine elektrische Spannung U_e an den Leiter angelegt (Abb. 5.38).

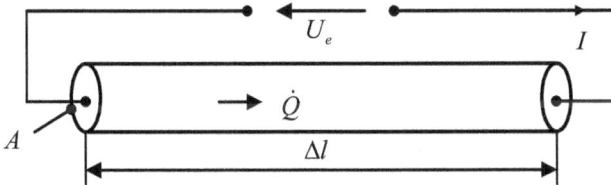

Abb. 5.38: elektrischer Leiter im Wärmestrom

Unter der Voraussetzung von $\nabla T = \overline{0}$ vereinfacht sich Gl. 5.57 zu

$$\dot{\vec{q}} = \frac{\dot{Q}}{A} = L_{21}\frac{U_e}{\Delta l}. \tag{5.72}$$

Im ohmschen Leiter wird die elektrische Spannung durch den ohmschen Widerstand und den Strom durch diesen Leiter ersetzt. Das führt auf den *Peltier-Effekt*.

$$U_e = R \cdot I = \frac{1}{\sigma}\frac{\Delta l}{A} \cdot I$$

$$\dot{Q} = \frac{L_{21}}{L_{11}} \cdot I = \Pi \cdot I$$

Π – Peltierkoeffizient

(5.73)

Beide Effekte, der *Seebeck-* und der *Peltier-Effekt* lassen sich gemeinsam in die Kettenmatrixform bringen.

$$\begin{bmatrix} U \\ I \end{bmatrix} = \begin{bmatrix} S & 0 \\ 0 & \frac{1}{\Pi} \end{bmatrix} \cdot \begin{bmatrix} \Delta T \\ \dot{Q} \end{bmatrix}$$

(5.74)

Für eine Leistungsbilanz $P_{el} = P_{th}$ muss der Wärmestrom jedoch durch den entsprechenden Entropiestrom ersetzt werden (s. 3.3 Thermische Systeme).

$$\begin{bmatrix} U \\ I \end{bmatrix} = \begin{bmatrix} S & 0 \\ 0 & \frac{T}{\Pi} \end{bmatrix} \cdot \begin{bmatrix} \Delta T \\ \dot{S} \end{bmatrix}$$

(5.75)

Somit führt die Leistungsbilanz auf die *Thomson-Relation*.

$$I \cdot U_e = \dot{S} \cdot \Delta T$$

$$S = \frac{\Pi}{T}$$

(5.76)

Der reale verlustbehaftete mechatronische Wandler kann nun sehr einfach für einen realen elektrischen Leiter, unter Berücksichtigung der im Leiter auftretenden Verluste, mittels der *Onsagerschen* Relation aufgestellt werden. Dazu setzen wie einen homogenen, isotropen Leiter der Länge l und dem konstanten Querschnitt A voraus. ($J = \dfrac{I}{A}$, $E = \dfrac{U_e}{l}$, $\nabla T = \dfrac{\Delta T}{l}$). Somit vereinfacht sich Gl. 5.67 zu

$$\frac{I}{A} = L_{11}\frac{U_e}{l} + L_{12}\frac{\Delta T}{l}$$

$$\frac{\dot{Q}}{A} = L_{21}\frac{U_e}{l} + L_{22}\frac{\Delta T}{l}$$

(5.77)

Für die Koeffizienten L_{11}, L_{12} und L_{21} werden die entsprechenden physikalischen Ersatzgrößen eingesetzt.

$L_{11} = \sigma$ elektrische Leitfähigkeit   Gl. 5.68

$-\dfrac{L_{12}}{L_{11}} = S$ Seebeck-Koeffizient   Gl. 5.70

$L_{21} = \Pi \cdot \sigma$ Peltier-Koeffizient   Gl. 5.73

$S = \dfrac{\Pi}{T}$ Thomson-Relation   Gl. 5.76

$$\begin{aligned} I &= \frac{L_{11}A}{l}U_e + \frac{L_{12}A}{l}\Delta T = \frac{1}{R_e}U_e - \frac{S}{R_e}\Delta T \\ \dot{S} &= \frac{L_{21}A}{l\cdot T}U_e + \frac{L_{22}A}{l\cdot T}\Delta T = \frac{S}{R_e}U_e + \frac{L_{22}A}{l\cdot T}\Delta T \end{aligned} \qquad (5.78)$$

Ist die Wärmeleitzahl sehr viel größer als der Seebeck- und der Peltier-Koeffizient, nimmt der Koeffizient L_{22} den Wert der Wärmeleitzahl λ an (s. Gl. 5.71). In der Summenform des Entropiestroms kann damit das Produkt eines thermischen Leitwertes und der Temperaturdifferenz gebildet werden.

$$\dot{S} = S\cdot I + G_T \cdot \Delta T \qquad (5.79)$$

$$\begin{bmatrix} U_e \\ \dot{S} \end{bmatrix} = \begin{bmatrix} R_e & S \\ -S & G_T \end{bmatrix} \cdot \begin{bmatrix} I \\ \Delta T \end{bmatrix} \qquad (5.80)$$

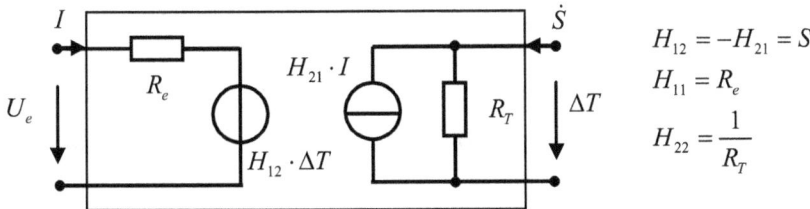

$H_{12} = -H_{21} = S$
$H_{11} = R_e$
$H_{22} = \dfrac{1}{R_T}$

Abb. 5.39:   elektrothermischer Wandler als verlustbehafteter Transformator

Um einen möglichst hohen Wandlerwirkungsgrad zu erzielen, sind ein geringer elektrischer Widerstand und ein hoher thermischer Widerstand (geringe Wärmeleitfähigkeit) erforderlich. Beide Parameter stehen jedoch über das *Wiedemann-Franz-Gesetz* in einer engen Abhängigkeit.

$$\frac{\lambda}{\sigma} = L \cdot T \quad L - \text{Lorenz Zahl} \qquad (5.81)$$

Zur Werkstoffbeurteilung wird deshalb oft eine dimensionslose Kennzahl, der ZT-Wert verwendet. Über ihn kann der Wandlerwirkungsgrad in Abhängigkeit des Carnot Wirkungsgrades bestimmt werden.

$$ZT = \frac{S^2 T \sigma}{\lambda}$$

$$\eta = \frac{\sqrt{1+ZT}-1}{1+ZT+\frac{T_0}{T}} \cdot \eta_{Car.} \tag{5.82}$$

5.6   Reziprozitätsformen

Wenn wir uns rückblickend nochmals alle behandelten physikalischen Wandlerprinzipien unter einem vergleichenden Aspekt anschauen, dann fallen uns viele Ähnlichkeiten auf. Diese Ähnlichkeiten scheinen sogar unabhängig von der physikalischen Natur der beteiligten Systeme zu sein. Somit lohnt es sich, einen übergeordneten Blick auf das mechatronische Gesamtsystem zu werfen.

Betrachten wir dazu zunächst ein in sich abgeschlossenes System mit ausschließlich thermischen Teilsystemen (Abb. 5.40).

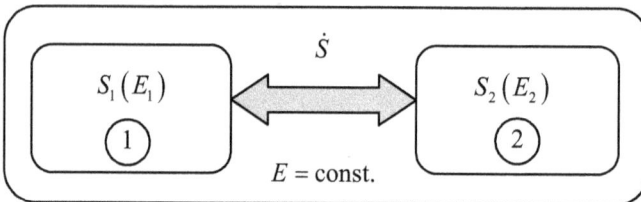

Abb. 5.40:   abgeschlossenes Gesamtsystem mit zwei thermischen Teilsystemen

Die beiden Teilsysteme mit den jeweiligen Einzelentropien $S_1(E_1)$ und $S_2(E_2)$ sind über einen Entropiestrom $\dot{S}$ miteinander gekoppelt. Dabei bleibt die Gesamtenergie des Gesamtsystems selbstverständlich konstant.

$$E = E_1 + E_2 = \text{const.} \tag{5.83}$$

Die Gesamtentropie setzt sich dann additiv aus den Einzelentropien zusammen.

$$S = S_1 + S_2 = S_1(E_1) + S_2(E-E_1) \tag{5.84}$$

Ein Gleichgewichtszustand stellt sich immer dann ein, wenn

$$\frac{\partial S}{\partial E_1} = 0 = \frac{1}{T_1} - \frac{1}{T_2} \tag{5.85}$$

ist. Das bedeutet, dass in einem Gleichgewichtszustand alle Temperaturen der thermischen Teilsysteme gleich sein müssen. Bevor jedoch dieser Gleichgewichtszustand erreicht ist, fließt ein Energiestrom zwischen den Teilsystemen.

In einem nächsten Schritt erweitern wir das Gesamtsystem um zwei beliebige physikalische Teilsysteme (Abb. 5.41).

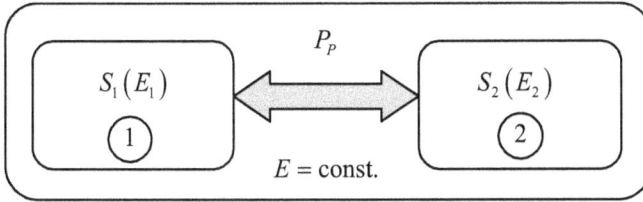

Abb. 5.41: abgeschlossenes System mit zwei beliebigen physikalischen Einzelsystemen

Statt der ursprünglichen Entropiestromkopplung setzen wir nun eine Prozessleistungskopplung (s. Abb. 4.4) ein. Der Entropiestrom $\dot{S}$ ist ja selber Träger eines Energiestroms der Stärke $\dot{S}T$. Die Temperatur als Proportionalitätskonstante gibt dabei an, wie stark der Entropiestrom mit Energie beladen ist. Zwischen der Prozessleistung und dem Entropiestrom gilt also der Zusammenhang

$$P_p = \Delta T \cdot \dot{S}. \tag{5.86}$$

Die Modellvorstellung aus Abb. 5.40 kann also auf das Modell Abb. 5.41 übertragen werden. Ein physikalisches Einzelsystem „weiß" also nicht, ob die das System verlassen die Prozessleistung für die Entropieproduktion in einem thermischen System genutzt wird, oder einem zweiten System als Prozesskopplung dient.

Betrachten wir nochmals die zwei thermischen Systeme aus Abb. 5.40. Für den Entropiestrom zwischen beiden Systemen gilt:

$$\frac{dS}{dt} = \frac{\partial S}{\partial E_1} \cdot \frac{dE_1}{dt} = F_E \cdot J_E \tag{5.87}$$

Der erste Faktor kann dabei als verallgemeinerte Kraft F_E und der zweite Faktor als ein verallgemeinerter Strom (Energiestrom) J_E aufgefasst werden.

$$F_E = \frac{\partial S}{\partial E_1}; \quad J_E = \frac{dE_1}{dt} \tag{5.88}$$

Diese Betrachtungsweise kann wiederum vollständig auf zwei beliebige physikalische Teilsysteme aus Abb. 5.41 übertragen werden.

$$i_T = \frac{\delta E_P}{\delta q_P} \quad \Leftrightarrow \quad F_E = \frac{\partial S}{\partial E_1}$$

$$i_P = \frac{dq_P}{dt} \quad \Leftrightarrow \quad J_E = \frac{dE}{dt} \tag{5.89}$$

Wir können also auch bei unseren Fundamentalgrößen i_p und i_T von verallgemeinerten Strömen und Kräften sprechen.

$$i_T = e(t) = F_k \qquad\qquad \text{verallgemeinerte Kraft} \tag{5.90}$$

$$\mathrm{i}_p = f(t) = J_k \qquad\qquad \text{verallgemeinerter Strom}$$

$$P_P = \sum_k J_k \cdot F_k$$

Wenn wir nun die verallgemeinerten Kräfte gegen Null gehen lassen (kein Antrieb) gehen auch die verallgemeinerten Ströme gegen Null. Zwischen beiden Größen existiert eine lineare Beziehung.

$$J_k = \sum_i L_{ki} \cdot F_i \tag{5.91}$$

Die Linearitätsbeziehung in die Gleichung für die Prozessleistung eingesetzt ergibt

$$P_P = \sum_{k,i} F_i \cdot L_{ki} \cdot F_k \tag{5.92}$$

mit L als Transportmatrix. Die Transportmatrix ist eine symmetrische Matrix (*Onsagersche* Reziprozitätsbeziehung).

$$\begin{aligned} J_k &= L_{kk} \cdot F_k + L_{ki} \cdot F_i \\ J_i &= L_{ik} \cdot F_k + L_{ii} \cdot F_i \end{aligned} \tag{5.93}$$

L_{kk} $\quad L_{ii}$ $\quad$ direkte Transportkoeffizienten (Diagonalkoeffizienten)

L_{ik} $\quad L_{ki}$ $\quad$ Kreuzkoeffizienten (Reziprozitätsbeziehung)

Für die Anwendung in verallgemeinerten mechatronischen Netzwerken ersetzen wir die Ströme und Kräfte durch die gebräuchlicheren Variablen $f(t)$ und $e(t)$.

$$\begin{aligned} f_k &= L_{kk} \cdot e_k + L_{ki} \cdot e_i \\ f_i &= L_{ik} \cdot e_k + L_{ii} \cdot e_i \end{aligned} \tag{5.94}$$

Ist diese Modellvorstellung allgemeingültig, so müssen sich alle bisher behandelten Wandlerprinzipien in diese vereinheitlichte Darstellung überführen lassen.

5.6.1   Der thermoelektrischer Wandler in Reziprozitätsform

Die vollständigen verlustbehafteten Wandlergleichungen für den thermoelektrischen Wandler (Transformator) lauten.

$$\left. \begin{array}{l} U_e = R_e \cdot I_e + S \cdot \Delta T \\[2mm] \dot{S} = -S \cdot I_e + \dfrac{1}{R_T} \cdot \Delta T \end{array} \right\} \quad \text{H-Matrix} \tag{5.95}$$

Für die Reziprozitätdarstellung wird die Leitwertsform benötigt.

$$\left. \begin{array}{l} I_e = \dfrac{1}{R_e} \cdot U_e - \dfrac{S}{R_e} \cdot \Delta T \\[3mm] \dot{S} = -\dfrac{S}{R_e} \cdot U_e + \dfrac{1}{R_T} \cdot \Delta T \end{array} \right\} \quad \text{Y-Matrix} \qquad \begin{array}{ll} L_{11} = \dfrac{1}{R_e} & L_{22} = \dfrac{1}{R_T} \\[4mm] L_{12} = L_{21} = +\dfrac{S}{R_e} \end{array} \tag{5.96}$$

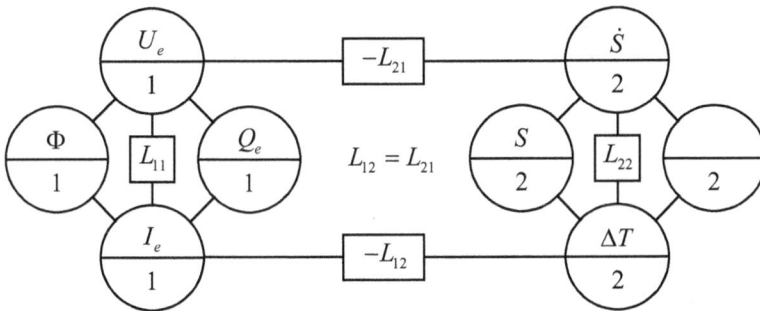

Abb. 5.42:   transformatorische Reziprozitätskopplung

5.6.2   Der piezoelektrische Wandler in Reziprozitätsform

$$\left. \begin{array}{l} I_e = j\omega C_e \cdot U_e + \dfrac{eA}{l} \cdot \Delta v \\[3mm] F = \dfrac{eA}{l} \cdot U_e + \dfrac{1}{j\omega L_m} \cdot \Delta v \end{array} \right\} \quad \text{Y-Matrix} \tag{5.97}$$

Bei einem gyratorischen Wandlerprinzip haben die Wandlergleichungen schon die Form der Reziprozitätsdarstellung. Betrachten wir die Kreuzkoeffizienten aus den thermoelektrischen Wandlerprinzip, so fällt auf, dass die Wandlerkonstante S durch den ohmschen Widerstand des physikalischen Wandlereinganges geteilt ist. $L_{12} = L_{21} = \dfrac{S}{R_e}$.

Dieses Verhalten trifft auch auf den piezoelektrischen Wandler zu. Hier hat sich jedoch die Darstellung mit der Wandlerkonstanten e etabliert. Allgemein formuliert würde der piezoelektrische Wandler lauten.

$$I_e = \frac{1}{Z_e} \cdot U_e + \frac{k_P}{R_e} \cdot \Delta v \qquad\qquad L_{11} = \frac{1}{Z_C} \quad L_{22} = \frac{1}{Z_L}$$

$$F = \frac{k_P}{R_e} \cdot U_e + \frac{1}{Z_L} \cdot \Delta v \qquad \text{Y-Matrix}$$

$$L_{12} = L_{21} = \frac{k_P}{R_e} \quad k_P = \frac{e}{\rho} \tag{5.98}$$

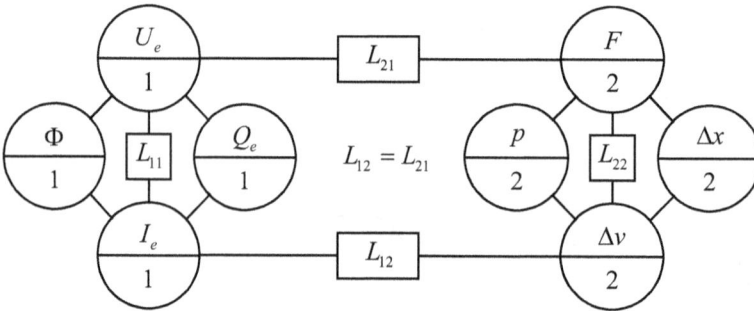

Abb. 5.43:   gyratorische Reziprozitätsbeziehung

5.6.3   Der Gleichstrommotor in Reziprozitätsform

Die Ableitung der Wandlergleichungen des verlustbehafteten Gleichstrommotors erfolgte über das transformatorische Wandlerprinzip der H-Matrix.

$$\left.\begin{array}{l} U_A = Z_e \cdot I_A + BA \cdot \Delta\omega \\ M_L = -BA \cdot I_A + Y_m \cdot \Delta\omega \end{array}\right\} \text{ H-Matrix} \tag{5.99}$$

Für die Reziprozitätdarstellung wird wiederum die Leitwertsform benötigt.

$$\left.\begin{array}{l} I_A = \frac{1}{Z_e} \cdot U_A - \frac{BA}{Z_e} \cdot \Delta\omega \\[3mm] M_L = -\frac{BA}{Z_e} \cdot U_A + Y_m \cdot \Delta\omega \end{array}\right\} \text{Y-Matrix} \qquad\qquad \begin{array}{l} L_{11} = \frac{1}{Z_e} \quad L_{22} = Y_m \\[3mm] L_{12} = L_{21} = +\frac{BA}{Z_e} \end{array} \tag{5.100}$$

U_A 1 — $-L_{21}$ — M_L 2

Φ 1 — L_{11} — Q_e 1 — $L_{12} = L_{21}$ — L 2 — L_{22} — $\Delta\varphi$ 2

I_A 1 — $-L_{12}$ — $\Delta\omega$ 2

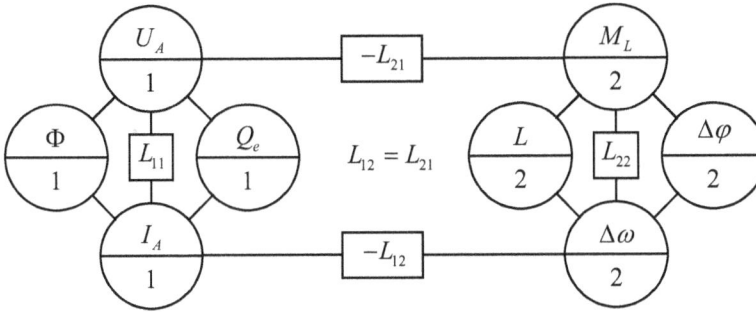

Abb. 5.44: transformatorische Reziprozitätsbeziehung

5.6.4 Allgemeine mechatronische Wandler in Reziprozitätsform

Wie die obigen Beispiele zeigen, lässt sich das jeweilige Wandlerprinzip immer auf eine Reziprozitätsdarstellung zurückführen. Dabei ist es unerheblich, ob es sich um einen transformatorisches oder ein gyratorisches Wandlerprinzip handelt. Das Wandlerprinzip ändert lediglich das Vorzeichen der Kreuzkoeffizienten (Abb. 5.45).

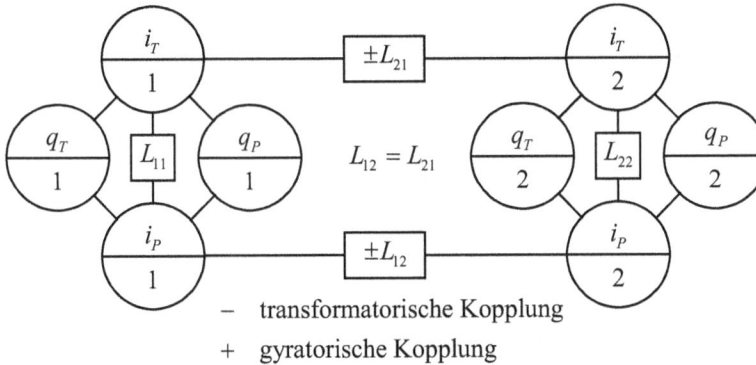

i_T 1 — $\pm L_{21}$ — i_T 2

q_T 1 — L_{11} — q_P 1 — $L_{12} = L_{21}$ — q_T 2 — L_{22} — q_P 2

i_P 1 — $\pm L_{12}$ — i_P 2

- transformatorische Kopplung
+ gyratorische Kopplung

Abb. 5.45: verallgemeinerter mechatronischer Wandler in Reziprozitätsdarstellung

Zusammenfassung

Wie bereits in Kap. 1 gezeigt, besteht ein mechatronisches System aus unterschiedlichen physikalischen Teilsystemen, die jeweils durch einen Satz aus Fundamentalgrößen eindeutig beschrieben sind. In jedem Teilsystem existieren unabhängige Energiespeicher die über einen Energieflusskreis miteinander gekoppelt sind. Eine Kopplung zweier oder mehrerer physikalischer Teilsysteme tritt immer dann auf, wenn tatsächlich ein Energiestrom im Energieflusskreislauf stattfindet. Da jeder (Energie) Strom einen Träger benötigt, wird eigentlich der Träger mit Energie beladen (Energieträger). Durch die physikalischen Eigenschaften des Trägers kann ein Träger mit mehreren Energieformen beladen werden. (z.B. Masse mit kinetischer Energie und thermischer Energie). Setzt nun ein Massenstrom ein, werden damit zwei

Energieströme in Gang gesetzt (Prozesskopplung). Die Prozesskopplung ist also tatsächlich eine Flusskopplung unterschiedlicher Einzelströme.

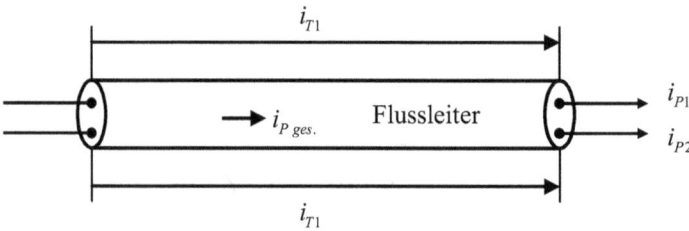

Abb. 5.46:   Flusskopplung unterschiedlicher Teilsysteme

Der reale Flussleiter Abb. 5.46 kann also gedanklich in mehrere Einzelleiter zerlegt werden (Abb. 5.47). Jeder Einzelleiter transportiert die im Einzelsystem formulierte Energie über die direkten Transportkoeffizienten L_{ii} und L_{kk} (Admittanzen). Treten nur verlustfreie Energieumladeprozesse auf, beinhalten die direkten Transportkoeffizienten nur Suszeptanzen. Bei ausschließlich dissipativen Strömen, beinhalten die Transportkoeffizienten nur Konduktanzen. Eine Differenz der Energieströme zwischen Flussleitereingang und Flussleiterausgang äußert sich in der Prozessleistung. Diese Prozessleistung wird über die Kreuztransportkoeffizienten $L_{ik} = L_{ki}$ in den benachbarten Flussleiter eingekoppelt.

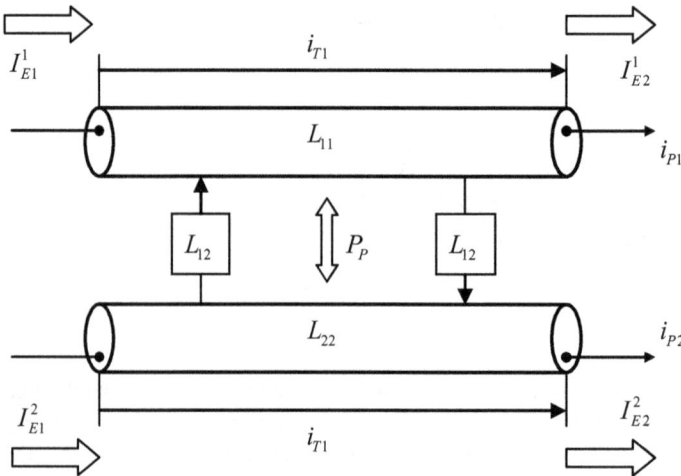

Abb. 5.47:   Flusskopplung über die Zerlegung in Einzelleiter

Literaturverzeichnis

[1]   Firestone, F.A.: J.acoust. Soc. Amer. Bd.4 (Jan. 1933) S. 249.

[2]   Klotter, K.: Ing.-Arch. Bd.18 (1950) H.5, S. 291.

[3]   Cremmer, L.: Ing.-Arch. Bd.28 (1959), S. 27.

[4]   Paynter, H.M.: Analysis and Design of Engineering Systems, MIT Press, 1961.

[5]   Breedveld, P.C.: Thermodynamic bond graphs and the problem of thermal inertance, J. Franklin Inst. 314 (1) (1982) S. 15–40.

[6]   Breedveld, P.C.: Physical Systems Theory in Terms of Bond Graphs, 1984.

[7]   Breedveld, P.C.: Fundamentals of Bond Graphs, in: IMACS Annals of Computing and Applied Mathematics, vol. 3, Modelling and Simulation of Systems, Basel, 1989, pp. 7–14.

[8]   Breedveld, P.C.: Bond-graph modeling of a low-vacuum control valve, in: P. C. Breedveld, G. Dauphin-Tanguy (Eds.), Bond.

[9]   Falk, G.: Was an der Physik geht jeden an?, Physikalische Blätter 33, 1977, S. 616–626.

[10]   Janschek, K.: Systementwurf mechatronischer Systeme, Springer-Verlag Berlin Heidelberg 2010.

[11]   Ballas, R.G.; Pfeifer, G.; Werthschützky, R.: Elektromechanische Systeme in der Mikrotechnik und Mechatronik, Springer-Verlag Berlin Heidelberg 2009.

[12]   Cremer, L.; Heckl, M.: Körperschall, Springer-Verlag Berlin Heidelberg 1996.

[13]   Zoller, M.; Zwicker, E.: Elektroakustik, Springer-Verlag Berlin Heidelberg 1993.

[14]   Schwabl, F.: Quantenmechanik für Fortgeschrittene, Springer-Verlag Berlin Heidelberg 2008.

[15]   Waller, H.; Schmidt, R.: Schwingungslehre für Ingenieure: Theorie, Simulation, Anwendungen: BI-Wiss.-Verlag 1989.

[16]   Barkhausen, H.: Das Problem der Schwingungserzeugung mit besonderer Berücksichtigung schneller elektrischer Schwingungen., Göttingen 1909.

[17]   Dresig, H; Holzweißig, F: Maschinendynamik, Springer-Verlag Berlin Heidelberg 2011.

[18]   Falk, G.: Theoretische Physik, Band II Thermodynamik, Springer-Verlag Berlin 1966.

[19]   Bohl, W: Technische Strömungslehre, Vogel Verlag 2002.

[20]   Bolton, W.: Bausteine mechatronischer Systeme, Pearson Studium 2004.

[21] Belevitch, V.: Classical Network Theory, Holden-Day, San Francisco, 1968.

[22] Oster, G.F.; Desoer, C.A.: Tellegen's Theorem and Thermodynamic Inequalities, *J. theor. Biol.* 32 (1971), S. 219–241.

[23] Schmidt, L.P.; Schaller, G.; Martius, S.: Grundlagen der Elektrotechnik 3, Pearson Studium 2006.

[24] Guillemin, E.A.: Communication Networks, Vol II, John Wiley, 1935.

[25] Rowland, H. A.: On Magnetic Permeability and the Maximum of Iron, Steel, and Nickel, Philosophical Magazine, XLVI, S.140–159,1873.

[26] Heaviside, O.: Electrical Papers, Vol. II, New York 1894, S. 168.

[27] Grabow, J.: Radiale Turbogebläse, Theorie und Entwurf, TU Ilmenau, 2004.

[28] Onsager, L.: Reciprocal Relations in irreversible Processes. I., Phys. Rev. Vol. 37, 1931.

[29] Lieb, E.H.; Yngvason, J.: The physics and mathematics of the second law of thermodynamics. Physics Reports, Bd.310, 1999, S. 1.

[30] Polifke, W.; Kopitz, J.: Wärmeübertragung, Grundlagen, analytische und numerische Methoden. Pearson Studium 2009.

[31] Thess, A.: Das Entropieprinzip, Thermodynamik für Unzufriedene, Oldenburg Wissenschaftsverlag 2007.

[32] Küpfmüller, K.; Mathis, W.; Reibiger, A.: Theoretische Elektrotechnik, Springer-Verlag Berlin Heidelberg New York.

[33] Brander, T.; Gerder, A.; Rall, B.; Zenker, H.: Trilogie der Induktiven Bauelemente, Würth-Elektronik eiSos GmbH & Co.KG.

[34] Maxwell, J.C.: Lehrbuch der Electricität und des Magnetismus (1883), Band 2, Julius Springer, Berlin, 1883, S. 304–306.

A   Legendre Transformation

Eine eindimensionale Funktion f wird normalerweise als eine Menge von Punkten (x, y) definiert. Dabei wird jedem beliebigen Wert x, aus dem Definitionsbereich der Funktion, durch die Funktionsvorschrift $f(x)$ ein Wert $y = f(x)$ zugeordnet. Dieselbe Funktion f kann man jedoch auch darstellen, indem man für jeden Punkt (x, y) der Funktion die Gleichung der zugehörigen Tangente $t(x)$ in diesem Punkt angibt.

Allgemein gilt für die Tangente einer Funktion am Punkt $P(x_0, y_0)$:

$$t(x) = \frac{dy_0}{dx_0} x + g$$

$$g = y_0 - \frac{dy_0}{dx_0} x_0 \text{ mit } y_0 = f(x_0)$$

Im Folgenden sei der Anstieg $u(x)$, einer beliebigen Tangente $t(x)$, der Funktion f an der Stelle x :

$$u(x) = \frac{dy}{dx} = \frac{d}{dx} f(x)$$

Dann gilt für den Achsenabschnitt $g(x)$ dieser Tangente:

$$g(x) = y(x) - u(x) \cdot x$$

Damit ist jeder Punkt der Ausgangsfunktion f durch den Anstieg u und den Schnittpunkt g der zugehörigen Tangente definiert (Abb. A.1).

Diese Definition ist aber nur dann eindeutig, wenn die durch $u(x) = \frac{dy}{dx}$ definierte Funktion bijektiv (umkehrbar) ist. Es darf also nicht zwei oder mehr Punkte der Funktion f geben, deren Tangenten denselben Anstieg haben. Dazu muss gelten, dass $\frac{d^2 f}{dx^2} \neq 0$ ist.

Durch eine Variableninversion von x nach u erhält man die zu f zugehörige Legendre-Transformation g mit $g(x(u)) = y(x(u)) - u \cdot x(u)$ bzw. in verkürzter Schreibweise:

$$g(u) = y(u) - u \cdot x(u) \tag{A1.1}$$

Wie auch bei anderen Transformationsformen üblich, kann die Legendre-Transformation durch folgende Kurzform dargestellt werden:

$$L\{f(x)\} := g(u)$$

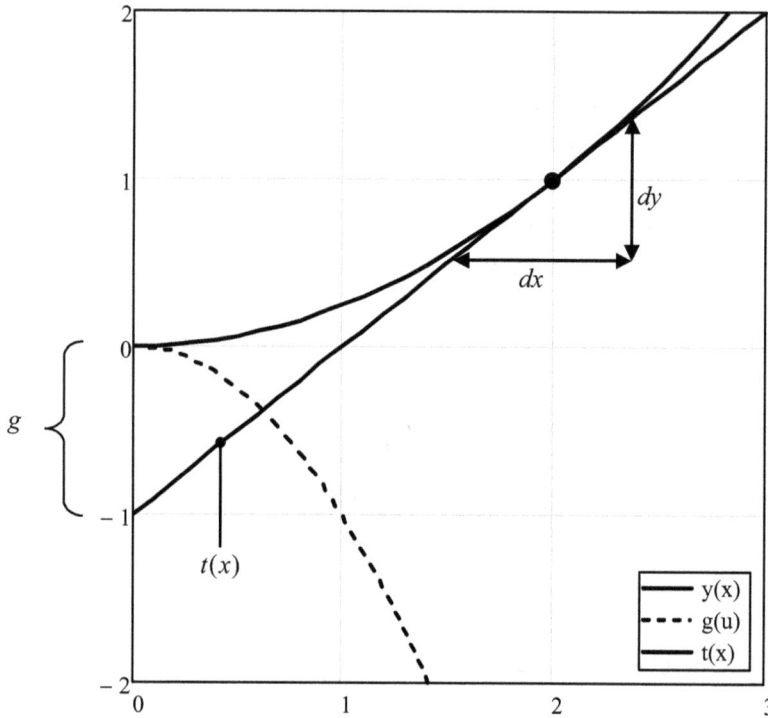

Legende:
y(x)
g(u)
t(x)

Abb. A.1:   grafische Darstellung der Legendre-Transformation

Die in Gl. A1.1 bzw. in Abb. A.1 abgeleitete Form der Legendre-Transformation bezieht sich auf eine spezielle Klasse von Funktionen – den konvexen Funktionen. Konvexe Funktionen zeichnen sich u.a. dadurch aus, dass eine Verbindungsgerade zwischen zwei beliebigen Punkten (x_1, x_2) der Funktion $f(x)$ oberhalb von $f(x)$ liegt. Befindet sich diese Verbindungsgerade unterhalb der Funktion f, so spricht man von einer konkaven Funktion. Für die Herleitung der obigen Transformationsbeziehung ergibt sich lediglich ein Vorzeichenwechsel.

$$g(u) = \pm \left(u \cdot x(u) - y(u) \right) \tag{A1.2}$$

Das positive Vorzeichen gilt für die Transformation konkaver Funktionen und das negative Vorzeichen für konvexe Funktionen.

Bsp. A1

Berechnung der Legendre-Transformation für eine konvexe Funktion

geg.:   Funktion $f(x) = ax^2 \; ; a > 0$

ges.:   a.)   Legendre-Transformierte

Lsg.:   a.)   Überprüfung auf Umkehrbarkeit: $\dfrac{d^2 y}{dx^2} = 2a > 0$

$$g\big(x(u)\big) = -\big[u \cdot x(u) - y\big(x(u)\big)\big] = -\left[\dfrac{d}{dx} f(x) \cdot x - f(x)\right]$$

$$u = \dfrac{d}{dx} f(x) = 2ax \qquad\qquad\qquad \text{Nebenrechnung}$$

$$g\big(x(u)\big) = -\big[2ax \cdot x - ax^2\big] = -\big[2ax^2 - ax^2\big] = -ax^2$$

$$u = \dfrac{d}{dx} f(x) = 2ax \quad ; \quad x = \dfrac{u}{2a} \qquad\qquad \text{Inversion}$$

$$g(u) = -\dfrac{a}{4a^2} u^2 = -\dfrac{1}{4a} u^2 \qquad\qquad \text{Substitution}$$

$$g(u) = -\dfrac{1}{4a} u^2 \qquad\qquad\qquad\qquad \text{Lösung}$$

B Zweitormatrizen

B.1 Umrechnungen von Zweitormatrizen

	A	Y
Z	$\begin{bmatrix} Z_{11} & Z_{12} \\ Z_{21} & Z_{22} \end{bmatrix}$	$\dfrac{1}{\det Y}\begin{bmatrix} Y_{22} & -Y_{12} \\ -Y_{21} & Y_{11} \end{bmatrix}$
Y	$\dfrac{1}{\det Z}\begin{bmatrix} Z_{22} & -Z_{12} \\ -Z_{21} & Z_{11} \end{bmatrix}$	$\begin{bmatrix} Y_{11} & Y_{12} \\ Y_{21} & Y_{22} \end{bmatrix}$
H	$\dfrac{1}{Z_{22}}\begin{bmatrix} \det Z & Z_{12} \\ -Z_{21} & 1 \end{bmatrix}$	$\dfrac{1}{Y_{11}}\begin{bmatrix} 1 & -Y_{12} \\ Y_{21} & \det Y \end{bmatrix}$
A	$\dfrac{1}{Z_{21}}\begin{bmatrix} Z_{11} & \det Z \\ 1 & Z_{22} \end{bmatrix}$	$\dfrac{1}{Y_{21}}\begin{bmatrix} -Y_{22} & -1 \\ -\det Y & -Y_{11} \end{bmatrix}$

	H	A
Z	$\dfrac{1}{H_{22}}\begin{bmatrix} \det H & H_{12} \\ -H_{21} & 1 \end{bmatrix}$	$\dfrac{1}{A_{21}}\begin{bmatrix} A_{11} & \det A \\ 1 & A_{22} \end{bmatrix}$
Y	$\dfrac{1}{H_{11}}\begin{bmatrix} 1 & -H_{12} \\ H_{21} & \det H \end{bmatrix}$	$\dfrac{1}{A_{12}}\begin{bmatrix} A_{22} & -\det A \\ -1 & A_{21} \end{bmatrix}$
H	$\begin{bmatrix} H_{11} & H_{12} \\ H_{21} & H_{22} \end{bmatrix}$	$\dfrac{1}{A_{22}}\begin{bmatrix} A_{12} & \det A \\ -1 & A_{21} \end{bmatrix}$
A	$\dfrac{1}{H_{21}}\begin{bmatrix} -\det H & -H_{11} \\ -H_{22} & -1 \end{bmatrix}$	$\begin{bmatrix} A_{11} & A_{12} \\ A_{21} & A_{22} \end{bmatrix}$

B.2   Belevitchformen

Matrix	Existenz	Komponentenform	Matrixform
Y	e_1 und e_2 unabhängig	$f_1 = Y_{11} \cdot e_1 + Y_{12} \cdot e_2$ $f_2 = Y_{21} \cdot e_1 + Y_{22} \cdot e_2$	$\begin{bmatrix} f_1 \\ f_2 \end{bmatrix} = Y \cdot \begin{bmatrix} e_1 \\ e_2 \end{bmatrix}$
Z	f_1 und f_2 unabhängig	$e_1 = Z_{11} \cdot f_1 + Z_{12} \cdot f_2$ $e_2 = Z_{21} \cdot f_1 + Z_{22} \cdot f_2$	$\begin{bmatrix} e_1 \\ e_2 \end{bmatrix} = Z \cdot \begin{bmatrix} f_1 \\ f_2 \end{bmatrix}$
H	f_1 und e_2 unabhängig	$e_1 = H_{11} \cdot f_1 + H_{12} \cdot e_2$ $f_2 = H_{21} \cdot f_1 + H_{22} \cdot e_2$	$\begin{bmatrix} e_1 \\ f_2 \end{bmatrix} = H \cdot \begin{bmatrix} f_1 \\ e_2 \end{bmatrix}$
C	e_1 und f_2 unabhängig	$f_1 = C_{11} \cdot e_1 + C_{12} \cdot f_2$ $e_2 = C_{21} \cdot e_1 + C_{22} \cdot f_2$	$\begin{bmatrix} f_1 \\ e_2 \end{bmatrix} = C \cdot \begin{bmatrix} e_1 \\ f_2 \end{bmatrix}$
A	immer	$e_1 = A_{11} \cdot e_2 + A_{12} \cdot (-f_2)$ $f_1 = A_{21} \cdot e_2 + A_{22} \cdot (-f_2)$	$\begin{bmatrix} e_1 \\ f_1 \end{bmatrix} = A \cdot \begin{bmatrix} e_2 \\ -f_2 \end{bmatrix}$
B	immer	$e_2 = B_{11} \cdot e_1 + B_{12} \cdot (-f_1)$ $f_2 = B_{21} \cdot e_1 + B_{22} \cdot (-f_1)$	$\begin{bmatrix} e_2 \\ f_2 \end{bmatrix} = B \cdot \begin{bmatrix} e_1 \\ -f_1 \end{bmatrix}$

B.3 Übertragungseigenschaften eines idealen Transformators

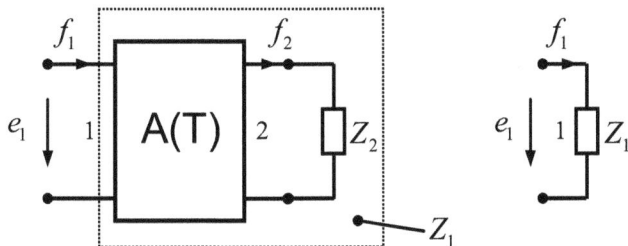

Bauelement	Kettenform A	Hybridform H
Z	$Z_1 = \dfrac{A_{11}}{A_{22}} \cdot Z_2$	$Z_1 = H_{12} \cdot H_{21} \cdot Z_2$
R	$R_1 = \dfrac{A_{11}}{A_{22}} \cdot R_2$	$R_1 = H_{12} \cdot H_{21} \cdot R_2$
L	$L_1 = \dfrac{A_{11}}{A_{22}} \cdot L_2$	$L_1 = H_{12} \cdot H_{21} \cdot L_2$
C	$C_1 = \dfrac{A_{22}}{A_{11}} \cdot C_2$	$C_1 = \dfrac{1}{H_{12} \cdot H_{21}} \cdot C_2$
Reihenschaltung	$Z_1 = \dfrac{A_{11}}{A_{22}} \cdot \left(Z_2^1 + Z_2^2\right)$	$Z_1 = H_{12} \cdot H_{21} \cdot \left(Z_2^1 + Z_2^2\right)$
Parallelschaltung	$Y_1 = \dfrac{A_{22}}{A_{11}} \cdot \left(Y_2^1 + Y_2^2\right)$	$Y_1 = \dfrac{1}{H_{12} \cdot H_{21}} \cdot \left(Y_2^1 + Y_2^2\right)$
f	$f_2 = \dfrac{1}{A_{22}} \cdot f_1$	$f_2 = H_{21} \cdot f_1$
e	$e_2 = \dfrac{1}{A_{11}} \cdot e_1$	$e_2 = \dfrac{1}{H_{12}} \cdot e_1$

B.4   Übertragungseigenschaften eines idealen Gyrators

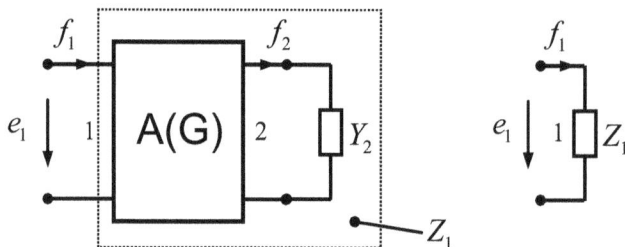

Bauelement	Kettenform A	Admittanzform Y
Z	$Z_1 = \dfrac{A_{12}}{A_{21}} \cdot Y_2$	$Z_1 = \dfrac{1}{Y_{12} \cdot Y_{21}} \cdot Y_2$
R	$R_1 = \dfrac{A_{12}}{A_{21}} \cdot G_2$	$R_1 = \dfrac{1}{Y_{12} \cdot Y_{21}} \cdot G_2$
L	$L_1 = \dfrac{A_{12}}{A_{21}} \cdot C_2$	$L_1 = \dfrac{1}{Y_{12} \cdot Y_{21}} \cdot C_2$
C	$C_1 = \dfrac{A_{21}}{A_{12}} \cdot L_2$	$C_1 = Y_{12} \cdot Y_{21} \cdot L_2$
Reihenschaltung	$Y_1 = \dfrac{A_{21}}{A_{12}} \cdot \left(Z_2^1 + Z_2^2\right)$	$Z_1 = \dfrac{1}{Y_{12} \cdot Y_{21}} \cdot \left(Y_2^1 + Y_2^2\right)$
Parallelschaltung	$Z_1 = \dfrac{A_{12}}{A_{21}} \cdot \left(Y_2^1 + Y_2^2\right)$	$Y_1 = Y_{12} \cdot Y_{21} \cdot \left(Z_2^1 + Z_2^2\right)$
f	$f_2 = \dfrac{1}{A_{12}} \cdot e_1$	$f_2 = Y_{21} \cdot e_1$
e	$e_2 = \dfrac{1}{A_{21}} \cdot f_1$	$e_2 = \dfrac{1}{Y_{12}} \cdot f_1$

C   Elementarzweitore

C.1   Schaltungen und Tormatrizen

Matrix		Schaltbild
Y	$\begin{bmatrix} \dfrac{1}{Z} & -\dfrac{1}{Z} \\ -\dfrac{1}{Z} & \dfrac{1}{Z} \end{bmatrix}$	Längszweitor
Z	unbestimmt	
H	$\begin{bmatrix} Z & 1 \\ -1 & 0 \end{bmatrix}$	
A	$\begin{bmatrix} 1 & Z \\ 0 & 1 \end{bmatrix}$	
Eigenschaften		torsymmetrisch, reziprok

Matrix		Schaltbild
Y	unbestimmt	
Z	$\begin{bmatrix} Z & Z \\ Z & Z \end{bmatrix}$	Querzweitor
H	$\begin{bmatrix} 0 & 1 \\ -1 & \dfrac{1}{Z} \end{bmatrix}$	
A	$\begin{bmatrix} 1 & 0 \\ \dfrac{1}{Z} & 1 \end{bmatrix}$	
Eigenschaften		torsymmetrisch, reziprok

Matrix		Schaltbild
Y	$\begin{bmatrix} Z_1 + Z_2 & Z_1 \\ Z_1 & Z_1 \end{bmatrix}$	
Z	$\begin{bmatrix} \dfrac{1}{Z_2} & -\dfrac{1}{Z_2} \\ -\dfrac{1}{Z_2} & \dfrac{1}{Z_1} + \dfrac{1}{Z_2} \end{bmatrix}$	**Gamma-Zweitor**
H	$\begin{bmatrix} Z_2 & 1 \\ -1 & \dfrac{1}{Z_1} \end{bmatrix}$	
A	$\begin{bmatrix} 1 + \dfrac{Z_2}{Z_1} & Z_2 \\ \dfrac{1}{Z_1} & 1 \end{bmatrix}$	
Eigenschaften		reziprok

Matrix		Schaltbild
Y	$\begin{bmatrix} \dfrac{1}{Z_1} + \dfrac{1}{Z_2} & -\dfrac{1}{Z_2} \\ -\dfrac{1}{Z_2} & \dfrac{1}{Z_2} \end{bmatrix}$	
Z	$\begin{bmatrix} Z_1 & Z_1 \\ Z_1 & Z_1 + Z_2 \end{bmatrix}$	**gespiegeltes Gamma-Zweitor**
H	$\begin{bmatrix} Z_2 & 1 \\ -1 & \dfrac{1}{Z_1} \end{bmatrix}$	
A	$\begin{bmatrix} 1 & Z_2 \\ \dfrac{1}{Z_1} & 1 + \dfrac{Z_2}{Z_1} \end{bmatrix}$	
Eigenschaften		reziprok

Matrix	Schaltbild
Y	$\begin{bmatrix} Z_2 + Z_3 & -Z_2 \\ -Z_2 & Z_1 + Z_2 \end{bmatrix}$	
Z	$\begin{bmatrix} Z_1 + Z_2 & Z_2 \\ Z_2 & Z_2 + Z_3 \end{bmatrix}$	
H	$\begin{bmatrix} Z_1 + \dfrac{Z_2 Z_3}{Z_2 + Z_3} & \dfrac{Z_2}{Z_2 + Z_3} \\ \dfrac{-Z_2}{Z_2 + Z_3} & \dfrac{1}{Z_2 + Z_3} \end{bmatrix}$	
A	$\begin{bmatrix} 1 + \dfrac{Z_2}{Z_1} & Z_1 + Z_3 + \dfrac{Z_1 Z_3}{Z_2} \\ \dfrac{1}{Z_2} & 1 + \dfrac{Z_3}{Z_2} \end{bmatrix}$	

T-Zweitor

Eigenschaften	torsymmetrisch, reziprok

Matrix	Schaltbild
Y	$\begin{bmatrix} \dfrac{1}{Z_1} + \dfrac{1}{Z_2} & -\dfrac{1}{Z_2} \\ -\dfrac{1}{Z_2} & \dfrac{1}{Z_2} + \dfrac{1}{Z_3} \end{bmatrix}$	
Z	$\begin{bmatrix} \dfrac{1}{Z_2} + \dfrac{1}{Z_3} & \dfrac{1}{Z_2} \\ \dfrac{1}{Z_2} & \dfrac{1}{Z_1} + \dfrac{1}{Z_2} \end{bmatrix}$	Pi-Zweitor
H	$\dfrac{1}{Z_1 + Z_2} \begin{bmatrix} Z_1 Z_2 & Z_1 \\ -Z_1 & \dfrac{Z_1 + Z_2 + Z_3}{Z_3} \end{bmatrix}$	
A	$\begin{bmatrix} 1 + \dfrac{Z_2}{Z_3} & Z_2 \\ \dfrac{1}{Z_1} + \dfrac{1}{Z_1} + \dfrac{Z_2}{Z_1 Z_3} & 1 + \dfrac{Z_2}{Z_1} \end{bmatrix}$	

Eigenschaften	torsymmetrisch, reziprok

Sachverzeichnis

www.ingramcontent.com/pod-product-compliance
Lightning Source LLC
Chambersburg PA
CBHW080523220326

41599CB00032B/6186